정의로운
도시

정의로운 도시

초판 1쇄 발행 2023년 9월 30일
초판 2쇄 발행 2025년 1월 30일

지은이 수전 S. 페인스타인
옮긴이 박인권

펴낸곳 서울대학교출판문화원
주소 08826 서울 관악구 관악로 1
도서주문 02-889-4424, 02-880-7995
홈페이지 www.snupress.com
페이스북 @snupress1947
인스타그램 @snupress
이메일 snubook@snu.ac.kr
출판등록 제15-3호

ISBN 978-89-521-3049-5 93980

THE JUST CITY

정의로운 도시

우리가 살고 있는 도시는
정의로운가?

수전 S. 페인스타인 지음
박인권 옮김

서울대학교출판문화원

옮긴이의 말

'공정'이 화두다. 학교 시험, 대학 입학, 취업, 승진, 주택 구입 등 중요한 삶의 갈림길에서 사람들은 공정함에 대해 얘기한다. 보통 그것은 과정이 투명하고, 모든 사람에게 동등한 기회가 주어지며, 동일한 잣대로 동일하게 평가받는 것을 의미한다. 이렇게 과정이 공정하면 경쟁에서 이기고 지는 것은 개인의 노력에 달려 있으므로, 그 결과 또한 '정의'롭다고 여긴다. '기회균등'이라는 의미의 공정은 의미가 명백하고 상식적이어서 많은 사람이 쉽게 받아들인다. 자유주의 전통에서 '공정'과 '정의'는 사실상 동의어다.

수전 페인스타인의 대표적 저서인《정의로운 도시》는 제목 그대로 도시의 정의에 대해 묻고 답하는 책이다. 우리가 살고 있는 도시는 정의로운가? 도시에서 정의란 무엇인가? 국가와 지방정부의 도시 정책은 정의로운가? 도시계획에서 과정의 공정함은 결과의 정의로움을 담보하는가? 정의로운 도시가 되려면 어떤 요소들을 갖추어야 하는가? 계획이론가인 페인스타인은 '도시계획'의 관점에서 이러한 질문들을 다룬다. 물론 이는 철학, 정치학, 사회학, 지리학 등 인문학과 사회과학의 여러 영역에 걸친 문제이기 때문에, 그는 관련 분야의 지식과 통찰을 광범위하게 원용한다. 사실 도시 문제 자체가 복합적 성격을 지니기 때문이다. 그럼에도 그는 단순히 문제를 이해하고 해석하는 데 그치지 않고, 이를 기반으로 도시(재) 개발과 같은 도시과정urban process을 변화시키기 위한 구체적 행동과 정책적 해법을 제시한다는 점에서 '도시계획'적 관점을 놓치지 않고 있다.

프랑스 도시학자 앙리 르페브르가 지적하듯 도시는 많은 세력이 서로 경쟁하고 때로는 치열하게 다투는 각축장이다. 그 투쟁은 운동장에서 선수들이 벌이는 게임과 같다. 예컨대 노후 시가지 재개발의 경우 한쪽에는 토지 소유자와 개발업자가 있고, 다른 쪽에는 세입자와 임차상인, 보전론자 등이 있다. 토지 소유자와 개발업자는 되도록 빨리, 고밀도로 재개발을 추진해 재산의 가치를 높이고 거기서 발생하는 이익은 자기들이 되도록 많이 가져가는 것이 옳다고 주장한다. 반면 세입자와 임차상인은 재개발 후에도 집과 삶의 터전을 계속해서 보장해 주든지, 아니면 아예 개발을 하지 말 것을 주장하고 여기에 역사 및 환경 보전론자들이 힘을 보탠다. 이 과정에서 지방정부는 심판으로서 규칙을 만들고 게임을 관장한다. 재개발을 할 때 밀도는 얼마로 하고, 임대주택은 얼마나 지을 것이며, 공공에 어떤 것들을 기부할 것인지 정한다. 문제는 여기에서 발생한다. 과연 어떤 기준으로 어떻게 규칙을 만드는 것이 정의로운 것인가? 운동장이 기울어져 있다면 양쪽을 똑같이 대하는 것이 과연 정의롭다고 할 수 있는가?

이 질문에 대한 답은 결국 다시 '정의란 무엇인가'라는 규범의 문제로 귀결된다. 페인스타인이 올바르게 지적하듯 도시계획, 나아가 사회과학 일반에서 정의론과 같은 규범적 논의는 회피되는 경향이 있다. 거기에는 가치가 개입하고, 승자와 패자가 나뉘며, 사람들은 종종 어느 한편에 서서 대척점에 있는 사람과 대결해야 하는데, 이는 최대한 중립을 유지하라는 과학의 금언과 배치되기 때문이다. 그러나 페인스타인은 이 문제가 도시계획과 사회과학의 피할 수 없는 핵심 문제임을 인식하고 오랜 세월 이와 관련된 연구를 수행해 왔다. 그가 40년 동안 연구하고 고민해 온 '도시의 정의' 개념을 집대성한《정의로운 도시》는 도시계획을 연구하는 전 세계 학자와 계획가들 사이에서 널리 읽히는 책이다.

이 책에서 페인스타인은 도시의 정의에 대해 민주주의로 대표되는 과정의 공정함만으로는 충분하지 않다고 강조한다. 과정이 아무리 공정하고 민주적이라 할지라도, 그 결과는 사회적 약자들에게 불리하게 작용하고 불평등을 심화할 수도 있기 때문이다. 구조적 불평등과 위계적 권력구조는 기울어진 운동장을 만드는데, 이러한 현실을 보지 못하고 절차적 공정성과 참여, 민주주의만을 강조하는 것은 충분치 않다는 것이다. 그는 정의로운 도시를 만들기 위해서는 민주주의와 함께 형평성과 다양성도 독립적 가치로서 동시에 추구해야 함을 강조한다. 저렴한 주택을 공급하거나 공공 공간을 확보하는 등의 적극적 개입을 통해 국가와 지방정부는 도시빈민, 여성, 이주자, 청년 등 사회적 약자들에게 이익이 되는 정책을 추진해야 한다는 것이다. 마찬가지로 인종, 민족, 성별, 종교, 문화 등에 기반을 둔 다양한 정체성을 인정하고 포용하기 위한 노력이 함께 이뤄져야 한다.

19세기에 근대 도시계획이 태동한 이래, 가난한 지역 사람들의 삶을 개선하는 것은 도시정책의 주요 관심사였다. 그러나 1980년대 이후 2008년 국제금융위기를 겪을 때까지 거의 30년 동안 신자유주의 이데올로기의 승리로 인해 정치, 경제, 재정, 공간적 자원은 주로 경제성장에만 유리하게 배분되었다. 그 결과 형평성과 사회정의 같은 중요한 사회적 가치들이 희생되었다. 이런 상황에서 페인스타인의 '정의로운 도시' 개념은 도시정책 입안자들이 도시개발에 대해 다른 접근 방식을 취할 것을 촉구한다.

물론 페인스타인은 자신의 주장에도 한계가 있음을 인식하고 있다. 데이비드 하비와 같은 마르크스주의 학자들이 주장하듯, 현대 도시에서 불의injustice를 일으키는 많은 문제는 근본적으로 자본주의 체제의 한계와 직결되어 있음을 부정하기 어렵다. 이런 관점에서 보면 페인스타인의 접근은 현대 자본주의 '체제 내'에서 이루어지는 부분적 개혁에 지나지 않을 수 있다. 그 역시 이 점을 잘 알고 자신의 한계를 인정한다. 그럼에도 불구하고 그는 "정의에 대한 지속적인 압력이 체제 자체를 점진적으로 변화시킬 것"이라고 주장하고, 이러한 운동의 전국적 확산과 전 세계적 연대가 자본주의 체제의 변화를 가져올 것이라 전망한다. 이 점에서 그는 스스로를 '비개량주의적 개혁nonreformist reforms'을 지향하는 사람이라고 지칭한다.

우리의 도시를 한번 보자. 지방정부가 하는 많은 계획과 사업은 시민들에게 공개되고 추진 과정에서 시민들의 참여는 공식적으로 보장된다. 그러나 여전히 다양한 기회가 모든 사람에게 똑같이 주어지지는 않으며 때로는 그 불평등이 심화되는 듯하다. 무주택자가 자기 집을 갖기는 점점 더 어려워지고, 서민을 위한 저렴한 주택은 여전히 부족하다. 영세 상공인의 일터는 비싼 임대료와 프랜차이즈 자본의 확장에 위협받곤 한다. 청년들은 안정적인 일자리를 구하기 어렵고 주거는 더욱 불안정해지고 있다. 물론 이 모든 것은 도시 공간을 이윤추구를 위해 이용하는 자본의 논리와 연결되어 있음을 부정할 수 없다. 그러나 이 속에서 살아가는 주민들은 먼 미래가 아닌 지금 당장의 변화를 갈망하고 있다.

이 점에서 '정의로운 도시'에 대한 페인스타인의 통찰력 있는 논의는 많은 시사점을 던져 준다. 우리의 도시가 '공정함'을 넘어 '정의로움'을 향해 나아갈 길이 무엇인지에 대한 단초를 제공한다. 이 많은 불평등과 불의의 근본 원인이 무엇인지 놓치지 않으면서도, 지금 당장 우리는 무엇을 해야 하고 무엇을 할 수 있는지 생각하게 한다. 이 책의 번역이 한국의 정책 입안자와 도시 계획가를 비롯해 일반 시민, 학생 등 많은 독자로 하여금 이 문제에 대해 생각하게 하는 단초가 되기를 희망한다.

끝으로, 이 책을 출간할 수 있도록 기획에서부터 편집까지 모든 작업을 함께해 준 서울대학교출판문화원에 깊은 감사 말씀을 드린다. 아울러 코로나바이러스감염증-19로 전 세계가 우울함 속에서 버텨 내던 2020년부터 세 번의 겨울을 나고 다시 일상으로 돌아올 때까지 긴 시간을 책상머리에 앉아 번역 작업하는 것을 묵묵히 지켜보고 응원해 준 가족들에게 감사의 뜻을 전한다.

2023년 8월

박인권

차례

THE JUST CITY

정의로운 도시

알렉산더, 줄리아나, 제러미에게 바침

머리말

이 책의 아이디어는 데이비드 하비의 매우 영향력 있는 저서, 《사회정의와 도시》의 20주년을 기념하기 위해 1994년에 앤디 메리필드와 에릭 스윈기도우가 주최한 학술대회에서 시작되었다. 그곳에서의 발표는 내가 '대도시 수준의 개입을 통한 정의 달성'이라는 주제를 다룬 일련의 연구의 시작점이었다. 도시적 맥락에서 정의의 의미는 내 연구의 기초를 이루는 문제였지만, 그 전까지 나의 이론적 저술은 이를 명시적으로 탐구하지 않았다. 지금까지의 이론적 연구와 실증적 연구가 대체로 따로따로 진행되어 왔다면, 이 책은 그 추상과 실제를 통합하려는 노력의 대표적인 결과라 하겠다.

그 옥스퍼드 학술대회 이후 15년이 지난 지금, '정의'라는 주제는 도시학자들 사이에서 더욱 큰 관심을 받고 있다. 성장 촉진만이 주류 사상의 주된 관심사였던 1970년대 중반부터 진보적인 도시학자들은 신자유주의 이데올로기의 대항이념counterideology을 개발하는 대신 비판을 통해 그에 대응했다. 도시학자들이 특정 가치의 개발을 꺼린 것은 부분적으로 신마르크스주의 사상가들의 윤리적 개념화에 대한 거부에 기인한다. 그들은 그러한 개념화가 역사 발전에 대한 이해에 근거하지 않는다고 여겼다. 그러나 좌파적 분석의 기초로서 잠재되어 있던 규범적 판단은 점점 더 분명해졌다. 나는 이

점을 좀 더 명확하게 설명하고 계획가가 적용할 수 있는 일련의 원칙을 제공하고자 한다.

이 자리를 빌려 나를 도와준 많은 기관과 개인에게 감사를 표하고 싶다. 재정적인 지원을 해준 하버드 대학 디자인 대학원과, 대학원생 때부터 내 경력 전반에 걸쳐 나를 격려해 준 전 대학원장 앨런 알트슐러에게 감사드리고 싶다. 록펠러 재단은 벨라조의 호화로운 호텔인 빌라 세르벨로니에 숙소를 제공해 주었고, 거기서 나는 이 책을 쓰기 시작했다.

나의 이론 세미나에 참여하고 내가 컬럼비아 대학에서 은퇴할 때 정의로운 도시에 대한 학술대회를 조직해 준 박사과정 학생들은 포럼을 마련하고 건설적인 비판을 제공해 주었다. 제임스 코널리, 요하네스 노비, 잉그리드 올리보, 커즈 포터, 브루노 로보, 매슈 겝하르트, 저스틴 스타일, 그리고 엘리자베스 커리드는 특별히 언급하고 싶다. 제임스 디필리피스, 샤론 주킨, 닐 스미스를 포함한 뉴욕의 '도시에 대한 권리 모임' 구성원들은 의견 공유를 위한 포럼을 지속적으로 마련해 왔다. 그 모임의 데이비드 하비와 페터 마르쿠제는 이 책에 인용된 횟수에서 알 수 있듯이 내 사상에 지대한 영향을 미쳤다. 데이비드와 내 의견이 항상 일치한 것은 아니지만, 그는 우리 시대의 주요 쟁점을 숙고하도록 나를 포함한 여러 세대의 도시주의자들에게 영감을 주었다. 통찰력의 원천인 페터는 내 글의 많은 부분을 읽고 비평해 주었다. 그는 내가 컬럼비아 대학에 있을 때 가장 존경할 만한 동료였고 점심 식사 자리에서 끊임없이 재미있는 질문을 제기했으며 컬럼비아 대학 도시계획 프로그램을 지적 혁신의 장소로 만들었다. 리처드 세넷과 데니스 주드는 이 책에 직접 관여하지 않았지만 그들의 아이디어와 우정이 이 책의 발전에 도움이 되었다. 뉴스쿨 대학에서 레이너 포스트가 정의 이론에 대한 그의 수업에 참여할 수 있도록 해준 덕분에 당시 내게 부족했던 형식 철학의 토대를 쌓을 수 있었다.

사코 뮈스테르드, 윌럼 살렛, 유스튀스 아위테르마르크, 테오 바트, 로저 테일러는 암스테르담과 런던에 관한 정보 요청에 흔쾌히 응해 주었다. 많은 사람이 원고의 일부를 읽고 유용한 의견을 주었다. 여기에는 레온 데번, 크리스 햄넷, 샤론 미거, 마크 퍼셀, 프랭크 피셔 그리고 코넬 대학 출판부 편집자 피터 포터가 포함된다. 노먼 페인스타인은 초안을 반복해서 읽고 논리와 가독성을 향상시키는 일을 맡았다. 물론 그는 평생 나에게 영향을 미쳤기에 내 생각과 그의 생각을 구분하기는 어렵다.

또한 나의 연구를 지원해 준 하버드 대학 학생들에게도 감사의 말을 진한다. 시이 발라크리슈난은 지도를 맡아서 준비해 주었다. 리오 갈릴리, 카롤리나 고스카, 그리고 휴 트롱은 모든 노력의 기초가 되는 많은 자질구레한 일을 수행했다. 마지막으로 몇 년 동안 이 책을 쓰도록 나를 격려해 주고 코넬 대학에서 출판하는 데 도움을 준 피터 위소커에게 감사드린다.

이 책의 일부 자료는 다음과 같은 이전에 출판된 저작에서 발췌한 것이다.

"Planning and the Just City." In *Searching for the Just City*, edited by Peter Marcuse, James Connolly, Ingrid Olivo Magana, Johannes Novy, Cuz Potter, and Justin Steil, 19-39. New York: Routledge, 2009.

"Megaprojects in New York, London and Amsterdam." *International Journal of Urban and Regional Research*, vol. 32, no. 4 (2008): 768-785.

"Planning and the Just City." *Harvard Design Magazine*, no. 27 (Fall 2007/Winter 2008): 70-76.

"Planning Theory and the City." *Journal of Planning Education and Research* 25 (2005): 1-10.

"Cities and Diversity: Should We Want It? Can We Plan for It?" *Urban Affairs Review*, vol. 41, no. 1 (September 2005): 3-19.

"New Directions in Planning Theory." *Urban Affairs Review*, vol. 35, no. 4 (March 2000): 451-478.

"The Egalitarian City: Images of Amsterdam." In *Understanding Amsterdam*, 2nd ed., edited by Léon Deben, Willem Heinemeijer, and Dick van der Vaart, 93-116. Amsterdam: Het Spinhuis, 2000.

"Creating a New Address I: Battery Park City." In *The City Builders*, 2nd ed., by Susan S. Fainstein, 160-174. Lawrence: University Press of Kansas, 2001.

"Creating a New Address II: Docklands." In *The City Builders*, 2nd ed., by Susan S. Fainstein, 175-196. Lawrence: University Press of Kansas, 2001.

"Governing Regimes and the Political Economy of Development in New York City, 1946-84." In *Power, Culture, and Place*, edited by John Hull Mollenkopf, 161-200. New York: Russell Sage Foundation, 1988.

서론:
도시 정의 이론을 향하여

탈산업화와 세계화로 인해 미국과 서유럽 도시의 운명이 극적으로 변화하고 도시의 지도자들이 민간 투자 유치의 치열한 경쟁에 돌입하는 것은 더 이상 새로운 일이 아니다.[1] 도시 체제urban regimes는 성장촉진정책이 본질적으로 최대 다수의 최대 이익을 가져다준다고 주장하면서, 경제성장만을 제한적인 목표로 삼아 집중해 왔다. 경쟁력 강화 관점에서 사업을 정당화하는 주장이 도시계획 담론을 지배하고 있다. 공원이나 문화시설 같은 편의시설 공급조차 자산가치를 높이고 기업과 관광객을 유치할 수 있는 잠재력에 의해 합리화된다. 시설의 위치는 그 사회적 영향이 아닌 경제적 영향에 의해 왜곡되어 결정된다. 따라서 도시 정부의 자본 투자는 변두리 지역에서의 삶의 질 개선보다 개발 사업 지원에 맞춰지고, 용도지역의 고밀도 상향은 수익성 있는 투자 기회에 대한 개발업자의 요구에 대응하여 이뤄진다.

통치 체제가 성장을 위해 사용해 온 주요 메커니즘으로는 인프라에 대한 투자, 부동산 개발업자 및 기업에 대한 보조금 지급과 규제 완화, 도시 마케팅 등을 들 수 있는데, 이런 메커니즘은 약 5년을 주기로 강조점을 달리해 가면서 다양한 계획에 적용되었다. 대중적인 전략에는 오피스 빌딩 위주의 개발, 쇼핑몰, 스포츠 시설, '관광객 특별구역tourist bubbles', 관련 산업 집적화clustering, 창조계급 육성 및 예술 개발이 포함된다. 부유층 밀집지역을 제외하고 성장은 일반적으로 바람직한 것으로 받아들여지는 반면, 사회적 형평성 측면에서 그 결과가 어떠한지에 대해서는 거의 언급되지 않는다.[2]

전 런던 시장 켄 리빙스턴은 경쟁력 강화의 관점에서 공공 지출을 분배해야 한다고 강력하게 요구한 바 있다. 그는 런던 중심부를 가로질러 터널을 통과하는 크로스레일 건설에 필요한 자금을 조달하기 위해 영국 중앙정부의 지지를 얻은 방법을 얘기하면서 다음과 같이 설명했다.

> [나는] 크로스레일이 없다면 런던은 [금융회사 유치를 위한] 글로벌 도시들 간의 경쟁에서 우위를 잃을 것이라고 주장했습니다. 건설을 중단하는 즉시 우리는 패배할 것입니다. 런던의 땅값은 수익성이 높지 않은 거의 모든 사업을 사실상 쫓아낼 것입니다. [비용에 대한 우려를 극복하기 위해] 나는 런던에 투자하는 것이 영국에서 가장 높은 수익률을 가져다준다는 것을 보여주었습니다. … 특정 정책이 성장을 가져온다는 것을 보여 주지 못한다면 우리는 아무것도 할 수 없을 것입니다.[3]

경쟁 지향적인 정책을 비판하는 사람들은 대개 환경을 이유로 성장의 필요성에 의문을 제기했다. 보다 일반적으로 그들은 성장을 하나의 목표로 수용했지만, 민간 투자를 끌어올리기 위해 공적 자금을 투입함으로써 발생하는 편익의 분배에 이의를 제기하거나 결과적으로 나타나게 될 근린의 변화에 저항했다. 예를 들어, 뉴욕 브루클린 중심부에 있는 애틀랜틱 조차장Atlantic Yards 메가 프로젝트•에 반대하는 사람들은 '브루클린의 파괴 말고 개발Develop Don't Destroy Brooklyn'이라는 단체를 결성했다. 그 단체명에는 그들이 경제 개발 목표에는 동의하지만 해당 프로젝트로 인한 고밀도화와 토지 수용권의 사용에는 반대한다는 점이 드러난다.

1960년대부터 도시 정치학자들은 저소득층, 여성, 동성애자, 소수자 주민이 겪는 불이익을 심화시키는 정책을 도입한 도시의 의사 결정권자들을 비판해 왔다.[4] 특히 그들은 근린의 요구는 무시하면서 도심의 기업들에 우호적이고, 학교와 노동 집약적 산업보다 관광시설 및 경기장에 우선순위를 부여하는 정책을 규탄했다. 이러한 비판은 정의로운 도시, 즉 공공투자와 규제가 부유한 사람들을 지원하기보다는 공평한 결과를 산출하는 도시의 모델을 시사해 왔다. 무엇이 불의인지 우리는 사실상 본능적으로 안다. 그것은 적게 가진 사람들이나, 더 이상 받을 자격이 없는 사람들도 누리고 있는 정부 지원 혜택에서 배제된 사람들에게 불이익을 주는 조치들을

• 개발회사 포레스트 시티 래트너가 제안하고 2006년에 뉴욕주가 승인한 49억 달러 규모의 도시재개발 프로젝트로서, 반더빌트 철도 조차장 3만 4,000m²를 포함하여 8만 9,000m²에 이르는 광범위한 지역에 스포츠 경기장, 고층 주상복합 건물, 철도 플랫폼 등을 개발하는 사업이다. 이 개발의 상징인 바클레이 스포츠센터가 2012년에 개장되었으나 2016년까지 전체 사업을 완료하기로 했던 계획은 2035년까지로 연장되었다. 프로젝트 명칭은 개발회사에 의해 2014년에 '퍼시픽 파크'로 변경되었다.

포함한다.[5] 정치적·경제적 약자들로부터 주택, 고용 또는 공공장소에 대한 접근을 빼앗는 것이 불의라는 사실은 분명해 보이지만, 이는 일반적으로 다수의 장기적 이익을 위한 것으로 합리화되거나 사실은 가난한 사람들에게 도움이 된다고 여겨지기도 한다. 뉴욕 시장 에드워드 코크는 빈곤층에 대한 편견으로 비난받았을 때, "나는 중산층을 대변합니다. 왜 그런지 아세요? 세금을 내기 때문입니다. 세금은 가난한 사람들에게 일자리를 제공합니다."라고 주장했다(Koch 1994, 221). 시카고에 도입된 '전환을 위한 계획Plan for Transformation'은 기존의 공공주택을 철거함으로써 저소득 가구를 위한 저렴한 주택을 대폭 줄이는 쪽을 향했지만, 리처드 데일리 시장은 자신의 목적이 그들에게 더 큰 기회를 제공하기 위해 빈곤층을 분산시키는 것이라고 주장했다(Bennett 2006).

적절한 의사 결정 과정을 규정하는 계획 및 공공정책에 대한 문헌은 많지만,[6] 이러한 과정 지향적 논의에는 도시라는 맥락 안에서 어떤 정책이 더 큰 정의를 가져다줄 것인지가 거의 드러나지 않는다.[7] 동시에 대부분의 정책 분석은 정책의 광범위한 목표는 연구하지 않고 더 많은 주택 또는 일자리를 생산하는 것과 같은 특정 목표와 관련하여 '효과를 보이는' 것이나 모범적인 사례들에만 관심을 갖는다. 찰스 테일러가 언급했듯이, "사회과학의 설명은 … 일반적으로 도덕적 이상을 불러일으키는 대신 물질적이고 구체적인 요소들에 더 의존하는 경향이 있었다"(Taylor 1991, 19).

사회과학자들과 달리 철학자들은 오랫동안 정의의 본질에 관심을 가져 왔다.[8] 1971년 존 롤스의 《정의론》이 발표된 이래 철학은 논리실증주의가 부상하기 이전에 철학의 핵심이었던 가치와 거버넌스에 대한 질문으로 돌아왔다.[9] 주요 이론들은 모두 실제 사회정책을 정식화하는 데 기준이 되는 야심적인 이상理想을 가정한다. 그러나 그러한 정식화는 적절한 도시 제도가 무엇인지 알려 주지 않으며, 실제로 어떤 프로그램이 해당 이론이 제안하는 정의의 기준을 포함하고 있는지에 대해서는 더더욱이 알려 주지 않는다.[10]

이 책의 목표는 도시 정의 이론을 개발하여 기존 제도와 프로그램을 평가하고 앞으로의 방향을 가늠해 보는 것이다. 좋은 도시the good city에 관한 이론은 인간의 번영을 위한 조건을 창출하기 위해서 정의를 넘어서려고 하는데, 나는 좋은 도시 이론으로까지는 나아가지는 않을 생각이다. 내 이전 논문에 대해 샤론 미거는 다음과 같이 논평했다. "좋은 삶에 대한 언급 없이 정의의 개념을 [롤스의 정의 이상으로] 넓히는 것은 불가능하지 않지만 어려워 보인다. 명칭이 가진 힘에 기인해, 우리는 오랫동안 '정의'를 공정성 문제 이외의 것을 지칭하는 데 사용하지 않았기 때문이다."[11] 그럼에도 불구하고 도시 맥락에서 수행되는 나의 연구는 정의를 형평성, 민주주의, 다양성을 포괄하는 것으로 '명명'할 것이고, 정의의 영향력이 좋은 도시에 대한 이론을 발전시키는 데까지 나아가지 않으면서도 모든 공공 결정에 영향을 주어야 한다고 주장할 것이다.[12] 중요하고 필수적인 문제이긴 하지만, 정의는 좋은 것the good에 대한 비전의 한 가지 구성요소일 뿐이다. 그럼에도 불구하고 정의는 충분히 많은 질문을 제기하고 효율성 또는 공익이라는 이름 아래 너무 빈번하게 비난받기 때문에 여기에서 분석하기에 적절한 주제다.

또한 내 분석은 부유하고 민주주의 체제를 따르는 서구 국가의 자본주의적 도시화라는 현재의 맥락에서 실현 가능한 것으로 한정된다. 따라서 자본주의에 내재된 불의를 다루기에는 너무 약하다는 비판을 받기 쉽다.

> 이것이 … 페인스타인의 정의로운 도시the Just City 개념이 흔들리는 지점이다. 이 개념은 처음부터 권리와 자유에 대한 자본주의적 규범 내에서 행동하는 것으로 그 범위를 제한하기 때문에 부당한 시스템의 한계 내에서 최악의 결과를 완화하는 것에 그친다. 페인스타인은 정의로운 도시의 담론적이고 영감을 주는 역할을 강조함으로써 전면적인 갈등과 투쟁의 필요성을 회피한다.(Harvey with Potter 2009, 46)

도시정책 결정이 '권리와 자유에 대한 자본주의적 규범' 내에서 계속될 것이라는 점을 수용한다는 것에 대한 지적은 정확하지만, 나는 결코 갈등을 회피할 수 있다고 보지 않는다. 또한 아래에서 논의하겠지만, 나는 정의에 대한 지속적인 압력이 체제 자체를 점진적으로 변화시킬 것이라고 믿는다. 의사 결정권자들이 도시정책에서 정의를 주요하게 고려하도록 압력을 넣는 것은 소소한 변화 이상이 될 것이다. 고립된 상태에서는 그러한 노력이 구조적 변혁을 가져오지 못하겠지만, 더 광범위한 전국적·국제적 운동의 한 구성요소로서라면 자본주의가 더 인도적인 체제로 개편되도록 전반적인 압력을 가할 것이다. 인도적 자본주의가 형용모순이라는 이의에 대해서는 대답할 말이 없다.

이 책에 대한 계획

내 프로젝트는 대부분의 도시 문헌과 다음과 같은 점에서 차별성이 있다. 비록 나도 내 몫의 비판을 하겠지만, 나는 정의가 정책 결정에 사용되는 첫 번째 평가 기준일 때 무엇을 해야 하는지 가이드를 제공하고자 한다. 도시 프로그램에 대한 실증적 분석과 이론적 개념화는 대체로 따로 진행되었으나,[13] 이 책은 연역적 방법과 귀납적 방법을 모두 사용하여 (더) 정의로운 도시를 촉진하는 규범적 틀에 대한 논거를 형성한다. 현재의 도시 제도 및 정책 가운데서도 특히 도시 재개발에 적용되는 것들을 조사하고 비판한다. 그리고 도시 내에서 더 큰 사회 정의를 달성하기 위한 제도적·정책적 접근 방식을 논의하면서 마무리한다.

나는 이론적 문제를 논의한 후, 내가 이전에 조사한 뉴욕, 런던, 암스테르담 등 세 개의 내도시권에서 지난 30년 동안 일어난 도시 개발을 살펴볼 것이다.[14] 그리고 이러한 조사를 바탕으로 더 정의로운 결과를 가져오는 전략과 정책을 파악한다. 교육이 정의로운 도시의 평가 요소 아래 고려되어야 할 정책의 중요한 측면이라는 데에는 반대하지 않지만, 그것은 여기에서 다루기보다는 환경정책과 함께 별도로 더 심도 있게 검토할 필요가 있다. 하지만 이 책에서 환경정의운동에 대해 약간의 논의를 제공하기는 한다.

정치 체제 및 개발 결과와 관련하여 뉴욕, 런던, 암스테르담을 살펴볼 것이다. 균등한 자원 배분의 스펙트럼 위에 배열하면, 뉴욕이 가장 덜 성공적이고 암스테르담이 가장 성공적이라고 할 수 있다. 그러나 이질적인 집단의 사회통합 측면에서 뉴욕은 인종적으로 분리된 상태를 유지하면서 이민자들에게 상대적으로 우호적이었다. 노동당 집권기의 런던은 마거릿 대처와 존 메이저 시대의 도시재생 프로그램의 특징인 반反계획적 낙수효과trickle-down 입장과 거리를 두면서 중간 위치를 차지했다. 그럼에도 불구하고 노동당은 대처가 도입한 규제 완화와 민영화 전략을 유지했다. 암스테르담은 강력한 재분배 정책을 지지해 왔고 오랜 관용의 역사를 가지고 있지만, 1990년대 중반 이후에는 두 가지 방향성이 모두 의문시되고 있다. 세 도시가 각기 다른 궤적을 보인 원인을 조사함으로써 우리는 도시사회운동의 프로그램이자 국가 및 지방정부 정책의 대상이 될 수 있는 도시 재활성화 전략을 수립하고 평가할 수 있을 것이다.

도시의 가용 자원은 주로 상급 정부와 민간 투자자의 자율적인 결정에 의해 정해지지만, 지역의 공공정책 결정은 여전히 누가 무엇을 얻을지에 영향을 미치기 때문에 완전히 제한된다고 할 수는 없다.[15] 투자 대상(예: 경기장 대 주택, 인프라 대 민간 개발업자에 대한 인센티브, 학교 대 컨벤션 센터)과 위치(예: 버스 정류장 또는 공공주택을 지을 위치)는 지방정부가 결정한다. 지방자치단체가 상당한 재량권을 가지고 편익과 손해의 배분 권한을 갖는 구체적 정책 분야는 도시 재개발, 주택 프로그램, 용도지역 지정, 인종과 민족 관계, 열린 쉼터open space 계획, 서비스 제공 등이다. 정책의 초점과 예산 배정의 우선순위를 물리적 건설에 둘 것인지, 인적 자본 개발에 둘 것인지, 저소득 가구의 분산에 둘 것인지, 또는 근린 개선에 둘 것인지 등은 모두 지역에서 결정된다.

왜 정의인가?

도시정책을 평가하기 위한 지배적 규범으로서 정의를 선택하는 것은 분명히 가치 있는 일이다. 이는 경쟁력을 강조하는 현재의 기류에 대한 대응이며, 정부의 개입을 최소화하고 시장 프로세스의 권한을 강화하는 신자유주의적 개념이 정책 결정을 지배하는 것에 대한 대응이다. 자유주의liberalism를 좌파 지향으로 해석하는 미국인들에게는 다소 혼란스럽겠지만, 신자유주의는 시장 프로세스가 자원이 효율적으로 배분되도록 하고 혁신과 경제성장을 촉진하는 인센티브를 제공한다는 원칙을 의미한다. 시장이 작동하려면 가격을 왜곡하고 투자자에 대한 보상을 방해하는 국가의 조치를 최소화해야 하고, 대도시 지역에서 한때 선출직 공무원의 특권으로 여겨졌던 기능들은 민관파트너십, 준자치적 기구, 기업 이사회가 감독하는 경제개발공사economic development corporations의 활동으로 대체할 수 있다는 것이다(Purcell 2008 참조). 데이비드 하비의 말을 빌리자면,

> 신자유주의 국가의 근본적인 임무는 '기업에 좋은 환경'을 만들어 고용이나 사회복지에 어떤 결과를 가져오느냐에 상관 없이 자본 축적 조건을 최적화하는 것이다. … [그것은] 모든 기업 이익의 원천을 강화하여 (필요한 경우 국가의 비용으로 이루어지는 인프라 공급뿐만 아니라 세금 감면 및 기타 지원을 통해) 기업 이익을 촉진하고 지원하기 위해 노력한다. 또한 이것이 성장과 혁신을 촉진할 것이며 빈곤을 근절하고 장기적으로 대중에게 더 높은 삶의 질을 제공하는 유일한 방법이라고 주장한다.(Harvey 2006, 25)

이 글을 쓰는 시점에도 여전히 계속되고 있는 '대불황'은 자본시장에 대한 공적 개입을 촉진해 왔고, 일자리 창출 프로그램을 다시 정당화했으며, 규제 완화 추세를 역전시키기는 했지만, 도시정책을 지배해 온 경제성장 강조를 약화시키지는 않았다. 사실 정반대였다. 적어도 미국에서는 대불황이 공공의 수입에 영향을 미친 탓에 지방 공공기관의 대규모 해고, 고용 동결, 급여 감소를 야기했고, 각종 프로그램의 축소는 특히 빈곤층에 악영향을 미쳤다.

정의 기준은 정책 대안 선택의 방법으로서 효율성과 효과성이 갖는 가치를 무시하는 것이 아니라, 정책 입안자가 그 효율성 또는 효과성이 무엇을 위한 것인지를 물어야 한다고 요구한다.[16] 돈의 총합 측면에서 결과를 측정하면 효율성과 형평성 사이 명백한 상충관계가 발생한다. 주어진 프로젝트의 전체적인 비용-편익 비율 대신 가장 덜 부유한 사람이나 그 프로젝트에 의해 가장 직접적으로 부정적인 영향을 받는 사람의 편익과 비용에 대해 묻는다면, 여전히 효율성을 고려하는 것이다.

의사소통, 협상, 그리고 민주적 의사 결정을 계획의 주요 규범적 표준으로 강조하는 계획이론가들과 정의라는 실체적 개념을 선택한 계획이론가들 사이에 논쟁이 있다(더 광범위한 논의는 1장 참조). 최근 협력적 계획에 관한 견해를 재구성한 패치 힐리는 계획가가 계획 과정에 개입해 정의로운 도시의 규범적 개념 적용을 옹호해야 한다는 나의 주장을 반박하며 다음과 같이 주장한다.

> '선good'과 '정의just'에 대한 개념은 그 자체가 지식 및 권력 관계를 통해 구축되었다. … [그러나] 가치들을 표현하는 과정과

> 이 가치들이 확립된 담론과 관행에 뿌리내릴 수 있는 방식이 중요했다. 즉, 실체substance와 과정process은 별개의 영역이 아니다. 또한 과정은 실체적 목적을 위한 수단으로만 이해되어서는 안 된다. 과정에는 결과가 뒤따르기 마련이다. 거버넌스 과정에 참여하는 것이 참가자들의 자의식 형성을 결정한다.(Healey 2003, 110-111)

이 논리에 따르면, 모든 형태의 지식은 사회적으로 구성되기 때문에 특정 내용에 대한 주장은 모두 참가자 간의 의사소통 결과로 회귀하고 만다(Healey 1996). 이 말이 맞을 수도 있지만, 그것이 특정 가치(예: 정의)의 보편적 수용에 이르는 광범위한 합의의 존재를 배제하거나, 참가자의 숙의에 대한 '제국주의적' 간섭이라는 이유로 정의의 이름으로 개입하는 것을 금지시키지는 않는다.[17]

프랭크 피셔는 이러한 논쟁이 비생산적이며 두 가지 관점이 더 넓은 틀 안에서 통합될 수 있다고 주장한다(Fischer 2009). 사실, 두 관점의 차이는 근본적인 불일치라기보다 강조점의 차이이다. 그럼에도 불구하고, 양측은 서로 다른 평가 기준을 제시한다. 의사소통 이론가에게 있어 정책 검증은 정책 형성 과정에 누가 포함되는지, 개방적이고 공정한 과정이 존재하는지, 더 강력한 논증이 궁극적으로 승리했는지 여부에 달려 있다. 정의-도시 이론가에게는 (숙의뿐만 아니라 실제 집행) 과정의 결과가 공평한지 여부가 주요 검증 대상이다. 민주적 포용의 가치도 중요하지만, 그만큼은 아니다. 더욱이 제1장에서 논의되는 바와 같이 하버마스의 의사소통 합리성 논리는 숙의 과정이 이상에 부합할 때 결과는 반드시 공평할 것이라고 주장한다. 그러나 현실에서는 그러한 이상적 조건이 충족될 거라고 결코 기대할 수 없다. 따라서 과정과 결과 중 어떤 것을 강조할 것인가의 문제가 남는다.

철학 문헌에는 도시정책 논의를 실체적 정의 개념에 집중하기로 한 내 결정을 뒷받침하는 두 가지 이론적 근거가 있다.[18] (1) 일반 합의general consensus에 대한 참고와 (2) 개인이 원초적 입장original position에서 일반 합의를 선택하는 이유에 대한 롤스의 설명이 바로 그것이다. 이에 대해서는 다음 절에서 설명한다.

일반 합의

정의를 강조하는 것은 가장 높은 수준의 발화發話에서 이뤄지는 의사소통적 합의라는 관점에서 옹호될 수 있다. 이후에 그 합의는 매 상호작용 때마다 협상되는 대신 보편적인 원칙이 된다. 데이비드 하비가 올바르게 주장한 것처럼, "보편성은 결코 피할 수 없는데, 보편성을 회피하고자 하는 사람들은 … 그 조건(보편성)을 제거하기보다 은폐해 버리게 된다. 그러나 보편성은 특수성과 변증법적 관계에서 해석되어야 한다. 보편성 기준이 다양한 특수성들 때문에 지속적으로 타협의 여지를 남겨 둔다는 점에서 보편성과 특수성은 서로를 규정한다"(Harvey 1996, 362). 포스트모더니즘 사상의 상대화 편향에 반박하는 논문에서 하비는 '정의'라는 용어의 내용이 사회적·지리적·역사적 맥락에 따라 다른 의미를 갖는다는 것을 인정한다. 동시에 그는 '정의'가 합의된 의미를 가지고 있기 때문에 동원력을 갖는 개념으로서 쓸모가 있다고 주장한다.

> 정의와 합리성은 시공간과 사람에 따라 다른 의미를 갖지만, 사람들이 중요성을 부여하고 의심할 여지없이 받아들이는 일상적인 의미가 존재하기 때문에 결코 무시할 수 없는 정치적 힘과 동원력을 갖는다. 옳고 그름은 혁명적 변화를 고무하는 말이며, 그러한 용어를 부정적으로 해체하려 해도 그것을 부인할 수 없다.(Harvey 2002, 398)

하비는 정의justice를 추상적으로 정의하는 것이 불가능하다고 지적했지만, 그럼에도 불구하고 그는 '사람들'이 동의할 수 있을 법한 정의定意를 발전시키고 있다.[19]

보편주의/특수주의 논쟁을 다루는 한 가지 방법은 '지식의 사회학The Sociology of Knowledge'에 관한 카를 만하임의 논문에 제시된 그의 주장을 적용하는 것이다. 여기서 그는 갈등 집단의 "서로 말이 안 통하는 상황"을 극복하기 위한 방법으로 "관점 잡기acquisition of perspective"를 요구한다(Mannheim 1936, 281). 만하임은 개념의 역사적 상황성이 초월적 윤리의 가능성을 배제하지는 않는다고 주장한다. 상이한 역사적 현실 속에서 윤리는 재구성되고 재해석될 것이기 때문이다. 의식은 집단 동일시뿐만 아니라 합리적 개념화로부터 비롯된다. 만하임은 모든 참가자들이 역사를 고려할 때 사고를 위한 공통 기반을 발견할 수 있게 된다고 가정한다. 그의 접근은 비교와 학습을 할 수 있는 합리적 주체의 개념을 받아들인다는 점에서 본질적으로 헤겔식 접근이다. 그러나 헤겔과 달리 그는 역사가 이성의 발현이라고 주장하지 않으며 물질적·정신적 힘을 고려한다.

만하임의 개념화 내에서 우리는 사회적 지위와 역사적 위치에 따라 사회 정의의 내용을 다르게 개발하면서도, 계속해서 공정성을 사회 정의의 핵심으로 세워 둘 수 있다. 이를 위해서는 자기 자신과 타인에 대한 비판이 모두 필요하다. 특히 사회계층이 높든 낮든 외부 비판으로부터 자유로울 수 있는 '타자'는 없다. 사회 정의 개념이 사회·역사적 맥락성을 갖게 된다면, 그 안에 포함된 자유는 '무엇으로부터의 자유'라는 자유주의적 개념화(푸코주의 저항의 개념뿐만 아니라)에서 자기 개발 개념을 포함하는 더 복잡한 개념으로 전환된다. 그런 다음 자유는 의무의 수용을 포함하게 되는데, 낸시 허슈만의 말을 빌리자면 그 의무는 "합의가 가능하지 않을 뿐만 아니라 별로 적절하지도 않다"(Hirschmann 1992, 235). 마찬가지로 평등도 조건의 동일성이 아니라 호혜성, 의사소통, 의무(특히 자녀 양육에 대한 의무)의 상호 수용에 의해 측정되는 것으로 의미가 변경된다. 실제로 능력에 대한 보상, 필요에 대한 대응, 일반 복지 제공 등에서 비롯된 권력 또는 혜택의 일부 불평등은 정당한 것으로 해석될 수 있다(Runciman 1966; Simmel 1950, 73-78).

현재는 특별히 명시하지 않더라도 모든 공공정책 결정에 정의가 적용되도록 지지하는, 정의의 가치에 대한 충분한 합의가 존재한다. 그러나 브라이언 베리가 주장하듯이 "정치 영역에는 사회 정의에 대한 명확한 개념이 없기 때문에 공공정책을 주장할 때 그 정당화의 논거가 무엇인지 처음부터 하나씩 설명하려 하지 않는다"(Berry 2005, 10). 대신 효율성 원칙,[20] 민주적 숙의, 또는 문화와 전통에 우선순위를 두는 사람들은 정의의 중요성을 부정하지는 않지만 정의가 다른 가치에 포괄되어 있거나 덜 중요하다고 생각한다. 나중에 자세히 설명하겠지만, 나의 주장은 정의와 효율성이 항상 상충하는 것은 아니나, 충돌할 경우 정의의 요구가 우선해야 한다는 것이다. 그 이상의 실제 내용에 대해서는 토론이 필요하다는 점을 나도 인정하는데, 세일라 벤하비브는 이러한 견해를 "역사적으로 계몽된 보편주의"라고 표현한다(Benhabib 2002, 39). 나의 의도는 지역 차원에서 개발할 수 있는 정의로운 도시정책의 핵심을 구성하는 일련의 원칙을 정식화하고 방어하는 것이다. 그리고 그 핵심은 정의를 반드시 도시계획과 정책 평가의 첫 번째 원칙으로 만들어야 하며, 이를 위해서는 **정의에 실체적인 내용을 부여해야만 한다는 것이다.**

> 정의에 대한 보편적 개념을 잡아야 하는 이유는 한 나라의 안팎에 있는 사람들이 지역적 규범을 반영하고 차별과 착취, 억압을 정당화하는 관행과 제도를 비판할 수 있는 근거를 제공하기 때문이다.
>
> 모든 사회의 지배적인 신념 체계는 가장 큰 권력을 가진 사람들, 일반적으로 다수 민족 및 종교 집단에 속하는 중장년 남성에 의해 만들어졌다.(Berry 2005, 27)

코넬 웨스트는 하비와 같이 마르크스주의 철학적 전통에 따라 가치를 공동체 내에서 역사적으로 발전된 것으로 인식한다(West 1991). 따라서 그는 마찬가지로 정언명령定言命令•이라는 칸트의 입장을 피하고 도덕성을 사회적으로 구성된 것으로 간주한다. 그럼에도 불구하고 그는 공유되는 가치가 기존의 권력 관계에 대한 비판과 인간의 진보를 위한 기초를 형성한다고 강조한다. 그는 "중요한 것은 역사의 흐름에서 벗어나는 것이 아니라 … 특정 공동체나 전통에 의식적으로 동감하고, 그 가치를 **비판적으로** 소화함으로써 역사에 더 깊이 몰입하는 것"이라고 주장한다(West 1991, 3).[21] 하비와 마찬가지로 그의 목적은 보다 정의로운 사회를 향해 대중을 동원하기 위한 기초로서 일반적으로 수용되는 가치를 이용하는 것이다. 광범위하게 적용될 수 있는 정의正義에 대한 정의定意는 메이브 쿡이 "맥락 초월적 관점"이라고 부르는 것을 나타내는데, 이 관점에 따르면 "윤리적 진보의 개념은 모든 역사적·사회적 맥락에 적용될 수 있다"(Cooke 2006, 22).

실체적 정의 개념 적용이 합의에 기초할 수 있다는 명제는 하버마스주의의 정식화, 즉 성실성, 정직성, 합리성 등의 규범에 의해 지배되는 상황에서 사람들이 욕망하게 될 것에 대한 정식화에 기반한다.[22] 아이리스 매리언 영의 말에 따르면, "이러한 이상적인 조건 아래 이뤄진 공적인 숙의 과정은 모든 필요와 이해관계를 고려할 동기와 그것들이 무엇인지에 대한 지식을 제공한다. … 개개인은 자신의 최선의 이익을 꾀하기 위해서는 정의로운 결과를 지향해야 한다는 것을 이해한다"(Young 2000, 30).

이와 유사하게, 사실과 가치의 불가분성에 대한 논의에서 힐러리 퍼트넘은 절대주의적 도덕 개념이 있을 수 없음을 인식하면서도 사람들이 일련의 원칙에 도달하기 위해 "협동적으로 논의하고

● 행위의 결과에 구애됨 없이 행위 자체가 선(善)이기 때문에 무조건 그 수행이 요구되는 도덕적 명령을 말한다.

시도"할 수 있다고 주장한다(Putnam 2002, 45). 그 출발점에서부터 그는 이러한 원칙이 "국가, 민족 또는 종교적 경계와 관계없이 타인의 복지"를 포함할 것이라고 상정한다(Putnam 2002, 44). 같은 용어를 사용한 것은 아니지만 타인의 복지에 대한 관심은 "정의로운 결과에 대한 지향"에 관한 영의 말과 일치한다. 마찬가지로 프랭크 피셔는 특정 가치에 대한 일반적인 합의가 존재한다고 본다(Fischer 1980, 194). "인간 고통의 감소, 인간 생명의 보호 … 그리고 사회적 호혜성과 같은 이상의 우선성에 대한 광범위한 합의가 존재한다."[23] 이는 여러 이상이 담화로부터 생겨나지만 정의는 자유민주주의 시민들에게 국한되지 않고 널리 수용되는 이상이라는 것을 시사한다.

보편적 가치에 찬성하는 칸트의 의무론적 입장을 취하는 마사 누스바움조차 "전통에 대한 성찰적 비판을 촉진하고 위협과 위계로부터 자유로운 조건에서 모인다면, **다양한 문화권의 사람들도** 결국에는 이 [역량들의] 목록•이 좋은 것이라는 데 **동의할 것**"[24]이라고 생각한다(Nussbaum 2000, 151). 그녀는 "상대주의자들은 … 여러 문화에 걸쳐 실제로 존재하는 조응attunement, 인정recognition, 그리고 공통점의 양을 과소평가하는 경향이 있다."라고 말한다(Nussbaum 1993, 261). 그녀의 역량 목록은 단순한 정의를 넘어서지만, 정의는 그녀의 윤리적 입장의 기본 차원 중 하나이며, 철학적 연역뿐만 아니라 흔히 받아들여지는 이상들에 의해 뒷받침된다고 주장한다.

따라서 정의는 가상의 이상적인 조건 아래 이뤄지는 숙의의 합

• 누스바움이 제안한 기본 역량을 말하는 것으로서 문화권에 상관없이 모든 지역에서 사람들에게 보장해 주어야 하는 삶의 질에 관한 기본 조건 목록을 의미한다.

의된 결과로 볼 수 있다. 나중에 더 깊이 논의하겠지만, 진실된 의사소통 개념은 실제 정책 결정에서 정의를 생성하는 데 있어 충분한 길잡이가 되지는 못하지만, 평가 기준으로서 정의正義(그것이 어떻게 정의되든 간에)를 채택해야 한다는 더 일반적인 주장을 뒷받침한다.

롤스주의 주장

기본재primary goods의 정당한 분배에 대한 존 롤스의 주장은 가상의 상황에 대한 합리적인 반응에 기반을 둔 구상에서 시작된다. 그의 작업은 정의와 더불어 정의와 평등의 관계에 대한 현대적 논의의 주된 토대를 이룬다.[25] 잘 알려진 바와 같이 롤스는 무지의 베일veil of ignorance• 뒤에 있는 개인이 속한 사회 내에서 자신의 지위를 알지 못한다는 원초적 입장을 가정하는 것에서 시작한다. 원초적 입장에서 개인은 공정하게 행동하고, 그러므로 정의로운 사회의 원칙들을 똑똑히 말하게 된다. 롤스의 첫 번째 원칙은 자유이고 두 번째 보조 원칙은 '차이difference'인데, 이는 기회는 평등해야 하며 불평등이 허용되려면 사회에서 가장 약한 구성원에게 이익이 되는 방식이어야 한다는 것을 의미한다(Rawls 2001, 42). 그는 합리적으로 행동하는 자유로운 개인들은 결국 자기들이 열등한 위치에 처하지 않

• 특정한 정책안의 선택을 둘러싸고 관련 이해당사자들이 어떠한 대안이 자신에게 유리하고 불리한지를 모르는 상황을 말한다. 즉 케이크를 자르는 사람이 자신이 케이크를 언제 가져갈지 순서를 모르게 하면, 케이크를 공정하게 자르는 것과 같은 이치다.

도록 하기 위해서 기본재의 대략적인 평등을 선택할 것이라고 주장한다. 가장 최근의 설명에서 그는 이것이 "재산과 부의 집중, 특히 정치적 지배로 이어질 가능성이 있는 집중을 방지하기 위해 경제 요인의 장기적인 추세를 조정하는 정치적·법적 제도의 틀"을 포함한다고 말한다(Rawls 2001, 44).

롤스가 지금까지 큰 영향력을 가지는 이유는 그가 자연법, 신학, 이타주의, 마르크스주의적 목적론 또는 인간 본성에 대한 진단에 의존하지 않고 합리적 선택 이론의 지지자들이 받아들일 수 있는 어휘를 사용하여 정의의 기초로서 기본재의 평등을 방어하는 논리적인 주장을 제시하기 때문이다. 롤스의 원초적 입장은 하버마스의 이상적인 발언 상황과 비슷한데, 두 경우 모두 공정성을 보장하는 조건에서 형성되는 정의에 관한 이론이라는 성과를 가져왔다. 그러나 롤스는 자신의 주장을 의사소통에 근거하지 않고, 차등 원칙을 제시하면서 기본재의 평등이 정의의 내용을 구성한다고 연역해 낸다. 둘 간의 차이는 정의의 존재 자체에 대한 것보다는 무엇이 정의롭고 무엇이 부당한가를 정의하는 원칙에 대한 것이다(Rawls 1971, 5).

제기된 질문들

합의와 공정성에서 유래한 논거들을 바탕으로, 정의는 공공정책을 평가하기 위한 주요 기준이 된다. 이 논거들은 최고도로 일반화된 것이기 때문에, 이 기준을 적용하기로 하는 선택은 매 의사 결정 순간마다 다시 이루어질 필요가 없고, 의사 결정이 민주적 절차를 통해 이루어졌는지 여부에 관계없이 적용될 수 있다.[26] 정의의 기준을 받아들이고 도시 환경urban milieu에 적용할 때 우리는 다음과 같은 질문에 직면한다.

1. 부유한 서구 세계에서 정의로운 도시가 갖추어야 할 요건은 무엇인가?[27] 정의의 내용이 한 공동체에 의해 정의되고 도시가 다양한 공동체로 구성되어 있다면, 특히 단지 공평한 물질적 분배뿐만 아니라 다양성, 민주주의, 지속 가능성 등이 정의正義의 구성 요소라면, 누구의 정의定意를 우선시해야 하는가?
2. 뉴욕, 런던, 암스테르담으로 대표되는 서양 도시의 최근 역사(1970-2009)에서 정의로운 도시의 요건들은 어느 정도 실현되었는가? 고려해야 할 이슈에는 재개발 프로그램의 구성 요소, 공공 공간의 특성, 재산권의 범위와 특성, 재분배 프로그램의 범위, 여러 사회집단 간 관계 및 공간 분포가 포함된다.
3. 서양 도시들의 최근 역사를 형성한 경제 및 사회 세력, 정치, 계획 그리고 정책은 무엇인가? 사회 세력과 정부 활동 간 상호작용은 무엇이며, 공공 부문은 어느 정도 자율적으로 행동할 수 있는가? 도시는 국가적 맥락과 글로벌 경쟁의 힘에 의해 어느 정도의 제약을 받는가?
4. 사회 정의를 개선하기 위해 국가 하위 단위 차원에서 어떤 전략을 따를 수 있으며, 이를 가져올 수 있는 제도나 사회운동은 무엇인가? 유능한 관료가 이끄는 자비로운 국가가 진

보적 변화를 촉진하는 리더가 될 것으로 기대할 근거가 있는가? 사회운동은 보다 정의로운 사회로의 변혁에 대한 희망을 품고 있는가?[28] 성장과 형평성을 동시에 촉진할 수 있는가(즉, 경쟁력과 통합의 관계는 무엇인가)?

이와 같은 광범위하고 역사적으로 뿌리 깊은 질문들을 가로지르는 것은 바로 과정 대 결과, 특이성 대 보편성의 문제다. 결정 과정의 성격이 결과의 정의에 어느 정도 영향을 미치고, 특정 종류의 절차가 특정 그룹에 얼마나 유리한가? 시민 참여를 강화하면 더 정의로운 결과를 얻을 수 있는가? 한 곳에서 도출된 결론을 다른 곳에도 적용할 수 있는가? 이 책은 선진국의 사례만을 다룬다. 내가 개발도상국의 도시 정의 문제를 다루지 않으려고 하는 것은 정의의 원칙이 모든 곳에 적용되어야 함에도 불구하고 상대적으로 부유한 지역에서의 접근은 가난한 도시에서 간단히 재현될 수 없다는 관점에서 비롯된다.

비개량주의적 개혁

도시 프로그램을 개혁하기 위한 전략 제안은 두 가지 일반적인 문제를 제기한다. 하나는 도시의 자율성에 관한 것이다. 도시가 강력한 재분배 프로그램에 참여할 수 있는 정도는 중앙정부의 복지정책에 의해 제한된다.[29] 도시는 정부 기관과 자본 흐름의 네트워크 속에 존재하므로 고립시켜 다룰 수 없다. 로버트 달은 1967년의 대표 논문에서 참여와 권력의 중국 상자• 문제를 다음과 같이 언급했다. "근린 수준에서 민주주의를 위한 기회는 가장 크지만 권력은 가장 작다. 지리적 범위가 커짐에 따라 의사 결정력은 증가하지만 사람들이 결과에 영향을 미칠 수 있는 가능성은 감소한다." 따라서 도시 수준은 여러 거버넌스 계층 가운데 하나다. 그러나 관용, 공공 서비스의 질, 저렴한 주택affordable housing의 존재, 분리/통합 등의 가치와 관련하여 동일한 국가 내에서도 존재하는 도시 간 편차는 도시의 자율성이 어느 정도 존재함을 나타낸다. 이것은 연방제와 홈룰home rule••의 전통이 존재하고 도시 프로그램으로부터 국가가 철수하면서 지역적 차이가 심화되는 미국의 경우 특히 그렇다. 심지어 정부 시스템이 고도로 중앙집중화된 영국에서조차 지역 리더십으로 인해 여러 도시가 서로 다른 길을 택하게 되었다(Judd and Parkinson 1990 참조).

따라서 다른 수준의 정부가 제공하는 지원의 규모가 자원을 재분배하는 도시 체제의 능력을 제한하기는 하지만, 도시 정부의 권한 내에 있는 것들과 관련해서, 그리고 도시운동의 목표 측면에서 정의의 개념을 개발하는 것은 여전히 가능하다(Fainstein and Hirst 1995). 마누엘 카스텔스는 도시를 생산을 규정하는 공간적 형태가 아닌 집합적 소비의 장소, 즉 시민들이 소득 부족을 보충하는 집합적 재화를 획득할 수 있는 장소로 간주한다(Castells 1977). 따라서 그는 도시사회운동이 사회 변혁을 이룰 수 없더라도 잠재적으로 시

• 큰 상자 안에 작은 상자, 또 그 속에 작은 상자가 들어 있는 일련의 포개진 상자를 말한다.

•• 미국의 지방자치 원리 중 하나로서 지방정부는 주정부가 명시적으로 부정하지 않는 한 자기 관할 지역 내에서 벌어지는 모든 일에 대해 결정 권한을 갖는다는 원칙이다.

정혁명municipal revolution을 일으킬 수 있다고 본다(Castells 1983). 이 논리에 따르면, **도시운동은 그 활동 층위 내에서만 변화를 이룰 수 있다는 제한에도 불구하고 변혁적 잠재력을 가지고 있다**. 이 책의 관심은 바로 이러한 도시 수준에 있다.

두 번째로 더 문제가 되는 이슈는 자본주의 아래서 재분배와 인정recognition(즉 문화적으로 다른 집단에 대한 존경심 있는 인정acknowledgment)이 가능한 정도에 대한 것이다. 낸시 프레이저는 불의를 다루기 위한 소수자 우대 전략과 변혁 전략을 구분한다(Fraser 2003, 70-82). 전자는 근본적인 사회구조를 흔들지 않고 불공평한 결과를 바로잡는 반면, 후자는 불의를 야기하는 사회적 틀을 변화시키는 것을 말한다. 프레이저는 변혁 전략이 원칙적으로 바람직하긴 하지만 실제로 달성하기는 어렵다고 지적한다. 그녀는 기존의 사회 틀 안에서 작동하면서도 "시간이 지남에 따라 보다 급진적인 개혁이 실행될 수 있는 변화의 궤적을 시작"하는 "비개량주의적 개혁nonreformist reforms"을 주장함으로써 타협점을 찾는다(Fraser 2003, 79).[30]

이 개념은 자본주의적 민주주의 내에서 개혁이 이루어질 수 있는지에 대한 한 세기 전 사회주의자들 간의 논쟁으로까지 거슬러 올라가며, 특히 에두아르트 베른슈타인과 연관된다. 정통 마르크스주의자들과는 대조적으로, "민주적 수정주의자들은 … 과학과 물질주의에 반대되는 도덕성과 윤리를 강조하고, 저항할 수 없는 경제적 힘과 피할 수 없는 계급 갈등보다는 인간의 의지와 계급 간 협력에 중점을 두었다"(Berman 2003, 121). 많은 평론가가 논평한 바와 같이, 자기 모순으로 인한 자본주의 붕괴의 불가피성과 권력을 쥔 프롤레타리아트가 이끄는 사회주의 혁명의 불가피성에 대한 카를 마르크스의 주장은 모두 역사적 근거가 부족할 뿐만 아니라, 자본주의적 불평등에 반대하는 사람들로 하여금 혁명 말고는 할 수 있는 게 거의 없게 만든다.[31] 결과적으로 보다 평등한 사회를 겨냥한 변혁운동은 역사적 불가피성보다 인간의 동기에 바탕을 둔 논리적 근거를 찾아야 하며, 혁명에 헌신하거나 기대를 걸지 않는다면 정치를 통해 목표를 달성해야 한다. 현재의 상황과 신자유주의 헤게모니에 대한 실질적인 대안 개발은 인류의 삶을 개선하려는 도덕적 의지를 가진 사람들의 기본 과제가 된다. "급진적 조치뿐만 아니라 개혁도 [구조적] 관계를 지배하는 기대에 깊고 광범위한 변화를 가져올 수 있다"(Marris 1987, 148). 에릭 올린 라이트는 다음과 같이 주장한다. "[대안적] 제도 설계는 자본주의 사회 내에서의 사회개혁을 위한 실용적 프로젝트의 일부가 될 수 있다. 사회·경제 제도 내에서 비자본주의적 원칙을 도입하는 다양한 방법과 여러 종류의 자본주의가 존재한다"(Wright 2006, 22).[32]

서유럽과 미국 내 도시 거주자들의 삶을 개선하기 위한 비개량주의적 개혁을 권고하는 것이 바로 이 책의 목적이다. 계획 및 공공정책 논의의 화제를 도시 지역의 특성으로 전환하고, 계획이론에서 지배적이었던 과정에 대한 집중을 줄이며,[33] 계획 실무자들의 관심을 경제 개발에 대한 집착에서 사회적 형평성으로 돌리는 것이 나의 희망이다. 채택된 절차의 유형과 사회적 결과, 제도적 형태와 혜택의 분배, 성장과 하층민들의 삶의 질 개선 가능성 사이에 관계가 있다는 것은 의심할 여지가 없다. 그럼에도 불구하고 민주적 절차가 항상 평등주의적 결과를 가져오는 것은 아니며, 기술/과학적 절차에는 규범적 편향이 숨겨져 있고, 성장이 반드시 낙수효과를 수반하는 것은 아니며, 대중적 선호는 그릇된 방향으로 인도될 수 있다.

정의로운 도시가 계획이론•의 대상이 된다면, 이론 개발에 어떻게 접근해야 하는가? 레오니 샌더콕은 자신의 책《코스모폴리스를 향해》에서 하나의 전략을 제시한다. 정의로운 도시에 대한 그녀의 정의定意는 사회적으로 포용적이며, 거기에서 차이는 단순히 용인되는 것을 넘어 인정과 존중의 대상으로 대접받는다. 따라서 그녀는 "계획이론을 다른 이론적 담론, 특히 도시에서의 주변성, 정체성과 차이, 사회 정의에 대한 논의들과" 연결하기를 원한다고 주장하는데, 이는 "이 논의들이 계획가들에 의해 소외되기 쉬운 집단들에게 힘을 실어 주기 때문이다"(Sandercock 1998, 110). 존 프리드만은 유토피아적 비전을 제시하고 이를 비판과 연관시킨다. "불의에 도덕적으로 분노하는 것은 우리가 분명치는 않을지라도 정의 의식을 가지고 있음을 시사한다. … 불의가 시정되려면 … 우리를 정의로운 세계에 좀 더 가까이 인도할 단계들을 제안하기 위해 유토피아적 사고의 구체적인 이미지가 필요하다"(Friedmann 2002, 104).[34] 환경적 지속 가능성의 목표가 사회에 어떻게 침투했는지 고찰한 책에서 마르턴 하이어르와 아널드 레인도르프는 유토피아적 사고가 역사에 어떻게 영향을 미칠 수 있는지 주장하면서, 연합정치coalition politics, 담론, 그리고 결과에 대한 관심이 서로 얽혀 있다고 설명한다(Hajer and Reijndorp 2001). 정치를 비전과 관련짓고, 정책을 정의에 연관시키는 것은 이 책의 목적인 현실적 유토피아주의 형태다.

• 도시계획의 이론적·철학적 기초를 다루는 분야를 '계획이론'이라 한다.

책의 구성

제1장에서는 여기서 간단히 다루었던 정의 문제에 대한 철학적 접근에 대해 자세히 설명한다. 특히 평등, 민주주의, 다양성 문제에 대한 여러 상충되는 견해를 살펴본다. 지속 가능성에 관한 문제도 제기하겠지만, 부수적인 논의가 될 것이다. 중요하지 않아서가 아니라 한 권의 책에 포함하기 어렵기 때문이다. 제2장은 도시 재활성화를 위한 프로그램에서 제기된 도덕적 문제와, 프로그램 집행 시 정의 이론의 적용 가능성에 중점을 둔다. 이 논의 뒤에는 뉴욕, 런던, 암스테르담의 재활성화 노력 사례 연구에 대한 세 개의 장이 이어진다. 결론에서는 도시 생활의 상품화, 주요 산업으로서 관광의 영향, 공공 공간에서 나타나는 도시에 대한 권리, 도시 하위 지역 간 관계, 도시-교외 지역 간 관계, 계획에서의 참여 등의 문제를 포함해 사례 연구에서 제기되는 여러 문제를 살펴본다. 마지막으로, 이 책은 정의로운 도시의 목표를 발전시키기 위한 일련의 정책 관리 원칙을 제시하며 끝을 맺는다.

01
정의 문제에 대한 철학적 접근

정의로운 도시의 미래상을 개발하려면 존 롤스의 중요한 저작《정의론》(1971) 출판의 뒤를 이어 쏟아져 나온 정의에 관한 방대한 학문적 성과를 다뤄야 한다. 이 저작들에서 도시정책과 가장 밀접한 이슈들은 정의의 기준 구성에 집중되어 있다. 그러므로 나는 철학적 문헌과 계획이론의 논의를 내 관심사와 가장 관련 있는 네 가지 주제, 즉 (1) 민주적 과정과 정의로운 결과의 관계, (2) 형평성 기준, (3) 인정 기준, (4) 민주주의, 형평성, 다양성 사이의 긴장으로 정리했다.

내가 주장하고자 하는 바는 민주적 과정이 정의의 핵심이라고 강조하는 정치 철학과 계획이론의 경향이 열린 의사소통을 지나치게 이상화하고 토론 대상의 실체를 무시한다는 것이다. 나는 형평성을 우선시하는 입장을 옹호한 다음, 도시 정의正義를 정의定意하면서 차이 존중의 유용성을 살펴보고, 정의로운 도시의 가치 기반을 정립하는 것과 관련하여 센과 누스바움이 제시한 역량 접근법의 장점에 대해 논의할 것이다. 나는 서론에서 언급한 대로 '정의'라는 용어의 내용이 사회적·지리적·역사적 맥락에 따라 다른 의미를 갖는다는 데이비드 하비의 주장에 동의한다. 따라서 정의의 포괄적 개념에 기반을 두는 한편, 신자유주의적 사고가 도시정책에 강력한 영향을 미치게 된 21세기 초 부유한 서구 세계 도시에서 정의가 갖는 의미를 다루고자 한다.

민주적 과정과 정의로운 결과

계획 및 공공정책에 대한 최근의 비판 이론은 대부분 의사 결정 과정에 초점을 맞추고 있다.[1] 공공 결정의 투명성, 포용, 협상에 대한 촉구는 도시재생, 배제적 용도지역제•, 유해 시설물의 배치와 같은 정부 프로그램의 기반이 되는 하향식 기술주의적 접근에 대한 반응으로 나온 것이다. 개방적 과정을 요구하는 비판은 도시 프로그램의 불공평한 영향이 대중의 목소리를 차단한 결과임을 전제로 한다. 이러한 분석 논리는 의사소통 과정에 집중적으로 초점을 맞춘다. 나는 이 비판이 대부분 적절하다고 생각하지만, 제안된 개선책(보다 개방적이고 민주적인 과정)은 초기의 권력 편차에 적절하게 대처하지 못하고, 개혁에 대한 포섭 또는 저항을 극복할 단서를 거의 제공하지 못하며, 민주주의 이론의 주요 약점에 대해 충분히 설명하지 않을 뿐 아니라, 논의를 정책의 실체적 문제로부터 멀어지게 한다.

• 자기 지역에 가난한 사람들이 들어오는 것을 막기 위한 토지 이용 규제를 말한다. 단독주택 건설을 위한 최소 대지면적을 지나치게 크게 요구한다든지, 다세대주택이나 임대주택 같은 저렴한 주택 건설을 위한 용도지역을 지역 내에 배정하지 않는 관행이 대표적이다.

의사소통 모델을 계획 및 정책 수립을 위한 규범적 표준으로 확립하기 위한 논거는 인식론적(또는 탈실증주의) 접근과 실천 지향적 접근이라는 다소 다른 두 가지 경로로부터 발전했다. 인식론적 접근은 대안적 정책들이 어떻게 도출되고 표명되는지에 관심을 두는 한편, 실천 지향적 접근은 여러 대안 중에서 선택이 이루어지는 과정을 고찰한다. 이 장의 나머지 부분에서는 각 접근법별로 의사소통 모델을 지지하는 기본 논리에 대해 설명한다. 그런 다음 정의로운 과정은 반드시 정의로운 결과를 낳는다는 의사소통 모델의 가정을 비판하면서 내 논리를 제시할 것이다.

인식론적 접근

의사소통 모델은 정책 제안을 지지하기 위해 구체적인 맥락에 위치하고 추론, 공감, 다양한 종류의 근거 등에 의존하는 지식을 필요로 한다. 의사소통 모델의 방법론은 실증주의적 정책 분석이 한쪽으로 치우쳐 있을 뿐만 아니라, 가치중립적이거나 객관적이라는 거짓 주장에 기반을 두고 있다고 보고 이를 지양한다. 실증주의는 사회과학 조사가 자연과학과 동일한 절차를 따르도록 요구하는 것으로 묘사된다. "경험에 기반을 둔 인과적 지식만이 사회과학에게 진정한 '과학적' 노력으로서의 자격을 부여하기 때문에, 사회과학자들은 규범적 지향을 피하고 연구 조사의 대상을 경험적 또는 '사실적' 현상에 제한하도록 교육받는다"(Fischer 2003, 122). 이와 대조적으로 의사소통적 합리성의 인식론은 식별 가능한 객관적 실재란 존재하지 않으며 실재의 해석만 존재할 뿐이라는 탈실증주의적 논제에 기반을 두고 있다. 결과적으로, 검증 가능한 가설 형태로 제시되고 대개 정량적으로 표현되는, 사실의 질서정연한 동원과 비용-편익 측정은 분석의 기초가 되는 가정과 규범적 틀을 명확히 드러내지 않는다. 예를 들어, 고속도로 건설에 투입할 자금의 규모를 결정할 때는 일반적으로 시간 절약이라는 금전적 가치를 프로젝트 비용과 공공 편익 사이의 관계를 평가하는 척도로 사용한다. 한편 보건이나 교육에 투자하여 얻게 될 더 큰 편익, 부모가 자녀를 돌보는 무임금 노동 시간의 주관적 가치, 대중교통의 안전 증대, 자동차 운송이 초래하는 환경오염 등의 고려 사항은 계산 대상이 아니다. 물론 이런 것들에도 금전적 가치를 부여하거나 분석에 포함시킬 수 있지만, 각 요소에 부여된 가격과 다양한 고려 사항들의 가중치는 주관적이다. 즉 무엇이 중요하고 각 고려 사항에 얼마나 많은 가중치를 부여할 것인지에 대한 판단은 가치에 기반을 둘 수밖에 없으며, 처음부터 고려 대상에서 배제되었을지도 모르는 여러 가지 중요한 사항들을 고려하여 이루어진다.

탈실증주의 접근법에서의 적절한 의사 결정 절차는 가치 진술, 경험적 증거, 주관적 인식 등의 혼합이기 때문에 이 접근법을 지지하는 이들은 정책 수립과 계획을 과학에 준하는 행위quasi sicences가 아닌 토론하는 행위argumentative practices로 봐야 한다고 생각한다(Fischer and Forester 1993, 2). 따라서 그 과정은 사회적으로 구성되고, 그 결정은 관련된 당사자 간 상호작용의 결과다. 민주적 공동체 내에서는 각자가 발언권을 가져야 하며 권력이나 기술적 전문 지식에 기반을 둔 특권 계층이 없어야 한다. 따라서 탈실증주의 인식론은 지식이 전달되는 방법에 관심을 갖고 주장을 전달하는 다양한 방식을 받아들이게 되는데, 그 방법에는 정량적인 측정뿐만 아니라 논리적 주장, 이야기, 정서적 반응 등을 포함하는 내러티브 구성이 있다.

실천 지향적 접근

의사소통 모델에서 정체성을 찾는 계획이론가들의 입장은 듀이의 실용주의와 하버마스 합리성이라는 철학적 전통에서 비롯된다. 존 듀이의 작업은 영미 철학적 사실주의와 경험주의에서 발전된 반면, 하버마스의 철학은 헤겔주의적 이상주의와 마르크스주의의 비판적 분석으로 거슬러 올라가며 비트겐슈타인의 언어학 연구까지 포괄한다. 의사소통적 합리성과 신실용주의는 행동 지침을 제공하기 위해 사용될 때 하나의 계획이론으로 수렴한다. 그 둘은 모두 어떤 선택의 옳고 그름을 판단할 때 선택 과정의 중요성을 강조할 뿐, 결정 내용 평가를 위한 추상적인 기준을 제시하지 않기 때문이다. 따라서 의사소통적 계획의 개념은 "의사소통을 통해 목표를 발견할 수 있도록 계획 행위의 초점을 조정하는 … 간주관적 상호 이해 노력"[2]을 통해 결정에 도달해야 한다는 명제에서 시작된다 (Healey 1996, 239).

신실용주의자들은 경험주의를 선호하는 경향이 있어, 일반화할 수 있는 모범 사례를 찾는다.

> 실용주의적 분석가들에게 가장 중요한 질문은 민주적 계획이 제도화될 수 있는 자유 공간을 실무자들이 어떻게 구성할 수 있는가이다. 말하자면 … 만족할 만한 수준의 민주적인 계획 사례를 찾아낸 다음, 누가 그 일을 했는지, 어떤 조치를 취했는지, 어떤 종류의 제도적 조건이 그들의 노력을 돕거나 방해했

는지 탐구하는 것이다.(Hoch 1996, 42; Innes 1995 참조)

실용주의의 '모범 사례' 접근 방식은 결과에 대한 판단을 암시하는 것처럼 보이지만 무엇이 '최선'인지, 또는 찰스 호크가 표현한 대로 무엇이 '만족스러운 것'인지에 대한 지침을 개발하지 않음으로써 교묘히 문제를 회피한다.

의사소통적 계획이론은 정치학자들이 숙의민주주의를 중심으로 창안해 낸 아이디어와 유사하다.[3] 대립하는 이해당사자 간의 협상이 필요한 다원적 계획이라는 계획이론의 개념은 옹호적 계획advocacy planning에 대한 폴 데이비도프의 유명한 논문에서 주창되었다. 1965년에 출판된 이 논문은 계획가들에게 공정한 기술자로서가 아니라 취약 계층의 이익을 위해 일할 것을 촉구했다. 데이비도프는 계획적 옹호를 법률적 변호에 비유하며 기본적으로 계획가는 고객을 대신하여 변론해야 한다고 제안했다. 그의 주장은 서로의 견해를 검증하는 것이 중요하다는 존 스튜어트 밀의 다음 주장에서 파생되었다. "그(인간)는 토론과 경험을 통해 실수를 바로잡을 수 있다. … 경험이 어떻게 해석되어야 하는지 보여 주는 토론이 반드시 있어야 한다"(Mill 1951, 108).

1960년대와 1970년대 신좌파의 참여민주주의 요구와 도시저항운동으로 고조된 하향식 계획에 대한 반항은 좌파 사회과학자들이 민주주의 이론을 재고하도록 고무했다. 그들은 주기적인 투표와 단순한 선호도 집계 이상으로 확장되는 민주주의의 비전을 뒷받침할 개념을 찾고 있었다. 1960년대와 1970년대의 사회운동은 정치인들이 정책을 선택하고 관료는 정책을 집행하기만 하면 되는 대의민주주의 모델이 현실(관료의 계획 결정이 상당히 자율적으로 이루어지는 현실)과 동떨어져 있다는 사실을 인식하게 했다(Lipsky 1980). 20세기 후반에 도시운동이 쇠퇴했음에도 불구하고 시민 참여의 제도화에 대한 기대는 많은 도시에서 나타난 정부 기능의 분권화와 함께 민주적 절차 문제가 여전히 적실함을 의미했다. 그 기간 동안 지역사회 활동가들은 계획 당국이 외부와 단절된 채 기술관료적으로 의사 결정하는 데에 정당성 문제를 제기해 왔으며(Scott 1998), 다양한 시민단체가 정부 운영에 참여했다.

숙의민주주의deliberative democracy 이론은 정치학 내부에서 등장해, 이해관계에 기반을 둔 공공선택 패러다임의 지배와 그 보수적 경향에 대항했다. 이 흐름의 이론가들은 개인이 자기 이익에 기반을 둔, 쉽게 표명할 수 있는 고정된 선호를 가지고 있다는 것을 부정하고, 대신 사람들의 견해가 다른 사람들과의 상호작용을 통해 드러난다고 주장한다. 사회 분석 내 경제학적 사고에 대한 반격으로서 숙의민주주의 이론은 진보적인 움직임을 대표하지만, 자원이 사적으로 소유되고 통제되는 사회에서 민주주의에 가해지는 제약에 충분히 맞서지 않는다.

포용적 숙의, 형평성, 그리고 정의의 관계

선의에 의존하는 의사소통적 계획이론은 일반적으로 이해관계의 구조적 상충을 무시하고, 합의 형성을 가로막는 사회적 맥락을 분석하지 않는다.[4] 반면에 사회주의 이론과 실천은 형평성 문제에 관심을 기울인다. 마르크스주의적 형태의 사회주의 이론은 생산 수단의 공적 소유를 요구했다. 사회주의가 지배하던 소비에트 연방과 동유럽에서 경제 기업은 국가 소유가 되었고, 서유럽의 사회민주주의 정당들은 민간 수입을 국가 부문을 통해 재분배함으로써 집단적 이상理想을 추구했다. 그러나 사회주의의 꿈은 소비에트 진영의 몰락과 함께 물거품이 되었고, 한때 좌파 사상가들에게 지침을 제공하던 역할도 중단되었다. 사회주의의 실패는 고조된 개인주의, 소비주의, 서유럽의 전통적 노동계급 직종의 쇠퇴와 함께 사회민주주의 정당들로 하여금 평등주의적 프로그램을 완화하도록 했으며, 국가가 완전한 경제적 통제권을 갖고 있다면 시민의 이익을 구현할 가능성이 있는지 의문을 제기했다.

더 큰 민주주의, 왜곡되지 않은 담론, 차이 인정 등에 대한 요구는 비엘리트 집단의 이익을 더 강력하게 대변함으로써 더 큰 형평성을 약속하는 것처럼 보였다. "숙의민주주의자는 정치적 지배를 제한하고 … 공공정책을 통해 더 큰 사회 정의를 촉진하는 가장 좋은 방법은 정치의 다양한 대립적 요소들 사이에서 숙의의 장과 과정이 마련되도록 조장하는 것이라고 파악한다"(Young 2001, 672).[5] 그러나 이같은 접근 방식은 정의의 내용을 나타내거나 어떤 토론 참여자들이 도덕적으로 우월한지를 판단하는 계획을 미리 세우지 않고도 합리적인 토론이 정당한 결과를 가져올 것이라는 낙관적인 희망에 바탕을 둔다. 낸시 프레이저는 다음과 같이 주장한다. "사회주의를 대신할 정의로운 사회 질서에 대한 포괄적이고 진보적인 새로운 비전은 아직 나타나지 않았다. '급진적 민주주의'와 '다문화주의'를 그 지위로 끌어올리자는 제안은 이러한 비전에 대한 열망을 보여 준다"(Fraser 1997, 2). 또는 스티븐 브로너가 다소 비꼬듯이 표현한 것처럼, "민주주의는 모든 질문에 대한 답이 되었고 모든 문제에 대한 해결책이 되었다”(Bronner 1999, 18).

모든 사람의 의견을 존중하여 들어야 하며 특정 집단이 상호 교류에서 특권을 가져서는 안 된다는 이상은 중요한 규범적 주장이다. 그러나 그것만으로는 충분하지 않을뿐더러 민주주의의 고전적 난제들을 적절히 다룰 수 없다. 여기에는 사회적으로 분열된 대규모 그룹 내 모든 이익집단의 의사 표현을 적절히 보장하고, 선동을 방지하고, 명목 이상의 공공 참여를 달성하고, 경제적 또는 제도적으로 강력한 이익집단이 의제를 설정하지 못하도록 방지하고, 소수의 권리를 보장하는 것 등이 포함된다. 정치 이론가들이 끝없이 논쟁을 벌여 왔지만, 이러한 문제들은 아직 해결되지 않은 채 남아 있다.

경제 프로그램과 연계되지 않은 민주적 사고는 이론적으로 취약하다. 숙의민주주의를 옹호하는 이들조차 그것이 사회·경제적 불평등 상황에서 제대로 작동하지 않는다는 것을 인정하고, 제대로 작동하려면 평등한 존중과 왜곡되지 않은 발언이라는 배경 조건이 형성되어야 한다고 지적할 것이다. 그러나 이상하게도 정치학 및 계획이론 내 논의들은 부와 권력의 엄청난 불평등 극복이라는 더 까다로운 문제는 다루지 않고 민주적 절차에만 초점을 맞춘다. 토론만으로는 부족한데도 말이다. 다시 말하면, 분석은 정치경제적이라기보다 순수하게 정치적이다. “자유주의는 매우 강력한 형태의 정치적 자율성을 가정한다. 자유주의 정치 이론은 구조적 불평등을 유발하는 사회경제적이고 사회성적인sociosexual 구조라는 기초 위에서도 민주적 형태의 정치적 생활을 조직하는 것이 가능하다고 가정한다”(Fraser 1997).

불평등한 사회에서 민주주의와 정의는 종종 상충된다. 계획이론

내 절차주의적 강조에 대한 나의 비판은 선거 참여를 넘어서는 민주주의의 확장이 아니라, 구조적 불평등과 권력의 위계구조가 존재하는 현실을 무시한 채 열린 의사소통의 효능만 믿는 것에 있다.[6] 더욱이, 그것은 기존의 역사적 맥락에서 시민들이 과연 자신의 이익 또는 공익에 대해 적절한 판단을 내리는지에 대한 질문을 간과한다. 숙의가 진행된 후에도 사람들은 여전히 자신이나 소수자에게 해로운 선택을 할 수 있다.[7] 마사 누스바움이 지적했듯이 "[민주적 의사 결정에 대한] 검증된 욕구informed desire 접근은 … 권력이나 권위의 위협을 받지 않고 사회적 위계질서 안에서의 자신의 위치를 의식한 데서 비롯된 부러움이나 두려움에 영향을 받지도 않는 평등한 사람들의 공동체라는 개념을 필요로" 한다(Nussbaum 2000, 135). 에이미 거트만과 데니스 톰프슨도 마찬가지로 의미 있는 숙의를 위한 필수 조건을 구체화한다(Gutmann and Thompson 1996, 348). 기본적 자유, 기본적 기회, 그리고 공정한 기회가 그것이다(Freeman 2000, 414 참조). 거트만과 톰프슨은 숙의적 관점에 대한 자신들의 개념이 "정상적 조건에서의 숙의가 … 법률과 공공정책을 정당화하기에 충분하다는 생각, 때로는 숙의민주주의와 동일시되는 그 생각을 분명히 거부한다."라고 말한다(Gutmann and Thompson 1996, 200). 다시 말해 민주적 숙의는 기회가 균등한 상황에서만 제대로 작동한다(Cohen 1996 참조).

이러한 주장에는 순환성 또는 무한 회귀 요소가 있다. 의사소통 이론가들은 부당한 결과를 초래한 과정이 진정으로 개방적이었을 리 없으며, 그게 아니라면 왜곡된 의사소통의 결과로 참가자들이 불충분한 정보를 받았을 것이라고 가정한다. 이 모델은 참가자들이 자신의 이해관계를 알고 있거나 적어도 토론 과정에서 이를 발견할 것이며, 토론을 통해 구조를 바꿈으로써 숙의에 필요한 배경 조건을 생성할 것이라고 가정한다. 그러나 불평등한 사회관계가 사람들의 인식 구조를 결정짓는다는 마르크스의 '허위의식false consciousness' 개념과 안토니오 그람시가 묘사한 '지배 이데올로기hegemonic ideology'가 작동한다. 그 결과 개인은 서로에게 자신의 생각을 자유롭게 표현할 수는 있지만 자신의 장기적 이익에 반하는 프로그램을 수용하게 만드는 기존의 사회관계, 제도, 그리고 이념의 포로로 남을 수 있다.[8] 특히 지배적인 엘리트가 통신 매체를 통제할 때 그렇다.

아이리스 매리언 영, 샹탈 무프, 마크 퍼셀 등은 강력한 민주주의를 지지하면서 계획이론 내에서 개발된 형태의 의사소통 모델과 결별한다. 그들은 사회운동이 강력하게 요구하는 다원적이고 탈중심적 형태의 민주적 참여가 형평성을 추구하는 목표들을 받아들여 불의를 줄일 것이라고 주장한다. 그러나 모든 것은 그 요구의 내용에 달려 있다. 예를 들어, 미국과 유럽의 반反이민 정서나 낙태 방지 운동의 기반은 폭넓은 대중적 지지를 바탕에 둔 반자유적인 사회운동에서 찾을 수 있다. 정서적인 호소가 정치권력을 얻는 확실한 길인데, 포퓰리즘적 견해들이 오도되는 원인으로 의사소통의 왜곡을 지목하는 것은 어리석은 일이다. 특히 이는 많은 의사소통 이론가가 담론에서 합리성을 강조한 하버마스와 결별하고 수사학과 스토리텔링 방식의 설득을 지지하기 때문이다(Sandercock 1998, 3장).

허위의식은 좌파만의 개념은 아니다. 보수 이론가들도 무지나 선동가의 영향으로 대중이 공익에 반하는 행동을 할 것이라고 주장한다. 사회 문제 측면에서는 자본주의 엘리트들이 대중보다 더 관용적일 수 있다. 정책 입안자만이 정치적 싸움을 뛰어넘어 공익이라는 추상적 공식에 기초하여 결정할 수 있다는 생각은 일반 대중들이 단기적이고 이기적인 고려에 기초하여 정책을 선택할 것이라는 인식에서 비롯되었다. 이는 정치적 압력으로부터의 관료 보호를 정당화하는 데 이용된다. 이 관점은 확실히 권위주의를 정당화하고 엘리트의 이익을 특권화하는 근거가 될 수는 있지만, 그렇다고 해서 단순히 무시해 버릴 수는 없다. 엘리트와 마찬가지로 시민들도 오도되거나 자기 이익을 위해 행동할 수 있는데, 이는 대중적 참여의 토론장에 님비현상이 널리 퍼져 있음을 보면 알 수 있다.

독재적 정책 결정을 거부하는 의사소통 이론가들은 가부장주의와 관료적 의사 결정 방식이 바람직한 결과를 가져올 가능성을 무시한다. 그러나 유럽의 복지국가와 미국의 뉴딜에 대한 여러 연구들은 건강과 안전을 보장하기 위한 주요 프로그램들이 이해 당사자인 대중과 협의하지 않은 채 국가 공무원들에 의해 생성되었다고 결론지었다.[9] 유권자들의 지지와 반대 측 사회운동의 위협이 없었다면 이러한 조치들은 승인되지 않았겠지만, 정책의 실제 계획은 많은 이해관계자의 의견을 수렴하지 않은 채 이루어졌다. 민주적 가치 자체에 대한 의지 때문에 우리는 자비로운 전제 정부에 반대하고 시민의 의견을 수렴하길 원하지만, 고립된 의사 결정이 대중의 결정보다 정의로운 결과를 더 많이 가져올 수도 있다는 사실을 부정할 수 없다. 미국 시민권운동이 처음으로 얻어 낸 이득은 입법이 아닌 사법적 결정의 산물이었다. 현대 싱가포르는 자비로운 전제 정부로 분류될 수 있으며, 자유와 민주주의에 대한 제약에도 불구하고 시민들에게 매우 높은 삶의 질을 제공한다. 다른 한편으로, 권위주의적 의사 결정이 상류층의 이익에 강하게 편향된 결과를 가져온 사례는 더 많다.

관료적 의사 결정의 불확실성과 가변성은 숙의를 위한 모든 처방에서 항상 고려해야 할 중요한 상황 변수로서 국가의 특성을 보여 준다.

> 계획은 국가의 공간정책과 연결되어 있기 때문에, 우리가 거버넌스에 대해 얘기하든, 정부 통치에 대해 얘기하든, 아니면 반체제적 계획에 대해 얘기하든 간에 실제 계획은 늘 구체성을 띠게 된다. 실제 도시/공간/환경/지역공동체 계획은 다양하고도 변화무쌍한 방식으로 국가와 연결되며, 공간 관리 사업에 동원된 국가의 권력 및 자원에 연결된다. 이러한 맥락을 무시하는 이론은 처방책을 제시할 설명력을 상실할 위험이 있다.(Huxley and Yiftachel 2000, 339)

효과적인 민주주의는 국가권력이 엘리트의 이익을 위해 동원될 때 그 부당한 영향에 대응할 수 있다. 하지만 개혁가가 국가권력을 잡을 경우 공직자들이 결정을 내릴 수 있도록 허용함으로써 가장 높은 수준의 정의가 달성될 수 있다.

숙의적 접근의 또 다른 문제는 말과 행동의 관계에서 발생한다. 사회적 의식의 변화를 위해서는 구두로 이루어지는 동의보다 더 깊은 변혁이 필요하다(Lukács 1971). 설사 이해관계에 대한 인식이 왜곡된 말에 의해 편향되거나 오도되고 구조가 사회적으로 생성된다고 하더라도, 말을 바꾸는 것만으로는 의식을 형성하는 구조가 변혁되지 않기 때문이다. 카를 마르크스와 프리드리히 엥겔스는 헤겔주의자들에 대한 비판에서 세상은 사상의 힘이 아니라 투쟁을 통해 변화했다고 주장한다(Marx and Engels 1947). 종종 잘못 해석되지만, 그들은 경제구조가 결과를 자동으로 결정하며 인간의 선택은 그 결과에 영향을 줄 수 없다고 말하지 않았다. 그들이 의도한 것은 기존 질서를 뒤흔들겠다고 위협하는 사회 세력의 도움 없이는 말이 결코 승리하지 못할 것이라는 사실이다.

아이디어 도출과 사회적 행동 사이에는 동원이라는 중간 단계가 필요하며, 둘은 변증법적으로 연관되어 있다. 아이디어는 의식을 바꾸고 궁극적으로 새로운 공공정책을 채택하는 사회운동을 일으킬 수 있지만, 이는 이해당사자들 간에 협상하고 합의를 형성하는 것 이상의 문제다. 페미니즘, 환경주의, 반反조세 프로그램, 신자유주의 등 서구에서 지난 수십 년간 가장 효과적이었던 사회운동의 경우, 영향력 있는 인구 집단의 불만이 불만의 원인과 이를 극복하기 위한 일련의 목표를 정의하는 아이디어에 의해 동원될 때 비로소 사회적 힘이 되었다. 아이디어를 실행하는 각성된 의식은 여러 사람의 추론뿐만 아니라 리더십과 힘의 동원을 필요로 한다. 사회운동 내에서도 공통된 의식은 비슷한 가치관과 관심사를 가진 사람들 간의 토론뿐만 아니라 본능적인 반응에서 비롯된다. 따라서 변혁적 사회운동은 그것이 신자유주의와 같이 보수적이든, 환경주의와 같이 진보적이든 간에 왜곡과 근거 없는 주장을 포함하며 정서적 호소에 의존한다. 의사소통 이론가들은 민주적 과정을 위한 구조적 장애 극복에 관심 있는 만큼 열린 교류에 도움이 되는 제도의 확립을 장려한다. 그러나 의사소통 이론가들이 민주주의 자체를 넘어서는 실체적 결과를 제시하지 못한다면 제도적 변혁에 대한 열정을 불러일으킬 수 없을 것이다.

말의 힘은 화자의 힘에 달려 있다. 벤트 플루비야의 말을 인용하면, "우리가 권력을 이해하면 문제를 해결하기 위해 합리성에 기반한 민주주의에만 의존할 수 없다는 것을 알게 된다"(Flyvbjerg 1998, 234). 플루비야의 저서에 대한 서평에서 존 포레스터는 권력과 정치가 계획에 영향을 미쳐야 한다고 말하는 그의 "숨 막히는 기습력"에 놀라움을 표했다(Forester 2001, 269). 포레스터는 플루비야가 발견한 것이 도처에 널려 있다고 생각하며, 권력을 드러내는 데만 관심이 있고 그것에 대처할 방법은 제시하지 않는 비판적인 접근을 극복하기를 바란다. 권력 격차에 대해 포레스터가 제시한 해법은 사람들의 마음을 움직이는 것이다. 그러나 샹탈 무프는 다음과 같이 주장한다.

> 정말로 중요한 것은 … 권력과 적대감, **그리고 그들[권력과 적대감]의 고질적 특성**을 인정할 필요가 있다는 것이다. 민주적 정치의 이 [숙의] 모델은 권력과 적대감이 제거되고 합리적 합의가 실현된 공적 영역의 이용 가능성을 가정함으로써, 갈등 차원이 정치에서 수행하는 중심적 역할과 집단적 정체성 형성에서 수행하는 중요한 역할을 부인한다.(Mouffe 1999, 752)

체계적인 왜곡을 초래한 근본 원인을 회피하고 합리성이 지배할 수 있다고 믿는다는 점에서, 의사소통 접근법은 순진하다(Neumann 2000).[10] 플루비야가 지적했듯이, 합리적이라고 받아들여지는 것들은 권력을 가진 자들이 퍼뜨린 합리화의 결과에 지나지 않는다(Flyvbjerg 1998).

마크 퍼셀은 말의 왜곡과 권력 관계의 불가피성을 인정하면서 숙의적 접근 방식의 약점을 고려한 민주적 계획 모델을 개발했다. 그는 "민주적 의사 결정의 적절한 목표가 합의 그리고/또는 공동선을 달성하는 것이라는 주장"을 거부한다. 대신 그는 "소외 계층이 함께 모여 자신의 이익에 가장 잘 맞는 민주적 성과를 추구하는 사회운동 모델"을 선택하고, 그러한 행동을 통해서만 불평등을 해소할 수 있다고 주장했다(Purcell 2008, 77). 퍼셀의 이론은 "경제적 자원의 정의로운 분배가 민주적 지배의 특징"이라는 실질적 민주주의 이론을 개발한 로스 주커의 주장(Zucker 2001, 1)을 재현한다.[11]

다른 부분에 대해서는 동의할 수 있지만, 이 실질적 민주주의 개념에도 문제가 있다. 민주주의와 경제적 평등을 결합함으로써 일반적인 의미와 다르게 민주주의를 재정의한다는 것이다. 퍼셀과 주커는 의사 결정의 기준으로 참여나 숙의보다 형평성을 강조한다. 시민권의 의미를 규정하는 방식에서 토머스 험프리 마셜(Marshall 1964)과 유사한 그들의 주장은 실질적인 경제적 평등이 없는 형식적 민주주의는 불이익을 받은 사람들을 진정한 영향력에서 배제하는 결과를 초래한다는 논리에서 비롯된다.[12] 그 의도는 민주주의의 절차주의적 개념화에 대항하는 것이다. 그러나 분석적으로 보면, 민주주의와 형평성(또는 정의)이라는 용어를 구분하여 과정과 구조적 상황을 별도로 고려할 수 있도록 하는 것이 더 명확할 것이다.

숙의 과정과 공공 참여에 대한 현대적 관심은 정책 결정의 더 큰 개방성을 향한 움직임을 자극하고 반영한다. 그러나 공공의 의사 결정이 과거보다 더욱더 참여적으로 되고 점차 분권화되었음에도 우리는 적어도 부분적으로는 정부가 시행한 조치로 인해 불평등이 심화되는 것을 보아 왔다. 이러한 경향은 우리가 더 큰 정의를 원한다면 정책 평가에 형평성 기준을 적용할 필요가 있음을 시사한다. 다음 절에서는 형평성 기준을 도입하기 위한 논의를 전개한다.

형평성

나는 공공 의사 결정을 평가하기 위한 기준을 제안하면서 '평등equality'보다 '형평성equity'이라는 단어를 사용하고자 한다. 내가 사용하는 '형평성'이라는 용어는 처음부터 공공정책에서 파생된 물질적·비물질적 편익을 더 잘사는 사람들에게 유리하지 않게 배분하는 것을 의미한다. 이는 모든 사람이 똑같은 대우를 받는 것이 아니라 그 대우가 적절해야 한다는 의미도 된다. 이 해석은 시장 활동으로 인한 배분 문제에도 적용된다. 자원 할당을 시장의 몫으로 남겨 두는 선택 또한 정책 결정이기 때문에, 시장에 의한 배분 역시 공공정책 영역 내에 있는 것으로 간주된다. 상대적 불이익은 계급이나 집단 특성으로 정의할 수 있다.

내가 '평등'보다 '형평성'이라는 용어를 선호하는 데는 두 가지 이유가 있다. 첫째, 평등이라는 목표는 자본주의 도시의 맥락에서 목표로 삼기에 너무 복잡하고 까다로우며 비현실적이기 때문이다. 그것은 가장 자격 있는 사람에 대한 보상, 인센티브 제거의 문제점, 성장과 평등의 상충 관계, 그리고 더 큰 선을 명목으로 중위소득 이상의 모든 사람에게 부과하는 패널티의 불공정성 등에 기초한 모든 반대 의견을 끌어들이는 자석 역할을 할 것이다. 보다 정의로운 도시정책만으로는 소득 분배를 근본적으로 바꾸기 어렵기 때문에, 도시정책을 통해 달성하고자 하는 최종적인 목표를 설정할 필요는 없는 것 같다. 내가 정의로운 도시라는 개념을 개발한 것은 도시정책을 판단할 평가 기준을 제공하고 도시운동의 목표를 표현하기 위함이다. 이 수준에서의 변화는 카스텔스가 '시정혁명municipal revolution'이라고 부르는 것을 추진하기에 충분할지 모르지만, 국가와 국제적 수준에서 동원된 권력만이 커다란 변혁을 강제할 수 있다.

그럼에도 불구하고 도시의 의사 결정에 형평성 기준을 적용하면 더 약하고 더 가난한 집단의 형편을 개선하는 효과를 가져올 수 있다. 물론 이러한 정책이 평등을 가져다줄 만큼 충분한 범위를 포괄한다는 의미는 아니다. 대부분의 경우, 성장을 촉진하는 체제 아래서 도시정책들은 취약 계층보다 부유층에게 유리하게 작용한다. 대신, 형평성 친화적인 체제pro-equity regimes는 프로그램의 분배적 성과를 측정할 때 누가, 어느 정도까지 그 프로그램에서 혜택을 받는지를 기준으로 삼아야 한다고 요구한다. 형평성 친화적인 프로그램은 잘사는 사람보다 못사는 사람에게 유리하다. 즉 그 프로그램은 경제적으로만이 아니라, 정치적·사회적·공간적으로도 재분배적이어야 한다.

둘째, '형평성'은 프로그램의 효과를 설명하기 위해 정책 분석에서 일반적으로 사용되는 용어이기 때문이다. 그것은 '평등'보다 더 광범위하게 받아들여지는 가치인 '공정성fairness'을 의미하므로 잘사는 사람들을 명시적으로 겨냥한 용어보다 더 광범위한 정치적 지지를 얻을 수 있다. 따라서 시민권과 인권, 교육과 건강에 대한 접근, 주거지 상실로부터의 보호 등을 요구하는 것은 (소수자에 대한) 배상금이나 일자리 할당job quotas을 요구하는 것보다 더 큰 수용성이 있다. 즉 형평성은 사실상 더 큰 평등을 추구하지만, 정치적으로 더 전략적인 용어다.

분배적 형평성은 공정성의 특별한 개념을 나타내는데, 그 공정성 개념 안에서 정책의 목표는 국가의 개입 없이는 상대적 박탈로 고통받게 될 사람들의 상황을 개선하는 데에 있다. 그러나 이는 정책 분석의 기초가 되는 자유주의 정치 이론 기반의 공리주의적 틀과 상충된다. 최대 다수의 최대 행복이라는 원리는 다수가 아닌 사람들의 행복에 대해서 아무것도 말하지 않기 때문이다. 그럼에도 불구하고 형평성을 우선시하는 것은 정의를 공정성으로 해석하는, 롤스로 대표되는 자유주의 이론의 흐름과 잘 맞을 뿐 아니라, 마르크스주의 사상에 대한 여러 해석 중 하나와도 일치한다. 다음에서는 자유주의 정치 이론이 제기한 문제를 논의하고, 신마르크스주의 이론뿐만 아니라 롤스의 공리주의 비판에서 분배적 형평성 개념을 지지하는 근거를 찾는다.

자유주의 이론

존 로크의 저술에 나타나듯이, 정부계약론[●]은 개인의 권리를 보호하는 정부를 민주적으로 구성하기 위한 원리를 제시한다. 그것은

● 정부 존재의 정당성을 사회계약으로 설명하는 이론이다. 이 이론에 따르면, 자연 상태에서 발생하는 개인 간 권리 침해를 둘러싼 분쟁 과정에서 인간은 재산과 신체를 보호하기 위하여 자신의 자연적 권리를 정부에 위임한다.

정치 이론의 자유주의 전통을 위한 기초다. 제러미 벤담이 묘사하고 존 스튜어트 밀이 정교하게 발전시킨 공리주의는 그 자유주의 전통 안에서 정부의 의사 결정을 위한 지침을 제공한다. 그 지침은 정책 평가를 위한 적절한 기준으로서 최대 다수의 최대 행복(선)이라는 공리주의적 공식으로 계산된 공익을 확립함으로써 형평성의 이상을 포괄한다.

> 진보적인 공공정책 결정에 대한 공리주의적 사고의 영향은 … 엄청났다. … 벤담의 중심 명제는, 합리적 선택을 위한 일관된 방법은 행위가 가져오는 즐거움이나 고통의 관점에서 가능한 행위의 결과를 평가하는 것뿐이다. 평가는 개별적 효용을 합산하여 이루어진다. 각 사람은 계산에 한 번만 포함시킨다(공평성 원칙). 좋은 공공정책은 개인의 쾌락을 극대화하거나 공리주의의 캐치프레이즈와 같이 '최대 다수의 최대 행복'을 달성하는 정책이다. 이론적으로 '최선의' 정책을 선택하는 것은 간단한 계산 문제다.(Campbell and Marshall 2006, 242)

공리주의 내에서 형평성은 다수의 이익을 의미한다. 18세기와 19세기 유럽의 맥락에서, 공리주의는 다수결을 기반으로 한 민주주의 이론과 일치하는 진보적인 움직임이고, 민주적 요구를 충족시키기 위한 합리적인 접근을 포함한다. 공리주의는 수단과 목적, 현재 가치와 미래 편익의 관계를 계산한 다음, 행위들의 특정 집합을 선택하여 사회 내 개인들이 얻게 되는 만족의 총합을 평가할 수 있다고 가정한다.

그러나 롤스가 주장한 바와 같이, "놀랍게도 정의에 대한 공리주의적 관점은 만족의 합계가 개인들에게 어떻게 분배되는지에 대해서 직접적으로는 전혀 중요하게 여기지 않는다는 것이다"(Rawls 1971, 26).[13] 그래서 공리주의적 관점에 따르면 도시 재개발 프로그램을 실시한 결과로 사람들 일부가 집을 잃게 되더라도 손실에 대한 보상을 받는 한 전혀 문제가 되지 않는다.[14] 이는 자가 거주 주택의 경우 보상이 대체 비용보다 손실 비용을 기반으로 한다는 것을 의미한다. 쫓겨난 세입자들의 경우에는 비슷한 수준의 임대 부동산이 없더라도 이사 비용만 보상받을 수 있고, 정서적 피해가 발생하더라도 이에 대한 배상은 전혀 제공되지 않는다(Fullilove 2004 참조). 강제 이주가 발생한 경우에도 쫓겨난 사람들에 대한 비용에 상응하는 혜택을 다른 사람들에게 제공하고, 더 많은 대중에게 미관상 즐거움을 제공하는 물리적 환경이 조성된다면, 만족의 총합은 현상 유지에서 오는 만족의 총합을 초과할 것이다.

다음 질문은 분배 문제를 더욱 어렵게 한다. 공공 편익(예: 경제성장 또는 메이저리그 야구팀 보유)은 분산되는 반면, 물질적 이익이 특정 개인(예: 개발업자)에게 쏠리더라도 총만족도가 증가하다면 문제가 없는가? 또한 순만족도를 결정하기 위해 편익과 손실(초기 공리주의의 언어로 말하자면 효용)을 어떻게 측정할 것인가? 척도를 금전적으로 정량화할 때, 기존 용도를 보다 가치 있는 것으로 대체하면 순이익이 증가하는 것은 사실상 불가피한 일이다.[15] 하지만 주관적인 응답에 기초해서 그 편익들을 계산하면, 편익값에 대한 합의는 대개 불가능해진다.[16]

롤스의 논의 역시 자유계약론의 전통 안에 있지만, 그는 차등 원칙을 개발함으로써 공리주의의 함정을 피해 간다. 문화적 다양성, 공동의 가치, 역사적 맥락과 관련한 허점과 별개로 차등 원칙은 최대 다수의 최대 행복이라는 계산에 대한 대항논리를 설득력 있게 제시한다. 롤스의 용어 가운데 기본재가 의미하는 바와 기회 평등과 조건 평등 간 관계에 대해 많은 논쟁이 전개됐다. 이익의 공정한 분배와 불이익의 완화가 공공정책의 목표가 되어야 한다는 주장에서 롤스의 정의 개념은 정의로운 도시에 적용할 가능성을 찾을 수 있다. 롤스가 말하는 "재산과 부의 과도한 집중 방지"는 물질적 불평등을 없애는 것이 아니라 줄이기를 기대하는 현실적인 유토피아주의를 의미한다. 따라서 롤스주의에 따르면, 정책을 평가하는 기준은 덜 부유한 사람들에게 가장 많은 편익을 주도록 보장되는가 하는 점이다. 여기에 비물질적 가치도 추가할 수 있지만, **동시에 정책의 경제적 효과를 절대로 잊어서는 안 된다**.

마르크스주의 해석

롤스와 추종자들의 작업에서 비롯된 분배에 대한 강조는 마르크스 사회주의의 저변에 깔린 원리를 거부한다. 분배나 재생산보다는 생산관계[17]가 착취와 불평등의 근원이라고 일관되게 주장하는 마르크스 입장에서 생산 구조를 바꾸지 않으면 실질적인 변화는 불가능하다. 그는 도덕적 입장을 취하는 것을 거부하고, 오히려 자본주의의 모순과 정치의식이 높은 노동계급(대자적 계급 class for 'itself')●의 형

● 대자적 계급은 '즉자적 계급'에 대응되는 개념으로, 노동계급과 같은 특정 계급에 속하는 개인들이 자신들의 동질적 처지를 이해하고 계급적 정체성을 갖게 되었을 때 형성되는 계급이다. 반면 즉자적 계급은 객관적 조건의 동질성으로 인해 하나의 계급으로 존재함

성으로 발생한 역사적 힘이 사회 변혁을 일으킴으로써 궁극적으로 각자에게 필요한 물질적 분배를 제공할 것이라고 주장한다.

데이비드 하비는 정의에 대한 마르크스와 엥겔스의 논의를 해석하며 먼저 플라톤을 인용하는데, 플라톤은《국가론》에서 트라시마코스로 하여금 다음과 같이 선언하도록 한 바 있다. "각 지배 계급은 … 자기 자신의 이해관계에 부합하는 것을 피지배자들에게 '올바른 것'이라고 선포한다"(Harvey 1996, 331). 그런 다음 그는 엥겔스의 인용문을 제시한다.

> [법률 용어로 표현되는] 정의는 기존의 경제 관계를 이데올로기화하고 미화하여 표현한 것이다. 일상생활에서는 … 옳고 그름, 정의, 옳음에 대한 인식과 같은 표현이 사회 문제와 관련해서도 오해 없이 받아들여지지만, 그 표현들은 … 경제 관계에 대한 과학적 연구에서는 말도 안 되는 혼란, 예컨대 현대 화학에서 플로지스톤 이론••의 용어가 유지된다면 발생할 것과 동일한 종류의 혼란을 야기한다.(Harvey 1996, 331)

하비는 자본주의 국가에서 법에 의해 구현된 정의가 지배 계급의

에도 불구하고 당사자들이 계급의식을 갖지 못할 때 그 집단을 지칭하기 위해 사용되는 개념이다.

•• 18세기에 유럽을 풍미했던 물질의 연소 과정을 설명하는 잘못된 화학 이론이다. 가연성 물질에는 공통적으로 연소의 원료라 할 수 있는 플로지스톤이라는 입자가 들어 있고, 연소는 그 입자가 빠져나가게 되는 현상이라고 설명한다. 그러나 연소 과정은 가연성 물질이 산소와 결합해서 나타나는 화학반응이라는 사실이 밝혀지면서 이 이론은 오래지 않아 폐기되었다.

이익을 반영한다는 데 동의하지만, 그럼에도 이 용어가 정치적 행동을 위한 강력한 동원력을 이끌어 낼 수 있다고 믿는다(Harvey 1996, 332).[18] 그는 정의의 개념을 시간과 장소로부터 독립적인 것으로 보는 것은 오류라고 생각하면서도 정의 개념이 공간적 형태는 아니더라도 사회관계의 유토피아적 이상을 구성할 수는 있다고 주장한다. 그러한 이상에는 의사소통적 상호작용이 아니라 (하비는 명시적으로 하버마스주의 이론을 거부한다.) 오히려 계급 구조의 변혁을 통해 도달할 수 있는데, 그 변혁 자체는 착취당하는 사람들의 혁명적 의식에 의존한다. 그는 형평성이 아니라 정의를 언급하지만 그의 주장은 형평성을 정당화하는 근거로 쓰일 수 있다.

사회관계와 [도시] 형태를 구분하면서, 하비는 둘을 매우 극명하게 대조한다. 그가 말하는 형태란 공상적 사회주의자들이 제시하는 도시에 대한 정교하고 이상적인 계획을 의미하는 반면, 사회관계를 통해서 그는 관념적으로 도출된 보편성에 의존하지 않는 "정의에 관한 관계적 이론"에 대해 이야기한다.(Harvey 1996, 332). 시간과 장소의 상황성situatedness을 고려한 관계적 이론은 사회관계에 구체적 내용을 제공할 수 있다. 이상 도시의 거리를 설계하는 데까지 나아가지도 않고 시공간을 초월하는 규범 기준을 완전히 포기하지도 않으면서 말이다. 노먼 제러스가 다음과 같이 지적했듯이 마르크스와 엥겔스 역시 자본주의를 비난하기 위해 자주 도덕의 언어를 사용한다는 점에서 모순적이다.

> 내가 옹호하는 결론은 이것이다. 마르크스의 저작은 … 그가 아무리 부인한다고 할지라도, (다른 도덕적 가치 중에서도) 초역사

> 적 정의 원칙에 비추어 자본주의 사회를 고발한 것이다. 즉 편익과 손실, 자원과 부담의 사회적 분배에 대해 비상대적인 규범적 기준에 비추어 제기한 고발이다.(Geras 1992, 39)

제러스의 주장은 다음과 같은 논리를 기반으로 한다.

> 첫째, … 착취를 강도라고 규정하면서 마르크스는 정의를 문제 삼았다. 둘째, 나는 정의의 이름으로 자본주의를 비판하는 것을 그 스스로 거부한 것에 비추어 이 주장을 조금 수정한다. 셋째, 나는 … 다른 가치들을 옹호하는 그의 비판의 중심에 분배 정의에 대한 관심이 자리한다고 주장한다.(Geras 1985, 65)

제러스의 해석을 나처럼 받아들인다면, 롤스로 대표되는 자유주의 전통과 마르크스주의 전통 모두 정책적 처방을 도출하기 위한 도덕적 근거로 형평성 기준 사용을 지지한다고 볼 수 있다. 사실 마르크스가 의문을 제기한 문제는 분배 형평성이 적절한 척도인지 여부보다 생산 대신 분배에서 시작되는 노력이 상대적 약자들의 삶에 실질적인 차이를 가져올 수 있는지에 대한 것이다.

《도시문제》(1977)에서 마누엘 카스텔스는 케인스주의적 복지국가의 보호 아래에서 직장 내 적대관계가 도시 영역으로 옮겨 갔다고 주장한다. 여기서 노동계급은 과세를 통해 달성되고 국가에 의해 분배되는 사회임금•에 의해 부분적 지원을 받는다. 갈등의 원인

• 실업급여, 건강보험 서비스 등 개인이 국가와 사회로부터 받는 현금이나 서비스 복지혜택을 돈으로 환산한 것을 말한다.

은 직장의 위계구조와 임금이 아닌 집합적 소비•와 그 할당 통제다. 이 논리에 의해, 일단 지방 국가local state가 계급 적대(와 도시사회운동 내 계급 간 동맹)의 장이 되면, 생산과 재생산(또는 소비) 관계 사이의 분석적 구분은 해소된다. 자본주의 경제 시스템은 계속해서 위기와 불평등을 야기하지만 국가는 그 효과를 완화할 능력을 가지고 있다. 따라서 도시 수준의 국가를 포함하여 자본주의 국가에 대한 자원 동원 요구는 결과의 형평성을 증가시킬 가능성이 있다.

그러나 자유주의와 마르크스주의 어느 한쪽의 주장만으로는 더 이상 정의에 대한 입장을 정당화하기 어렵다. 포스트모더니즘/포스트구조주의 시대에 좌파 비평가들은 자유주의적 개인주의와 마르크스주의적 계급 분석에 내재된 억압의 근원을 파악하지 못한 자유주의자들과 마르크스주의자들을 비판했다. 인정, 다양성, 다문화주의, 세계시민주의, 차이의 정치 등의 용어는 그 비판의 출발점을 나타낸다. 다음 절에서는 사회적으로 배제된 사람들이 자유주의와 마르크스주의의 담론에 의해 소외되고 경제적 구제救濟에 대한 요구가 비물질적 형태의 억압을 고려하지 않는다는 주장에 대해 논의한다.

• 《도시문제》에서 도시사회학자 카스텔스는 현대 사회의 도시를 '집합적 소비'가 이루어지는 공간이라고 보았다. 여기서 '집합적 소비'란 시장이 아니라 국가에 의해 직접 제공되는 공공 서비스(대중교통, 공공주택, 교육, 의료 등)의 소비를 가리킨다.

인정/다양성/차이와 포스트구조주의 이론의 기여

포스트구조주의적 사고는 집단에 기반한 차이에 주목하면서 자유주의적 개인주의와 마르크스주의 계급 분석에 정확하게 도전한다. 내가 사용하는 '포스트구조주의'라는 용어는 사회적 분화social differentiation가 인종, 민족, 성별, 종교, 문화를 비롯한 다양한 토대를 바탕으로 한다고 보는 여러 접근법을 아우르는 것이다. 포스트구조주의는 정치적 공식으로서 언어적 자율성뿐 아니라, 명절 기념이나 의사소통 방식 같은 특정 관습의 인정을 요구한다. 차이의 인정을 요구함에 있어, 포스트구조주의는 차별의 종식과 비난받아 온 문화의 긍정적인 측면에 대한 인정을 촉구한다는 점에서 해방적이다.

낸시 프레이저는 악셀 호네트와 벌인 토론에서 재분배와 인정을 분석적으로는 분리할 수 있지만 둘 다 정의로운 사회의 필수 구성요소라고 간주한다(Fraser 2003). 가족, 종교, 문화와 개인을 동일시하는 것은 인간의 조건에 깊이 내재되어 있으므로 자유주의와 마르크스주의 이론이 이것을 고려하지 못한 것은 그릇된 것처럼 보인다. 자본주의와 세계화가 국가적·종파적 충성심을 해소할 것이라는 마르크스의 기대는 완전히 빗나갔다. 어떤 면에서 세계화는 모든 장소를 더 비슷하게 만든다. 하지만 사실 세계화는 이른바 문화제국주의에 대한 반응의 결과로, 그리고 현대 기술에 의한 교리의 확산 촉진 때문에 배타주의적 헌신을 강화하기도 한다.[19]

자유주의적 원자론

자유주의와 마르크스주의 주장에 대한 가장 일반적인 페미니즘적, 문화적 비판은 그들이 '타자'에 대한 인정에 관심 없다는 것이다.[20] 이 명제는 악셀 호네트에 의해 가장 강력하게 제시된 바 있는데, 그는 "분배적 불의까지도 사회적 무시의 제도적 표현, 더 정확히 말해 정당하지 않은 인정 관계의 표현으로 이해되어야 한다."라고 주장한다(Honneth 2003, 114). 집단 차이의 중요성과 이를 다루는 자유주의의 부적절성에 관한 철학 분야에서 가장 영향력 있는 책으로 꼽히는《정의와 차이의 정치》에서 아이리스 매리언 영은 다음과 같이 말한다. "나는 집단 분화가 불가피할 뿐 아니라 현대사회 과정의 바람직한 측면이라고 믿는다. 사회 정의는 … 차이를 없애는 것이 아니라 억압 없이 집단 간 차이의 재생산과 존중을 촉진하는 제도를 필요로 한다"(Young 1990, 47). 그녀는 사회집단은 공유된 정체성에 의해 정의되지만 사회관계 자유계약 모델은 공통의 이해관계에 기반을 둔 결사체를 상상할 뿐, 공유된 정체성으로부터 발생하는 집단을 고려하지는 못한다고 언급한다(Young 1990, 44). 이러한 개념 아래에서 정의를 지지하는 논거는 공정한 분배로부터 "배제 없는 사회적 분화"로 전환된다(Young 1990, 238). 영에게 해방이란 동화론 모델을 거부하고 외부로부터 정의되기보다는 스스로를 정의하는 집단 간 차이의 긍정적인 의미를 주장하는 데에 있다(Young 1990, 172).

자유민주주의 이론은 개인을 원자적으로 취급함으로써 사람들이 계급, 성별, 문화, 가족 관계에 뿌리내리고 있다는 사실을 무시한다. 사람들의 뿌리내림을 무시하고 가치의 판테온 꼭대기에 자유를 둠으로써, 그 이론은 사람들을 필연적으로 결속시키는 의무적 유대와 그들을 분리시키는 문화에 기초한 적대를 인식하지 못한다.

자유주의 전통에 대한 페미니즘적 비판에서 낸시 허슈만은 다음과 같이 설명한다.

> 모든 사람이 본질적으로 자유롭고 평등하다는 주장은 정치적 사고에 중요하게 기여했다. … 그러나 이로부터 신수왕권神授王權과 가부장제가 정당하지 않다는 결론을 내리는 것과, 각자 분리된 개별적인 인간이 자신이 어떤 (정치적 또는 기타) 의무를 맡을 것인지 스스로 결정해야 한다고 결론 내리는 것은 별개의 문제다.(Hirschmann 1992, 10)

허슈만의 요점은 (공산주의와 보수적 이론가들이 공유하는 것이지만) 필수 의무가 존재하며, 주의주의voluntarism•에 바탕을 둔 정치철학이 인간 존재의 도덕적 딜레마를 인식하지 못한다는 것이다. 계약론자였지만 영미 전통의 자유주의자는 아니었던 장 자크 루소는《사회계약론》에서 자연인이 누리는 자유를 촉구하는 대신 무엇이 사회적 유대를 정당화할 수 있는지 물었다. 문명의 편익을 인정하면서 루소는 다문화주의자들과 같은 입장을 취하기에 이르렀다. 그 입장에 따르면 사람들은 문화 외부에 존재하지 않으며, 그들로부터 사회관계를 박탈하는 것은 역사를 부인하고 개인의 실존적 안전을 강탈하는 것이다.[21]

페미니즘 및 다문화주의 관점에서 비롯된 자유주의적 사고에 대한 또 다른 반대는 로크에서 J. S. 밀을 거쳐, 롤스에 이르는 이

• 의지를 이성(지성)보다 우위에 두는 철학으로, 주의설(主意說)이라고도 한다.

론가들이 옹호하는 이성과 권리의 개념이 승자독식형 민주주의adversarial democracy에 대한 남성주의적 개념에 기반을 두고 있다는 것이다.[22] 이러한 부류의 이론은 무의식적으로 백인 남성의 관점을 보편화하고, 논쟁을 중시하며, 이해관계를 이기적으로만 정의한다고 주장한다.

> 승자독식형 민주주의의 절차는 갈등 상황에서 결정을 내릴 수 있다는 큰 장점이 있다. 그러나 이 이론은 규범적 약점과 기술적記述的 약점을 모두 지닌다. 승자독식형 민주주의는 선호를 주어진 것으로 받아들이고, 이기심과 타협 불가능한 갈등을 모두 가정하기 때문에, 시민들의 숙의적·통합적·변혁적 요구를 충족시키지 못한다. 시민들은 이기심을 종합해야 할 뿐만 아니라 공동선의 이름으로 여러 정책 중에서 선택을 해야만 한다.(Mansbridge 1990b, 9)

제인 맨스브리지의 비판은 자유를 첫 번째 원칙으로 두면서도 이기심보다는 이타심으로 인간 본성을 재정의하는 자유주의 내 수정주의를 대표한다. 그러나 그의 페미니즘은 자유보다는 양육을 인간관계의 지배 기준으로 삼는다(Held 1990).

따라서 자유주의 전통에 대한 페미니즘/문화주의 비판은 자유주의 전통이 원자론, 동질성 가정, 동화의 타당성에 대한 믿음을 가지고 있다는 점에 근거한다. 마르크스주의 입장(그리고 그것의 다양한 정치경제적 파생물들)에 대한 공격은 곧 그 경제주의가 사회적 계층화를 전적으로 계급 용어로 묘사하는 경향이 있고 이해관계를 전적으로 물질적으로 정의한다는 비판이다.

경제주의

포스트구조주의 분석은 경제적 불평등이 모든 형태의 종속을 포괄한다는 논리가 가진 세 가지 심각한 문제를 제시한다. 첫째, 이론과 경험적 증거가 모두 반대 논거를 가리킨다. 그래서 지멜이 주장하듯이, 사회주의가 도입된 후에도 개인들은 "약간 남아 있는 사회적 지위의 차이에 대한 욕심과 시기심, 지배와 억압에 대한 피할 수 없는 열정"을 계속해서 표현할 것이다(Simmel 1950).[23] 집단적 적대감노 시속될 것이다. 경제적 평등을 이루었다고 해서 한 집단에 대한 다른 집단의 박해나 피부색, 국적, 종교에 따른 집단적 우월감에 대한 기억이 쉽게 사라지지는 않을 것이다. 실제로 존재했던 사회주의는 사유 재산 폐지가 민족적·성적 적대감을 해소하지 않으며, 오히려 상징적 차이의 중요성을 부각시킬 수 있음을 보여 주었다.

자유주의적 정치 이론은 서로 다른 이해관계나 생활 방식을 가진 사람들이 서로 다름을 유지하면서 평화롭게 함께 살 수 있는 방법을 모색한 반면, 사회주의 사상은 일반적으로 차이를 해소하는 것을 목표로 삼기 때문에 대립하는 집단들을 다스리는 문제에 대해서는 관심이 없었다.[24] 자유주의 사상가들은 그들의 제도와 절차가 불평등을 영속화하고 은폐하는 기능을 한다는 주장에 항상 노출되어 있다. 그러나 자유민주주의 거버넌스 시스템이 빈곤층과 소수자에 반해 편향되어 있다는 것을 보여 준다고 해서, 자유민주주의가 해체되고 더 큰 형평성이 나타나지는 않을 것이다. 개인이 평화롭게 함께 살 수 있는 수단을 찾겠다는 자유주의적 목표가 힘없는 사람들에 불리한 편향을 포함할 수는 있지만 질서를 유지하는 방법은 있어야 하며, 위에 제시된 지멜의 글에서 알 수 있듯이 더 큰 평등이 적대감을 제거하지는 않는다. 하비는 "정의로운 계획과 정책 실행은 역량 형성과 자기표현 능력을 파괴하지 않으면서 증가하는 개인적·제도적 폭력을 억제하기 위한 비배제적이고 비폭력적인 형태의 사회통제를 찾아야 한다."라고 말한다(Harvey 1992, 600). 그러나 이와 같은 문제의 서술은 어떤 해결책도 제시하지 못한다.

포스트구조주의 분석에 대한 비판

포스트구조주의의 분석은 정의의 의미를 이해하는 데서 맥락과 집단적 차이를 받아들임으로써 자유주의 이론과 마르크스주의 이론 모두에 필요한 교정 수단을 제공한다.

> 평등한 인정은 건강한 민주 사회에만 적절한 방식이 아니다. 인정 거부는 그 거부당한 사람들에게 피해를 줄 수 있다. … 다른 사람에게 조악한 또는 품위를 손상시키는 이미지를 투영하면, 실제로 그 이미지가 내면화될 정도로 그를 왜곡하고 억압할 수 있다. 현대의 페미니즘뿐만 아니라 인종 관계와 다문화주의에 대한 논의도 인정 거부가 억압의 한 형태가 될 수 있다는 전제에 기반을 둔다. 차이를 인정해야 한다는 요구는 단순한 절차적 정의를 뛰어넘는다.(Taylor 1991, 49-50, 52)

그럼에도 불구하고 포스트구조주의는 더 계몽된 그 분야 철학자들이 처방한 과잉 억압의 축소와 상호 존중이 아닌 본질주의, 비생산적인 갈등, 새로운 형태의 억압으로 이어질 수도 있다. 포스트구조주의의 일부 견해는 집단 규범에서 개인이 이탈할 여지를 거의 남겨 두지 않는다.[25] 이는 18세기에 자유주의적 절대주의가 맞서 싸웠던 봉건 폭정의 정당화 논리를 일부 떠오르게 한다.[26] 봉건주의에서와 마찬가지로, 사회관계를 위한 바람직한 틀은 공동의 목표가 아닌 결사적 연대다. 가장 불편한 것은 포스트구조주의적 사고의 페미니즘적, 민족-문화주의적 발현이 다른 집단에 대해서는 비판적인 입장을 취하지만 자기비판은 피하려는 경향이 있다는 점이다(Moi 1985 참조). 따라서 우리는 인종과 국적에 따라 억압받는 사람들로 분류되는 이들의 특권적 지위를 순순히 받아들인다. 그리고 억압받는 집단의 구성원들이 행하는 억압에 대처할 능력이 없다는 사실도 인정한다. 이와 관련해서는 종교 공동체의 여성 억압 옹호에서부터 흑인의 반유대주의, 오리엔탈리즘 비평가들의 서양 사상가와 서양 전통에 대한 극단적인 고정관념에 이르기까지 다양한 사례가 있다. 억압받는 문화 자체가 내부적으로 억압적이라면 어려운 문제들이 제기된다.

경제적 평등주의 관점에서 보면 포스트구조주의는 정의와 평등에 대한 공동 의지로 연합된 노동계급의 사회주의적 꿈을 포기한 것으로 보인다. 경제적 고충이 집단적 항의의 원인이 될 수도 있지만, 계급 속성보다 집단 속성에 기반을 둔 경제적 이익 추구는 분열적이기 때문에 실제로 역효과를 가져올지도 모른다.[27] 아이리스 매리언 영, 낸시 프레이저, 세일라 벤하비브와 같은 철학자들은 경제적 불평등을 무시하지 않으면서 집단 소속을 수용하기 위해 정의 개념의 확대를 지향한다. 물질적 평등의 목표와 차이에 대한 인정을 결합하자 사회적 포용과 배제라는 어휘가 탄생했다. 이는 억압의 형태가 다양할 수 있음을 인정하며, 유럽연합에서 사용하는 언어의 일부가 되었다. 미국에서는 용어가 인정에서 다양성으로 변경된다. 그러나 포용성과 다양성은 형평성보다 더 까다로운 개념이다. 왜냐하면 여러 차원이 모순될 수 있고, 너무 멀리 가면 다른 형태의 정의를 훼손할 수 있기 때문이다.

민주주의, 형평성, 다양성 사이의 긴장

민주주의, 형평성, 다양성의 세 가지 목표는 다양성에 대한 대다수의 의식이 부족한 실제 정치 세계에서는 결합하기 어렵다. 강력한 집단 정체성을 옹호하고 동시에 공간적 배제에는 반대함으로써, 포스트구조주의는 적대감의 공개적 표현이 타자에 대한 이해를 높이기보다 적대적 행동과 복수의 순환으로 이어질 수 있는 상황을 용인한다. 관용과 다양성이라는 바람직한 최종 상태로의 민주적 전환은, 융합의 용광로melting pot가 강력한 이상으로 남아 있고 이민이 여전히 상당한 호소력을 갖는 미국 도시에서조차 달성하기가 매우 어렵다. 민족 문화가 더 분명히 정의되고 깊이 뿌리 내린 유럽에서는 서로 다른 문화적 전통의 병존이 긴장을 고조시킨다. 북아일랜드의 가톨릭교도, 스페인의 바스크인, 그리고 보스니아 세르비아인의 지속적인 민족분리주의는 근접성이 필연적으로 이해로 이어진다는 환상을 깨곤 한다.

리처드 세넷은 집단들이 스스로 분리되려는 욕구를 이질적 상황에 대한 경험 부족 때문이라고 일축함으로써 이 문제를 극복하고자 한다. "만약 용도지역을 변경하고 여러 민족이 권력을 공유함으로써 도시의 동네에 투과성이 증가한다면, 노동계급의 가정이 그들과는 다른 사람들에게 더 우호적이 되리라 나는 믿는다"(Sennett 1970, 194). 그의 주장은 사람들이 새로운 상황을 경험해야만 한다면 결국 그 상황에 순응하리라는 것을 내포한다. 그러나 경험을 강요하는 것은 민주주의적 고려를 무시하고 적대감을 증가시키는 것이다. 세넷은 사우스보스턴 지역의 아일랜드 출신 가톨릭교도 밀집지 사례를 통해 외국인 혐오증이 공간적 고립으로부터 나타난다는 것을 보여 준다. 그가 이 논의가 등장하는 《무질서의 효용》을 집필한 후, 사우스보스턴 지역에 대해 그가 두려워했던 것의 실체가 실제로 나타났다. 그 지역이 학교의 [인종적] 통합에 대한 매우 공격적인 반대의 중심지가 되었던 것이다. 이 최근의 역사는 고립의 영향에 관한 그의 주장을 뒷받침하기도 하고, 동시에 사람들이 타자를 대면하도록 해야 한다(과거에 그랬듯이, 이것은 자유를 위한 강제이다)는 그의 주장을 약화시키도 한다. 인종적 고립을 타파하기 위해 시도한 법원 명령은 대부분 역효과를 불러와, 백인 인구의 대규모 유출을 자극하고 보스턴 학교의 진정한 통합에 반하는 음산한 유산을 남겼다(Lukas 1985).

형평성을 옹호하는 논거와 민주주의를 옹호하는 논거는 자주 혼동된다. 현대 민주주의 이론가들은 더 큰 민주주의가 불평등을 줄일 거라고 생각하지만, 19세기에 선거권 확대에 반대하는 사람들은 재산 몰수가 뒤따를 것을 두려워했다. "현존하는 민주주의에서는 사회적·경제적 불평등과 정치적 불평등이 강화적으로 악순환하는 경향이 있다. … 이 악순환을 깨는 한 가지 방법은 민주적 포용을 확대하는 것이다"(Young 2000, 17; Purcell 2008 참조).

선호 집합적aggregative 형태•가 아닌 숙의적 형태의 민주주의(즉 정기적 선거를 통해 표현되는 다수결이 아닌 정책 결정에 직접 시민이 참여하는 것)를 향한 이론적 움직임은 대중 민주주의가 불평등을 강화할 뿐만 아니라 종종 악선전, 광신적 애국주의, 소수자 권리 유린 등으로 이어진다는 인식을 반영한다. 안타깝게도, 민주적 포용 확대가 불평등의 악순환을 깨뜨릴 것이라는 영의 견해를 지지하는 주장은 지나치게 낙관적으로 보인다. 더 큰 포용성과 보다 정의로운 사회에 대한 의지 사이에는 필연적 연관성이 없기 때문이다.

도시 포퓰리즘

형평성을 지향하면서 포스트구조주의적 관점을 가진 사람들은 자신들의 목표에 대한 다수결주의적 반대에 부딪혀 비틀거리며 [대중의 - 옮긴이] 허위의식 또는 순진한 의식에 관한 다양한 의혹을 제기한다. 그럼에도 불구하고 도시 포퓰리즘은 대중적 선호에서 시작된다. 더 큰 민주주의에 대한 포퓰리즘적 요구는 서로 얽혀 있지만 때로는 분리되는 두 가지 흐름을 포함한다. 첫 번째는 경제 민주주의를 향한 노력으로 구성되며, 특히 금권주의적 엘리트의 붕괴를 목표로 한다. 토드 스완스트롬의 말에 따르면, "도시 포퓰리즘이 제공하는 정치 분석은 본질적으로 엘리트 이론의 세속적 버전이었다.

• 민주주의의 한 형태로서 유권자 대표들이 개인들의 선호를 종합하는 데 바탕을 두고 의사 결정을 하는 대의제 민주주의를 의미한다.

즉 경제적 상위 계급 출신의 소규모 폐쇄적 엘리트가 이기적인 목적을 위해 부를 통제하여 정부를 조작한다."라는 것이다(Swanstrom 1985, 129). 역사적으로 이러한 전망은 19세기 미국 포퓰리즘의 도시적 흐름과 농촌적 흐름에서 모두 지배적이었는데, 당시 미국 포퓰리즘은 은행가들과 '강도 귀족' 산업가들을 비방했다. 유럽에서 포퓰리즘은 최근 영국과 프랑스에 나타난 조세저항운동으로 모습을 드러냈다.

두 번째, 문화주의적 흐름은 대중적 취향에서 벗어난 계획가들의 계획을 공격하는 허버트 갠스의 저술에 반영되어 있다. "계획가는 중상류층의 성향에는 맞고 나머지 인구의 성향에는 맞지 않는 정책을 옹호해 왔다"(Gans 1968, 21). 그는 다양성을 찬미하고 공간적 배치가 그 목표를 달성하는 데 중요한 결정 요인이라고 보는 제인 제이컵스의 주장을 폄하한다. 리처드 세넷, 크리스틴 보이어, 그리고 마이클 소킨의 글에도 적용되는 비평에서 그는 다음과 같이 주장한다.

> [제이컵스의] 주장은 세 가지 기본 가정을 기반으로 한다. 사람들이 다양성을 원하고, 다양성은 궁극적으로 도시를 살아남게 하지만 다양성 부족은 도시를 죽게 만들며, 건물과 거리, 그리고 그것들의 기반이 되는 계획 원칙들이 인간의 행동을 결정한다는 것이다. 중산층, 특히 자녀를 키우는 사람들은 노동계급—또는 심지어 보헤미안들—의 동네를 원하지 않는다. 그들은 노스엔드*의 눈에 띄는 활력을 원하지 않고, 오히려 저밀도 동네와 고층 아파트에서 얻을 수 있는 조용함과 사생활을

원한다.(Gans 1968, 28-29)

따라서 갠스는 제이컵스가 자신의 보헤미안 색채 성향을 다른 사람들에게 강요하려는 비민주적인 욕망에 굴복하고 있다고 고발하며, 그 고발은 이후에 포스트구조주의자들에게까지 확장된다.

같은 태도를 가진 다른 저자들은 계획가와 지식인들이 평범한 사람들의 전통적인 관계와 욕구를 무시하는 엘리트주의를 가지고 있다고 강조한다. 해리 보이트는 다양성과 경제적 평등이라는 목표에 의지를 가지고 있으면서도, 마르크스주의자들을 공격한다. 그들은 종교, 가족, 민족이 사람들의 안전과 안녕에 기여한다는 점을 인식하지 못한다는 것이다(Boyte 1980, 1장). 영국 좌파가 주택 소유에 대한 평범한 사람들의 욕구를 이해하지 못한 것에 분노한 피터 손더스는 민주주의의 이름으로 마거릿 대처의 '주택구매권Right to Buy 프로그램'●●을 옹호한다. "그토록 극도로 개인적인 형태의 소유권은 사회주의 사회에서든, 자본주의 사회에서든, 혹은 자본주의 이전 사회에서든 개인들에게 중요한 심리적 기능을 수행한다고 주장할 수 있다"(Saunders 1984, 219).

갠스, 보이트, 그리고 손더스는 주류에서 벗어난 소수자들을 억압하려는 다수결주의적 노력을 지지한다는 비난을 받기 쉬워 보이

● 보스턴시 북부에 있는 빈곤 지역으로 제인 제이컵스가 '다양성으로 활력 넘치는 동네'라고 찬사를 보낸 바 있다.

●● 영국의 마거릿 대처 총리 정부에서 추진한 지방정부 소유 사회주택의 민영화 프로그램이다. 사회주택 유지에 따른 비용 절감을 위해 지방정부들은 사회주택을 기존 임차인 등에게 저렴하게 매각하였다.

지만, 그들은 그들 방식의 포퓰리즘이 소수자들을 존중한다고 명시적으로 주장한다. 그리하여 갠스는 계획가들에게 대중의 취향을 존중하라고 요구하면서 소수자들의 요구에 부응하는 "**더 평등한 민주주의**"를 제안한다(Gans 1973, 139). 보이트는 "민주적 반란은 … 문화적 자유에 대한 중요한 척도를 필요로 하는데, 그 자유는 지배적인 개인주의와 권위주의적 패턴과는 절연하고 실험과 다양성에 대해서는 개방적인 것을 의미한다."라고 선언한다(Boyte 1980, 38-39). 손더스는 착취 관계를 철폐할 "개인의 재산 소유권에 관한 일관된 사회주의 이론" 개발을 촉구한다(Saunders 1984, 223).

이 저자들은 민주주의 이론이 소수자의 권리를 보호하기 위해 노력하면서 시달리게 되는 본질적인 모순에 맞서지 못한다. 그들은 민주주의와 심지어 '평등'이라는 이름으로 근린의 동질성, 시민 행동주의, 종교, 가족, 민족적 유대, 그리고 가정을 찬미하지만, 그들의 주장은 불평등과 소수 배제를 강화하는 지독히도 편협하고 배제적인 정치로 쉽게 이어질 수 있다. 민주적 참여가 도시 포퓰리즘의 반엘리트주의적 지향의 기본 가치라면, 미국의 주택소유자운동과 유럽의 지역사회 기반 반이민자운동이 저지른 불의에 어떻게 반박할 수 있겠는가? '대중의 반란'이 문명화된 가치를 파괴할 것으로 예견한 사회 이론가들은 역사 속에서 끝없는 확증을 해왔다(Ortega y Gasset 1932).[28]

다수결의 원칙에서 발생할 수 있는 불관용을 두려워하는 민주주의자들은 권리 이론에 의지한다. 미국 수정헌법의 처음 10개조와 유엔의 세계인권선언에 구현된 바와 같이, 그러한 이론은 개인에게 양도할 수 없는 권리를 부여함으로써 개인을 보호한다. 개인의 권리 부여는 자연법의 개념에서 지적으로 파생되며, 그것은 민주적 과정의 결과를 제한하는 초월적 윤리를 민주주의 철학에 주입하는 문제에 대한 논리적 해결책을 제공한다. 이런 종류의 의지 수단이 없다면 소수자의 권리는, 원초적 입장에서든 아니면 이상적인 발언 상황에서든 숙의가 관용에 대한 합의를 낳을 것이라는 믿음에 의해 정당화될 수밖에 없다.

사회가 다수의 상이한 문화 집단으로 구성되어 있다는 관점은 사실상 정치가 연합에 기초를 둔 것이라는 개념을 생성한다. 물론 이것은 자유주의적 다원주의의 표준적인 인식이며, 그 맥락에서 이는 전적으로 바람직하다. 그러나 좌파의 관점에서 이러한 접근 방식은 문제가 있다. 배제와 억압이 자본주의적 민주주의의 지배적인 사회적 특성으로 밝혀지고, 사회적 해방에 대한 희망은 현존하는 사회 계층구조에 대한 적대감 외에는 거의 공유할 것이 없는 외집단外集團의 연합에 달려 있는 상황에서, 일관된 대안적 정치 세력을 기대하는 것은 못미더운 일이다.[29] 그러한 동맹의 구성 요소를 식별하는 것조차 어렵다. 하비는 포스트구조주의적 요구에 민감한 프로그램을 고안하려 시도하면서 "**정의로운 계획과 정책 실행은 억압받는 사람들을 강탈하는 것이 아니라 그들의 역량을 강화해 줘야 한다**"라고 선언한다(Harvey 1992, 599). 그러나 누가 억압받는 사람인지는 누가 결정하는가? 보편주의적 담론이 없다면 억압은 바라보는 사람의 시선에 따라 달라진다. 많은 미국 중산층 구성원들은 하비의 언명을 받아들이면서도 자신들이 복지 속임수와 높은 세금에 의해 억압받는다고 생각하며, 유럽의 중산층 구성원들은 이민을 유사하게 부담스러운 것으로 간주한다. 다원주의 틀 안에서 억압받는 집단을 식별하기란 쉬운 문제가 아니다.

상충관계와 모순

형평성, 민주주의, 그리고 다양성의 가치를 극대화하려는 모든 시도는 복합적인 의미와 상충되는 의제들을 조정하고 그것들을 추진할 일관된 사회 세력을 찾아내는 성가신 문제들을 동시에 제기한다. 지금까지의 논의는 환경 문제와 관련된 형평성 문제를 다루지 않았는데, 그것은 여기에서 논의된 다른 가치와 관련해 훨씬 더 많은 문제를 제기한다.

> 사회 정의를 여러 도시와 국가 공간에 걸쳐 사회집단 간의 더 균등한 자원 분배를 위한 노력으로 보는 것이 '공정한 분배'의 정의[이다]. … 환경운동은 이 '형평성'을 위한 공간을 두 가지 방식으로 확장한다. (1) 세대 간(현재 세대와 미래 세대 간) 형평성, (2) 생물종 간 형평성. … 그러나 미래 세대 혹은 다른 생물종의 어느 누구도 자원의 '공정한 몫'을 위해 목소리를 높일 수 없기 때문에, 두 가지 추가된 형평성 차원은 본질적으로 비실제적인 관념으로 남아 있다. …
>
> 미래 세대와 다른 생물종을 포함하도록 사회 공간적 형평성을 확장하면 개념이 더 복잡해질 뿐만 아니라, '공정성'에 대한 여러 요구 사이에 모순의 가능성이 생긴다. 전 세계적으로 산업 확장을 늦추면 미래를 위한 세계 자원을 더 많이 보존할 수 있지만(이로 인해 세대 간 형평성 증가), 서구의 생활수준에 근접하려는 저개발 세계의 노력이 약화될 수도 있다(따라서 국제적 형평

성 하락).(S. Campbell 2003, 445)

환경정책 분야는 형평성과 민주주의에 대해 특히 어려운 문제를 제기한다. 따라서 마르턴 하이어르는 생태 문제를 둘러싼 담론의 개방과 재구성을 통해 환경의 질을 성취하기 위한 진전을 촉구하는데, 이는 유해한 관행들을 폭로하고 급진적인 해결책을 제안하기 위한 것이다(Hajer 1995). 그러나 그가 지적했듯이 미국의 보다 개방적이고 참여적인 절차의 도입은 대부분 상징적인 결과를 낳았다(Hajer 1995, 284). 하이어르는 산업의 오염자들과 대중 간의 적대감을 인식한다는 점에서 형평성 문제에 관심을 갖고 있기는 하지만, '환경보호'라는 이름으로 누가 눈앞의 기회를 희생해야 하는지—오염시키는 공장을 폐쇄하기 위해 누가 실업의 고통을 겪어야 하는지, 환경보존이라는 이름으로 누가 집 없이 살 것인지—와 관련한 대중 내부의 이해관계 차이에 대해서는 논의하지 않으려 한다.

환경정의운동은 형평성과 환경적으로 위험한 시설의 입지 사이의 긴장을 해결했다. 그러나 그 목표는 세대 간 또는 생물종 간 평등을 달성하는 것이라기보다 사람들이 바라지 않는 용도를 공정하게 할당하면서 고용 성장을 촉진하는 것이다. 그리고 실제로 환경보존을 요구하는 집단은 종종 이러한 목표를 배제적 정책을 합리화하는 근거로 사용한 바 있다. 동시에 현재 소비와 미래의 안녕 사이에는 취사선택 문제가 존재한다. 많은 분야에서와 마찬가지로 환경정책에서 목표를 달성하는 가장 효율적인 방법은 주로 잘사는 사람들에게 도움이 되는 프로그램, 즉 잠재적 개발 대상 토지를 제거하여 가용 주택 부지 가격을 올리거나, 젠트리피케이션을 촉진하는 도심의 신규 고밀도 건설을 보조하는 프로그램에 투자하는 것이다.

따라서 환경은 형평성을 정의하는 또 다른 복잡한 요소이며, 뒤에서 실제 계획 사례 연구를 다루면서 다시 살펴볼 것이다. 그러나 환경은 내 논의의 주요 초점이 아니다. 다음 장에서는 형평성, 민주주의, 다양성에 대한 질문을 검토하면서 그것이 도시 변혁 전략에서 어떻게 전개되는지 살펴볼 것이다. 이 장의 나머지 부분에서는 도시 거버넌스에 적용할 수 있는 정의에 관한 다양한 철학적 전략 중 가장 유익한 접근법인 역량 접근법을 검토한다.

역량 접근법

내가 정의의 기본 요소로 간주하는 민주주의, 형평성, 다양성의 가치 간의 긴장에 대한 일반적인 해결책은 없다. 그럼에도 불구하고 우리는 그 가치들을 광범위하게 적용 가능한 규범으로 보는 것에서부터 시작하여 특정 상황에 맞게 구체화할 수 있다. 아마르티아 센(Sen 1992, 1999)이 뼈대를 잡고 마사 누스바움(Nussbaum 2000)이 살을 붙인 역량 접근법은 도시정책 평가 관리 규칙의 고안 방법과 도시운동의 요구사항에 내용을 제공한다.[30] 누스바움은 센이 일반화하고 의도적으로 해답을 열어 놓은 역량에 대한 서술을 넘어서서 명시적인 목록을 제공한다. 센은 "그 길을 가는 누구에게도 큰 이의를 제기하지 않는다."라고 내비치면서 지나친 구체화를 거부했다(Sen 1993, 47). 내 연구에서 가장 도움이 되는 것은 실제 역량 내용에 대한 누스바움의 정교화다.

역량 접근법은 개인의 발전을 강조하고 몰역사주의(그것은 마르크스와 같이 역사적 변증법에 대한 분석에서 출발한다기보다는 자유주의처럼 규범적 가정에서 출발한다)를 내포하고 있다는 점에서 자유주의의 연장으로 간주할 수 있다. 그러나 역량 접근법은 집단의 인정과 정서적 관계에 관심을 가진다는 점에서 자유주의를 확장한다. 다시 말해, 역량 접근법은 개인을 자신의 안녕이 개인적 자유와 정해진 선호 집합의 실현에 의해 정의되는 원자화된 실체로 간주하지 않고 소속 집단의 네트워크 내에 배치한다. 따라서 사회학적으로 볼 때 역량 접근법은 백지상태에서 거버넌스가 발생한다고 가정하지 않는다.

역량은 사람들의 최종 상태가 아니라, 그들에게 무엇을 할 기회가 있는지를 설명한다. 만약 누군가 자신의 역량을 행사하지 않기로 결정하면 그럴 수 있다. 그러나 역량을 발휘할 기회는 주어져야 하며, 그 역량의 가치를 의식할 수 있어야 한다. 이러한 추론에 따르면, 각 사람은 목적으로 취급되어야 하며, 각 역량에는 그 이하로 내려가면 인간의 기능이 불가능한 임계 수준이 존재한다. 누스바움은 그 역량들이 서로 타협적으로 거래될 수 없다고 주장한다(Nussbaum 2000). 그녀는 필요 역량으로 생명, 건강, 신체적 무결성, 교육에 대한 접근성, (정치적·물질적) 환경에 대한 통제를 제시한다. 역량 접근법이 개인주의적 윤리가 아닌 공동체적 윤리로 전환되어야 도시 주민들이 재정적 이득을 위해 삶의 질을 희생하지 않도록 보호받을 수 있다. 따라서 예를 들어 경제적 기반이 절실한 지역사회가 다른 형태의 생산사업이 없다는 이유로 독성 폐기물 처리장을 수용해서는 안 된다. 대조적으로 오염 통제 분야에서의 시장 시스템

구축을 지지하는 보수 경제학자들은 그러한 교환을 합리적이고 바람직한 것으로 본다.

역량 접근법은 도시의 제도와 프로그램에 유용하게 적용될 수 있다. 프로그램 입안이 민주적 규범에 부합했는지(숙의민주주의나 심층적 민주주의의 엄격함을 반드시 따르지 않더라도), 분배 결과가 상대적으로 취약한 사람들의 역량을 향상시켰는지, 상관관계에 있는 집단들이 서로의 인정을 받았는지에 근거하여 판단이 이뤄질 것이다. 공리주의에 대한 공격에서 센은 대부분의 도시가 도시간접자본 프로그램을 정당화하는 데 사용하는 비용-편익 회계의 일반적인 분석에 반대한다(Sen 1999, 3장). 이 분석은 편익을 과장하고 비용을 과소평가하며, 총합에 의존하고 분배적 결과를 무시하는 경향이 있다.[31] 보다 민감한 형태의 분석은 다음과 같은 질문을 던진다. 누가 혜택을 받는가? 모집단의 각 집단이 어떤 산출물을 받는지 누가 평가하는가? 그런 다음, 우리의 관심이 기본재를 넘어 확대되도록 역량 접근법에 의해 확장된 차등 원칙을 적용하여, 우리는 상대적으로 불리한 위치에 있는 사람들을 향상시키거나 적어도 해를 끼치지는 않는 대안을 선택해야 한다. 그러나 그 '불리한 위치'의 정의는 주관적이어서, 대개 사회 집단의 소속에 따라 정해진다. 우리가 아는 것은 정치적·재정적 힘이 가장 부족하고 가장 많이 무시를 받는 집단이 숙의 과정에 포함되거나 좋은 결과를 얻을 가능성이 가장 낮다는 것이다. 정책 내용을 평가할 때 기술적 효율성보다 정의에 전념해야만 약자들에게 유리하도록 균형점이 이동할 것이다.

02
정의와 도시 변혁: 맥락 속의 계획

계획이론은 대부분 계획 과정과 계획가의 역할에 대해서만 설명하고 계획가가 활동하면서 겪게 되는 사회·공간적 제약이나 그들이 영향을 미치는 대상인 도시공간은 분석하지 않는다. 이런 편협한 접근은 과정을 맥락과 결과로부터 분리함으로써 이론적 약점을 초래한다. 따라서 나는 계획이론이 다음과 같은 질문을 다루어야 한다고 본다. 첫째, 도시의 상황과 계획 활동의 관계, 즉 정의로운 도시에 대한 계획을 촉진하거나 제한하는 배경 조건은 무엇인가? 둘째, 계획은 주민, 통근자, 방문객을 포함한 도시 이용자에게 어떤 영향을 미치는가?[1] 셋째, 계획의 수립, 내용, 집행을 이끄는 원칙은 어떤 것이어야 하는가? 이러한 질문에 답하기 위해서는 계획가의 역할과 전략에 대해 알아보아야 할 뿐만 아니라, 계획가가 활동하며 영향을 받는 힘의 장場을 탐색하고 정의와 관련하여 더 나은 도시란 무엇인지 역시 고안해야 한다. 이 장과 이어지는 세 장에서는 도시계획 실무에서 발생하는 몇 가지 광범위한 문제를 검토하고, 보다 공정한 도시를 만드는 것과 관련된 딜레마의 측면에서 이러한 문제들을 분석함으로써 도시정책의 맥락과 평가를 탐구한다. 결론에서는 정의로운 도시계획에 대한 지침의 세 번째 질문을 다루지만, 좋은 도시the good city에 관한 더 광범위한 개념을 고찰하는 데까지 논의를 확장하지는 않는다. 좋은 도시를 구성하는 여러 요소 중 하나인 정의가 바로 이 책의 초점이기 때문에 부유한 국가에서 더 큰 정의를 성취하기 위한 지역적 접근에 한정하여 논의를 전개한다. 분석은 앞서 도시 정의의 주요 구성 요소로 꼽았던 형평성, 다양성, 그리고 민주주의 사이의 관계로 제한한다. 따라서 좋은 도시의 형태나 환경적 지속 가능성은 더 광범위한 조사에서는 고려 사항으로 포함되었겠지만, 이 질문들을 살펴볼 때에는 그에 초점을 맞추지 않을 것이다.

도시계획의 전통

도시계획이 발전할 수 있었던 원동력은 산업 도시에 대한 비판과 계발된 설계 원칙에 따라 도시를 재창조하려는 욕구에서 찾을 수 있다. 에버니저 하워드의 전원도시 모델에서와 같이 신개발 부지에 초점을 맞추든, 조르주외젠 오스만의 파리와 대니얼 버넘의 도시미화운동에서처럼 기존 도시를 재개발하는 데 초점을 맞추든, 도시계획은 원하는 대상을 만드는 데 전념했다. 초기 계획가들은 이상적인 도시가 형성되는 과정에 대해서는 많은 성찰을 하지 않았다. 이상적 도시에 관한 암묵적인 이론적 주장들은 좋은 도시의 본질은 상세히 설명했지만, 무엇을 통해 그것을 달성할 것인지에 대해서는 다루지 않았다. 도시계획이란 의도적으로 선택한 개발 패턴을 도시 지형에 적용하는 역할을 한다는 사실이 당연하게 받아들여졌고, 어떻게 그에 필요한 선택을 하는가는 문제가 되지 않았다. 오히려 전문가들이 연구와 경험을 바탕으로 공익을 위한 좋은 계획을 고안해 낼 것이라고 가정되었다. "조사 후 계획"이라는 패트릭 게디스의 권고 외에는 방법론에 대한 관심은 거의 없었고, 계획의 결과는 물리적 설계로 구체화되었다(Hall 2002, 355-356). 도시계획의 도덕적 기초는 공익이지만, 그 내용은 분석되기보다 당연한 것으로 받아들여졌고 도시계획의 실현이 모두에게 이익이 될 것이라고 여겨졌다.

20세기 초반에는 과정에 대한 관심이 증가함에 따라 미국의 진보적 개혁가들이 정부의 편견과 부패를 없애기 위해 노력하면서 도시계획위원회의 독립성을 효과적으로 촉구했고, 유럽 정부들은 도시계획을 능력주의 관료 조직에 맡겼다. 이러한 움직임은 공공정책 결정을 정치적 영향력으로부터 분리시키려는 노력의 일환으로서, 정치와 행정을 분리시킨다는 관점과 전문가가 정책을 개발할 때 이기적인 욕심에서 벗어날 수 있다는 믿음에 기반을 둔다. 여기서는 아래에서 논의할 후대의 이론가들이 기대한 바와 같이, 좋은 절차의 결과로 좋은 정책 내용이 도출될 것이라고 여겨졌기 때문에 그 내용을 사전에 분석할 필요가 없었다. 나중에 그 시대를 역사적으로 해체하자 권력을 가진 기술 분야 전문가와 그들의 기업 측 지지자들의 편향이 드러났고, 독자적 의사 결정과 이른바 능력주의적 선택 절차가 상류층과 중산층의 이익에 유리했다는 사실이 밝혀졌다.[2]

계획가의 활동 방식에 대한 이론은 1935년 카를 만하임의 《재건 시대의 인간과 사회》의 출판을 필두로 하여 개발되기 시작했다.[3]

만하임의 이 책은 전문가들이 선출된 대표들을 통해 대중이 인도하는 방향으로 계획을 수립하는 민주적 계획 과정을 설명함으로써 이후 이론화를 위한 철학적 토대를 마련했다. 개혁 자유주의의 이상에서 영감을 받은 만하임은 도시계획을 뛰어넘어 국민국가의 경제 및 사회 계획 참여를 구상했다. 그는 계획 관료가 의회의 통제를 받도록 한다면 자유를 침해하지 않으면서도 사회 문제 해결에 그 관료의 기술적 전문성을 발휘할 수 있다고 주장했다.

> 새로운 관료제는 인간사에 새로운 객관성을 가져왔다. 관료적 절차에는 정실주의patronage, 족벌주의nepotism, 그리고 인적 지배를 향한 경향을 누그러뜨리는 데 도움이 되는 무언가가 존재한다. 좋은 상황에서는 객관성을 향한 이러한 경향이 매우 강해져 계급의식(주로 지배 계급에서 선택된 관료 조직에 여전히 존재하는 계급의식) 요소가 정의와 공정성에 대한 열망으로 거의 완전히 대체될 수도 있다.(Mannheim 1940, 323)[4]

공정한 전문성의 역할과 계획 목표에 대한 입법적 통제를 수용하면서, 만하임은 전후 기간 동안 도시계획 학계가 취해야 할 방향성에 대한 토대를 마련했다.

> [물리적 계획의] 문제는 기술에서 … 과학적 활동으로 바뀌었으며, 계획가가 매우 섬세한 지침과 제어 시스템을 고안할 수 있도록 방대한 양의 정밀한 정보가 수집되고 처리되었다. … 목표가 처음부터 고정되어 있다고 가정했던 기존의 종합계획

> master-plan 또는 청사진식 계획 대신, 새롭게 대두된 개념은 **과정**으로서의 계획이었다. … 그리고 이 계획 과정은 계획의 내용과는 독립적으로 진행되었다.(Hall 2002, 360-362)

제2차 세계대전 이후 도시계획을 설계업에서 사회과학으로 전환한 것으로 유명한 시카고 대학과 펜실베이니아 대학의 이론가들은 정책 대안을 검증하기 위한 합리적 모델과 방법을 제시했다(Sarbib 1983; Hall 2002, 359-363). 그들은 민주적 정치 과정에 따라 목표가 규정되면 목표 달성을 위한 수단을 마련하고 실행하는 과정이 공평무사한 임명직 공무원들에 의해 공정하게 수행될 수 있다는 명제를 받아들였다(Dror 1968; Faludi 1973). 그 접근의 가치는 민주주의였다. 가정컨대, 민주적으로 도출된 목표는 본질적으로 공평했을 것이며, 이러한 목표를 달성하기 위한 수단이 과학적으로 발견될 수 있었을 것이다.

계획가들의 영향력 요구는 합리성rationality과 함께 종합성comprehensiveness이라는 이상에 점점 더 기반을 두게 되었다. 그들은 지역, 도시, 또는 근린 전체를 고려하여 토지 이용, 교통, 생산 시설 등 다른 요소들을 조정할 수 있었는데, 그렇지 않았다면 이들 요소는 독립적인 개별 관료들의 영역이 되었을 것이다(AIP 1959). 전문가들은 현대 통계학 및 경제 분석 도구를 사용하여 정책에 의해 촉발되는 하위 시스템 간의 상호작용을 측정함으로써 각 개발계획이 특정 목표를 달성하는 데 어느 정도 기여하는지 평가할 수 있었다.

그러나 역설적이게도 일반적인 우선 사항에 대한 합의에 도달한 이후에 합리적 모델을 통해 계획의 전문성을 드러낸다는 비전은 지식사회학에 대한 논문에서 만하임 자신이 제기한 실증주의에 대한 파괴적인 공격을 완전히 무시하는 것이었다. 이 글에서 그는 포스트모더니즘/포스트구조주의적 비평에 대한 놀라운 전조를 보여주면서 다음과 같이 말했다.

> [토론에서] 참여자 각자에게 [담론의] 대상은 다소 다른 의미를 가지는데, 이는 그 의미가 참여자들 각자가 처한 위치에서 생겨나기 때문이다. 그 결과 대상의 의미는 다른 사람의 관점에서는 적어도 부분적으로 모호하게 남게 된다. … [이 접근법은] 토론에 옳고 그름의 판단 기준이 없음을 의미하는 것은 아니며, 그 본질은 그와 같은 판단 기준이 절대적으로 공식화될 수 없고 주어진 상황의 관점에서만 마련될 수 있다는 주장에 있다. … 다른 관점에 관심을 갖고 인지할 수 있는 힘은 그 관점이 발생하고 적실성을 갖는 사회적 상황에 의해 좌우된다.(Mannheim 1936, 281, 283-284)

보편주의에 대한 만하임의 비판은 도시계획에 적용될 때 가치중립적이고 편견 없는 방법론이라는 관념을 버리게 된다. 또한 예측가들은 과거의 경험이 새로운 역사적 맥락에서도 단순히 반복될 거라고 가정하면 안 된다고 주장하게 된다. 이에 따라 합리적 모델 내에서 대안을 평가하기 위해 사용하는 정량적인 비용-편익 분석의 기본 가정이 약화된다. 나아가 대안 중에서 하나를 선택하는 것이 승자와 패자를 만들기보다는 모두에게 유익할 것이라는 생각 역시 당연하지 않게 된다. 만하임은 형식적으로 합리적인 방법론보다 추론 및 비교 분석의 사용을 제안한다. 이러한 접근 방식은 과학적 훈련을 통해 습득한 전문 지식뿐만 아니라 가치 개입적인 다양한 형태의 지식을 요구한다. 만하임의 논문이 하버마스의 합리성 개념을 선구적으로 제시한 것은 분명하지만, 합리적 성찰 속에서 일하는 엘리트가 사회 전체를 대신하여 계획하기를 기대한다는 점에서 현대 의사소통 이론가들과 다르다. 그의 견해에 대한 가장 최근의 반향은 앤서니 기든스의 저작에서 발견된다. 전문성을 신뢰하고자 하는 사람들의 의지와 사회 안팎으로 지식이 유통되게 하는 성찰성에 대해 설명하면서, 기든스는 상대주의적이지도 않고 실증주의적이지도 않은 지식에 대한 "관계주의적relationist"인 (또는 변증법적이라고 말할 수 있는) 접근법을 제시한다(Giddens 1990).

제1장에서 논의한 바와 같이, 합리적 모델은 사실과 가치가 분리될 수 있다는 믿음에 의해서 뒷받침되는데, 이와 같은 믿음은 강한 공격을 받아 왔다. 종합성의 이상도 많은 비판을 받아 왔다. 따라서 종합성을 위해서는 계획가가 도시 내 다양한 관심사를 단일 집합의 목표들로 통합하여 순위를 매기고, 이러한 목표들에 도달하기 위한 수단을 발견할 수 있는 기술적 능력을 확보해야 한다고 앨런 알트슐러는 지적한다(Altshuler 1965). 그는 계획가들이 과연 이러한 능력을 가지고 있는지를 의심한다. 허버트 사이먼 같은 경영 이론가들의 회의론을 계승한 찰스 린드블롬은 합리성과 종합성을 동시에 기대하는 것은 실용적이지 않을뿐더러 바람직하지도 않다고 주장한다(Lindblom 1959). 그는 실제 계획 및 정책 결정을 "갈팡질팡 나아가기muddling through" 전략에 기초를 둔 점진적인 과정으로 파악한다. 그의 모순적인 제목의 책 《'갈팡질팡 나아가기'의 과학》에 표현

된 것처럼 그는 이 신중한 '당파적 상호 조정'이 합리적 모델 내에서 이상화된 종합적 계획보다 바람직한 결과에 도달하는 데 더 효과적인 방법이라고 선언한다.

공평무사한 계획이라는 전제는 부동산 개발업자와 상류층 집단의 권력을 은폐하기 위한 수단이라고 본 이론가들은 1960년대와 1970년대에 계획의 합리성과 종합성을 요구하는 주장에 의문을 제기했던 지적 흐름을 강화했다.[5] 그 시대의 사회적 동요에 대응하여, 반체제적임에도 불구하고 그 업계 내에서 영향력 있었던 운동은 정책 결정이 정치적으로 힘이 없는 사람들, 특히 고속도로와 도시 재개발 프로그램으로 인해 쫓겨난 사람들에게 미치는 영향에 계획가들과 정책 입안자들이 더 관심을 갖게 만들었다(Hoffman 1989). 이 학자들에게 있어 계획planning의 도덕적 정당성은 공익이라고 주장되는 것을 극대화하는 계획plan을 만드는 것에서 빈곤과 인종차별로 인한 불이익을 해결하는 쪽으로 옮겨 갔다.

비평가들은 계획 행위의 원인과 결과에 대해서는 의견이 일치했지만, 자본의 힘을 감안할 때 계획이 바람직한 변화를 가져올 잠재력이 있는가에 대해서는 입장이 달랐다. 신마르크스주의적 패러다임 내에서 활동하는 비평가들은 체제의 구조적 토대를 강조하고 사유재산 체제를 완전히 변혁한 이후에만 공평한 계획이 이루어질 수 있다고 주장했다.[6] 말할 필요도 없이, 이 결론은 도시 정부와 기업뿐 아니라 지역공동체에 기반을 둔 조직들을 위해 일하던 진보 계획가들을 낙담하게 만들었다.[7] 이 난관을 극복하기 위한 대응은 계획을 통해 실제로 더 공정한 결과를 얻을 수 있는 과정을 도식화하는 것이었다.[8] 실천 지향적인 그 시도들은 모범적인 정책을 제시했지만, 원하는 결과를 도출할 수 있는 전략과 조건에 대한 심층 조사나 그 근저에 놓인 가치에 대한 입장을 설명하거나 정당화하지는 않았다.[9]

지금은 순수 기술적 접근에 비해 만하임의 관계주의 전략에 더 부합하는 광범위한 포스트실증주의적 이론의 틀 안에 계획 행위를 뿌리내리게 하는 중범위 이론의 개발 노력이 대두되고 있다(Fischer 2003).[10] 내가 '중범위'라는 용어를 사용하는 이유는 이러한 작업 중 일부는 다양한 정치·경제 발전 단계에 있는 국가들로 확장되지만, 주된 초점은 새천년 초반의 민주적인 서구 대도시 내 정책을 지배하는 규범에 있기 때문이다. 다시 말해, 나의 주장은 전 세계에 적용하기 위한 일반화된 이론이 아니다. 따라서 서론에서 언급했듯이 정의의 광범위한 개념은 보편적인 공감을 얻지만, 그 구체적인 내용은 모든 역사적 시대를 통틀어 모든 도시에 적용되지 못하고 시공간적 제약을 받는다. 이 장의 나머지 부분에서는 계획과 정책의 도덕적 기반을 형성하는 민주주의, 다양성, 형평성이라는 세 가지 원칙을 기초로 하여 정의로운 도시의 개념화에 가장 중요한 몇 가지 문제 영역을 살펴보겠다.

민주주의

1960년대와 1970년대에는 다음과 같은 두 가지 인식의 결과로 도시의 관료 조직이 내린 결정에 민주적 통제가 필요하다는 목소리가 생겨났다. 그중 하나는 계획가와 사회복지사를 비롯한 '일선 관료들'이 도시 주민들의 지식과 의견에 관계없이 그들에게 영향을 미치는 결정을 내렸다는 인식이고(Lipsky 1980), 다른 하나는 공공기관 직원들이 그들의 정책 결정으로 영향을 받은 사람들과 완전히 다른 사회 계층 출신이라는 인식이다. 후자의 견해는 미국에서, 특히 흑인 지역에서 활동하는 백인 직원의 경우에, '내부 식민주의'의 고발로 이어졌다(Blauner 1969 참조). 시민 참여는 민주주의를 증진시키기 때문에 그 자체로 가치 있는 일이 될 뿐만 아니라, 대응 부족과 공감 실패로 발생하는 부당한 일들을 극복하게 할 수도 있다.[11]

셰리 안스타인은 요즘에 자주 인용되는 논문에서 '시민 참여의 사다리'를 제안한다. 그녀는 정책을 수립하고 실행할 때 약자 계층의 역할이 강할수록 결과가 더욱 재분배적일 것이라고 주장한다. "요컨대, 그것(시민 참여 - 옮긴이)은 그들['가진 것 없는' 시민들]이 풍요로운 사회의 혜택을 공유할 수 있게 해주는 사회 개혁을 유도할 수 있는 중요한 수단이다"(Arnstein 1969, 216). 안스타인은 정책 결정에 대한 통제권을 요구하는 소수자 공동체는 단일하지 않으며, 공동체 권력이 분리주의, 비효율성, 기회주의를 부추길 수 있다는 근거 있는 비판을 인식하고 있었다(Arnstein 1969, 224). 그럼에도 불구하고 그녀는 결정 권한의 재분배 없이는 편익의 재분배가 없을 것이라고 결론지었다. 지역사회 단체들도 시민들이 정책 통제권을 확보해야만 정부의 조치가 자기들에게 이익이 될 것이라는 견해를 바탕으로 권력을 요구하고 나섰다. 따라서 1960년대와 1970년대에 '공동체에 의한 통제'는 도시 활동가들의 중심 목표가 되었다.

그러나 그 후 유럽과 미국에서 대규모 군중 시위가 사그라들면서 시민 참여에 대한 압력이 줄어들었다. 공동체 참여가 필수적이었던 미국의 모델도시Model Cities와 영국의 지역사회 개발 프로젝트 같은 프로그램은 사라지고, 기업과 정부의 민관파트너십이 번성했다.[12] 미국에서는 현장 사무소로 배치되어 지역사회 단체들을 대변하던 계획가들이 일자리를 잃었다(Needleman and Needleman 1974). 미국 일부 도시들은 다양한 형태의 시민 역량 강화 실험을 계속했지만, 계획은 대체로 시 당국으로 다시 집중되었다. 영국에서는 시민 참여를 요구하는 파트너십 계약이 확산되었지만, 지역사회 단체들이 실제로 얼마나 많은 영향력을 행사했는지는 불분명했다. 유럽 대륙의 상황은 상당히 다양했다. 예를 들어 암스테르담에서는 상당한 지역적 협의가 있었지만, 파리에서는 하향식 전통이 계속된 까닭에 최근까지도 시민들이 직접 예산 지출을 결정하는 가장 강력한 모델은 매우 드물었다.[13]

시민들이 예산 지출을 결정한 예를 살펴보자면 미니애폴리스의 근린재활성화프로그램Neighborhood Revitalization Program(NRP)에서 20년간 자본예산 기금이 지역사회 조직에 할당된 바 있다. 이 프로그램은 시민 참여 모델의 강점과 약점을 모두 보여 준다. 해당 프로그램에서 지역사회 단체들은 보다 광범위한 지역주민들을 포함해야 했고 일련의 회의를 통해 근린계획을 고안해야 했다. 10년 넘게 운영된 결과 그 프로그램은 지역 활성화라는 주요 목표 달성에 있어 상당히 성공적이라는 평가를 받았다. 물론 광범위한 참여의 측면에서나 도출한 결과의 측면에서 이룬 성과는 지역마다 모두 다르다. 정의로운 결과 창출이라는 우리의 관심사와 관련하여, 평가자들은 부유한 주택 소유자가 숙의 과정을 지배하는 경향이 있긴 하지만 일부 부유한 공동체가 저소득층 임대주택 건설을 지원했음을 발견했다. 반면에 지역사회 단체들이 저소득 주민들에게 무관심하고 저렴한 주택과 관련해서는 더 그렇다고 비난하는 이들에 대해서는 "근린재활성화프로그램은 형평성과 정의를 걱정하는 많은 활동가가 중요하게 여기는 것을 실질적으로 해결하지 못했다."라고 인정했다(Fagotto and Fung 2005, 60). 그러나 그들은 프로그램을 담당한 직원들이 보다 적극적으로 개입했다면 참여자들이 형평성에 더 큰 관심을 가졌을 수 있다고 주장한다.

근린재활성화프로그램의 사례는 두 가지 결론을 제시한다. 첫째, 시민 숙의 과정이 가져오는 형평성 측면의 성과는 예측할 수 없으며 적극적인 참여자들의 특정 가치에 따라 달라질 수 있다. 둘째, 계획가들은 숙의의 성격에 영향을 미칠 수 있고, 참여자들이 정의로운 결과에 더 큰 책임을 갖도록 이끌 수 있다. 미니애폴리스 사례에서 계획 부서 직원들은 수동적인 경향을 보였는데, 이는 민주적 계획에서 그들이 주도권을 행사하여 여론을 형성해서는 안 된다는 믿음 때문이었다(Fainstein and Hirst 1995). 그들은 민주적 숙의가 지배적 가치로서 우선성을 갖는다는 입장이었다. 현실의 민주주의와 공평한 결과 사이의 긴장은 시민 참여자들이 일반적으로 임차인보다 소유주에게 더 많은 혜택을 주는 정책을 선호하기 때문에 발생한다. 일반적으로 중산층 주택 소유자는 저소득 세입자보다 계획에 참여할 가능성이 더 높으며 더 효과적으로 참여할 수 있다.

관료적 의사 결정에 대한 시민 참여 요구는 편익 증가를 원하는 저소득층에서 시작되었으나, 시간이 지남에 따라 참여 매커니즘은 주로 중산층 이익을 위한 수단이 되었다. 따라서 그 매커니즘은 계획 과정을 민주화하는 움직임을 나타냈지만 일반적으로 재분배의 방향은 아니었으며, 항상 반대자의 포섭cooptation이라는 위험이 있었다. 참여는 보통 분야별로 이루어지기 때문에 사람들은 제한된 공통 관심사만으로 모인다. 더욱이 근린 활동가들은 지역사회의 작은 부분을 차지할 뿐이어서 정당성에 대한 그들의 주장은 항상 의심받는다. 활동가들은 광범위한 유권자들을 대변할 수 있지만, 때로는 그들 자신이 편협한 파벌이 되어 외부인들을 환영하지 않고 자신들의 명예욕만을 충족시키려 할지도 모른다.

지역 참여 단체들의 성취는 기존 개발계획 수정, 소규모 시설 개선 프로그램, 자금 삭감 차단, 상징적 인정 등으로 제한된다. 그 성취는 도시 수준의 정치권력을 목표로 하는 이들에게 발판 역할을 할 수도 있지만, 지역 기반의 선출직 공무원들은 종종 취임한 뒤 소속집단을 바꾸어 버린다. 참여자들이 광범위한 대중에 의해 지지받지 못한다면, 그들은 큰 설득력을 가지지 못할 것이다. 모든 것은 상황에 달려 있다. 더욱이, 자본의 투자 철회로 고통받는 도시들에서 시장市長만큼이나 지역의 참여자들도 더 이상 흐름을 막을 수는 없으며 개발업자들에 대한 보조금을 통해서만 투자가 발생할 수 있다는 논리에 종종 굴복하고 만다. 개발 압력을 받는 도시에서 참여자들은 공동체 공간, 사회 서비스, 저렴한 주택 측면에서 어떤 이익을 얻어 낼 수 있을지도 모른다. 그러나 민간 시장 활동에 대한 그들의 통제력 부족은 젠트리피케이션을 중단시킬 수 있는 가능성을 제한한다.

제도화된 시민 참여는 일반적으로 지역 관련 지식을 제공함으로써 정책 입안자들이 이용할 수 있는 정보를 증가시킨다(Corburn 2005). 이는 의사 결정을 더 민주적이고 개방적으로 만들지만 반드시 더 공평한 결과를 가져오는 것은 아니며, 편협성과 부패로 이어질 수도 있지만 전통적인 통치 방식보다 더 위험하지는 않을 것이다. 시민 참여는 변혁과는 거리가 멀지만, 전통적인 정치조직과 마찬가지로 리더십 기술을 개발하기 위한 훈련장과 정치적 상향 이동의 길을 제공한다.

다양성

내가 도시 정의의 세 가지 기준 중 하나로 '다양성'이라는 용어를 사용하는 것에는 문제가 있다. 아래에서 논의할 다양성과 다른 가치 사이의 긴장에 더하여, 다양성이 정말 정의와 밀접한 관련이 있어서가 아니라, 전략으로서 다양성을 요구하는 것일 뿐이라는 도전을 받을 수도 있기 때문이다. 이와 관련하여 크리스 햄넷은 다음과 같이 주장한다.

> [런던 시장 켄] 리빙스턴은 다양성을 긍정적인 특성으로 추구해왔으나, 이는 단순히 런던을 다양하고 문화적으로 더 풍부한 도시로 묘사하기 위한 전술 또는 전략이라고 생각한다. 나는 관용이 훨씬 더 나은 기준이라고 생각하는데, 이는 여러 집단이 동등하게 수용 또는 평가되거나, 존재할 권리 또는 자원에 접근할 권리를 갖는 것으로 간주되는 긍정적 특성을 구현하기 때문이다. 이러한 관용은 단순히 여러 인종 집단뿐만 아니라, 노숙자나 다른 집단들에도 적용될 수 있을 것이다.[14]

나는 이 주장을 받아들여 '인정' 또는 '타인에 대한 개방성'이라는 용어를 사용할 수도 있었을 것이다. 그러나 햄넷이 제안한 '관용'이라는 단어는 시혜성을 내포하는 반면, '다양성'은 편리한 축약어이고, 사회적 관계뿐만 아니라 물리적 환경에 대한 언급을 포괄하며, 타인의 수용을 장려하는 것을 넘어 어떤 장소를 구성하는 모든 이를 포괄하려는 정책적 목표를 나타낸다.

페터 마르쿠제는 또한 다양성이 정치적 유용성을 뛰어넘는 탁월한 가치가 있는지에 대해 다음과 같이 의문을 제기한다.

> 다양성은 내부자가 아닌 외부자를 위한 가치일 뿐입니다. 고전적인 사례는 오늘날 [미국의] 교육입니다. 우리가 원하는 것은 흑인을 위한 적절한 교육입니다. 분리는 평등하지 못해요. 흑인들은 따로 분리된 학교에서 망해버릴 것이기 때문이죠. 그래서 우리는 그들을 백인들과 같은 학교로 데려가, 그들이 동등하게 대우받길 원합니다. 그러나 우리는 [소수자 우대조치 및 소수인종 정원 할당에 대한] 현재 대법원의 [판결]을 고려할 때 그렇게 말할 수 없습니다. 그래서 우리는 다양성을 원한다고 [그리고 사람들은 타인에게 노출됨으로써 모두 이익을 얻게 될 것이라고] 주장합니다. 이것은 평등을 위한 완곡어법이죠. 우리는 도널드 트럼프가 … 게토에 와서 사는 것을 원하는 것이 아니라, 게토 주민들이 원하는 곳 어디에서나 살 기회를 갖기를 바라죠. 그들이 훌륭한 노동계급 동네에 살고 있다면, 왜 우리가 중산층 사람들도 그곳에 살기를 원하겠습니까?[15]

마르쿠제는 다양한 사회가 동질적인 사회보다 본질적으로 선호 할 만하다고 생각하는 사람들과 다르다. 오히려 그는 다양한 사회가 평등을 위한 운동에 지렛대를 제공할 뿐이라고 본다.

마르쿠제의 주장은 반박하기 어렵다. 왜냐하면 '다양성'이라는 단어가 미국에서는 종종 특권에 대한 접근의 평등을 나타내는 수단으로 사용되기 때문이다. 유럽에서는 '사회통합'이라는 용어가 이와 유사한 역할을 한다. 다양성이라는 가치가 형평성보다 덜 중요하다 해도, 대규모 공간 이동성과 이질성 시대에 이주민들이 전 세계 도시로 이동함에 따라 대도시에서 다양성은 필수 미덕이라고 생각한다. 하지만 작은 규모의 지역에서도 항상 그런 것은 아니다. 1장에서 논의한 바와 같이, 각 관할구precinct마다 비례성을 갖기보다는 다공성porous 경계를 가진 비교적 동질적인 근린에 대한 아이리스 매리언 영의 지적 또한 수용할 만하다.•

도시주의자들이 사용하는 '다양성'이라는 용어에는 다양한 의미가 있다. 도시설계가들은 건물 유형의 혼합을 말할 때, 계획가들은 주택 개발과 공공장소의 복합용도 또는 계급·인종·민족의 이질성을 의미할 때 이 용어를 사용한다. 사회학자와 문화분석가에게 다양성은 주로 후자를 의미한다. 1960년대에 물리적·사회적 이질성을 옹호하는 사람들은 기능적 용도지역제zoning와 동질성이라는 지배적인 원리에 반대하는 비주류파로 여겨졌다. 도시계획 분야에서

• 비례성은 전 지역 인구의 소수자 대 다수자 인구 분포가 경찰 순찰구역(precinct) 같은 소규모 지역에도 똑같이 적용되는 것을 의미한다. 반면 영이 주장하는 대안은 작은 동네 내부적으로 동질적 인구를 포함하되 이들 공동체가 폐쇄적이지 않고 자유롭게 왕래할 수 있으면 된다는 것이다.

는 여러 용도를 기반으로 조성된 도시 경관을 촉구한 제인 제이컵스의 견해가 널리 공감을 얻었다. 그녀는 물리적 이질성이 경제적·사회적 다양성을 촉진한다고 주장한다.

> 하나의 원칙이 … 어디에서나, 그리고 매우 복잡하고 다양한 형태로 등장해서 … 내 주장의 핵심이 된다. 어디에나 존재하는 이 원칙은 도시에 경제적, 사회적으로 끊임없이 서로에게 도움이 되는 토지 용도들이 복잡하고 촘촘하게 얽힌 다양성이 필요하다는 것이다. 다양성의 구성 요소는 다를 수는 있지만, 서로를 구체적인 방식으로 보완해야 한다.(Jacobs 1961, 14)

제이컵스는 계획가들이 혼잡함, 낯선 사람들 간의 다양한 상호작용, 짧은 도로, 그리고 복합용도로 특징지어지는 실제 도시들을 살펴봐야 한다고 촉구한다. 이후 저작들에서 그녀는 다양성이 도시를 더욱 매력적으로 만들 뿐만 아니라 경제적 생산성의 원천이 된다고 주장한다. 그녀의 추론은 도시의 다양성이 창의성을 자극하여 경제성장을 유발한다고 주장한 리처드 플로리다의 주장(Florida 2002, 30)을 연상시킨다. 결국 계획 내에서는 지배적 흐름에 대한 대항담론이었던 것이 적어도 중심 도시에서는 새로운 정설이 되었다. 이로써 슈퍼 블록•에 건물들을 황량하게 배치하는 근대적 도시재개발은 심각한 오류로 여겨졌고, 복합용도가 개발을 위한 새로운 지

• 자동차 통행을 원활하게 하고 차도와 보행자의 동선을 분리하기 위해, 작은 규모의 블록들을 병합하여 만든 대규모 블록을 말한다.

침이 되었다. 그러나 이러한 새로운 프로젝트에서 물리적 분화와 사회적 분화의 관계는 명확하지 않았다.

제1장의 논의에서 보았듯이, 20세기 말 철학자들 사이에서는 타자에 대한 관심이 계획의 다양성 강조로 수렴되었다. 아이리스 매리언 영처럼 정의와 타자에 대한 인정을 연결한 계획이론가인 레오니 샌더콕은 자신이 생각하는 이상적인 도시를 '코스모폴리스 Cosmopolis'라고 이름 붙였다(Sandercock 1998, 2003). 샌더콕은 다양한 인종적·민족적 배경을 가진 사람들이 도시 공간에서 동등한 권리를 가질 수 있는 대도시에 대해 설명하고, 그녀가 성적 욕망과 환상에 밀접하게 관련되어 있다고 주장한 '익명성의 즐거움'[16]을 가져다주는 다양한 사람들의 공존을 촉구하면서, 도시계획의 기능이 도회성urbanity의 형성이어야 한다고 주장한다.[17]

샌더콕 같은 이론가의 목표로 남아 있는 다양성은 제인 제이컵스와 창조계급* 코스모폴리탄 사람들에게 어필하는 지역색이라기보다, 앙리 르페브르의 '도시에 대한 권리'라는 구절에 포착된 것에 가깝다. 그것은 문화적 차이에 관계없이 모든 도시 이용자를 도시 공간 안에 포용하는 것을 의미한다. 마거릿 콘은 페터 마르쿠제(Marcuse and van Kempen 2002)의 용어를 빌려 배타적 성채를 쌓는 것은 부유한 사람들만 도시 편의시설을 향유하게 할 뿐만 아니라 타인의 상황을 인식하지 못하게 한다고 역설한다.[18] 잘사는 행인과 노숙자 사이의 관계를 논의하면서 그녀는 다음과 같이 말한다.

* 리처드 플로리다가 주장한 개념으로서, 창조경제 시대에 도시의 경제성장을 이끄는 고급 인재를 의미한다. 예술가, 음악가, 디자이너와 같은 문화예술인뿐만 아니라 과학자, 기술자, 창업자 등 새로운 가치와 지식을 창조하는 모든 직업군을 포괄한다.

거리에서 거지를 만난다고 동정심이 생겨난다는 보장은 없다. … 민주주의는 사회가 차이나 이질성에 대한 인정, 개념과 같은 특정 가치들을 증진시킬 것을 보장하지 않는다. 아마도 대다수 사람은 거지나 벤치의 노숙인을 마주할 때 혐오감 이상의 무언가를 느끼지 못할 수도 있다. … 그럼에도 불구하고, 대부분의 시민이 문제의 성격과 범위를 알지 못하는 이상 우리는 노숙자 문제를 사회적으로 어떻게 해결할지 결정할 수 없다.(Kohn 2004, 181)

도시 이론가들은 다양성의 장점에 대해 의견을 같이하지만, 계획가들이 만들어 내고자 하는 환경의 종류와 의식적인 계획이 그 환경을 창조할 수 있는지, 어떻게 그것이 가능한지에 관해서는 의견을 달리한다. 따라서 리처드 세넷은 많은 찬사를 받는 뉴욕 배터리파크시티의 개발에 대해 다음과 같이 한탄한다. “배터리파크시티는 … 복합용도와 다양성의 미덕에 대한 지혜를 바탕으로 계획되었다. 그러나 이 지역사회 모델 안에서 … 사람들은 삶 자체가 아닌 ‘삶의 예시’ 같은 느낌을 갖게 된다”(Sennett 1990).

다양성을 목표로 설계된 계획적 지역사회는 도심 내에 있든, 뉴어버니즘New Urbanism● 개발이든, 아니면 신전통주의적 신규 개발이든, 실물이 아닌 모사에 지나지 않는다는 비난을 받을 수밖에 없다.

● 자동차에 과도하게 의존하여 교외로 확산·개발되는 단일 용도 위주의 저밀 도시에 대한 반성으로 1980년대 이후 미국에서 등장한 도시계획운동이다. 19세기 전통적 도시에서와 같이 보행과 대중교통을 적극 수용하고, 복합용도의 토지 이용과 다양한 건축 디자인을 장려한다. 신전통주의(Neotraditionalism)라고도 한다.

따라서 계획가들은 해결할 수 없는 딜레마(시장이 제멋대로 하도록 내버려 두거나 모순적인 다양한 질서를 강요해야 하는 딜레마)에 빠진 것처럼 보인다. 과거에 행해진 시장 주도 개발은 지역의 관습, 작게 나눠진 소유 구조, 최소한의 규제, 점진적 개발의 결과로서 분화된 경관을 만들어 냈지만, 오늘날 대규모 개발업자들은 세계화된 건축·부동산 시장의 그물망에 편입되어 대규모 개발을 단행하고 앞선 성공 공식들을 반복한다. 역설적이게도 북적대는 시장, 유흥 지구, 생활·업무 환경의 다양한 특성이 복제되면서, 모더니즘 아래에서 그랬던 것처럼 장소들은 개성을 잃어버리게 된다.

정의의 구성 요소인 다양성과 형평성의 관계는 간단하지 않다. 위에서 언급한 리처드 플로리다의 논의(Florida 2002)는 경제성장의 가치와 사회적 다양성 사이의 적절한 조화를 제시한다. 따라서 다양성은 최근까지만 하더라도 친성장 연합 세력보다 정치적으로 좌파인 문화비평가들과 더 밀접한 가치였지만, 도시의 부활을 촉진하고자 하는 공무원들도 받아들이는 주문呪文이 되었다. 그러나 플로리다의 논의를 다양성이 성장뿐만 아니라 형평성도 증진시킨다고 시사하는 것으로 받아들여서는 안 된다. 그는 다음과 같이 분명하게 이야기한다. "창조계급은 개방성과 다양성을 선호하지만, 그것은 어느 정도 고도로 교육받은 창의적인 사람들로 제한된 엘리트의 다양성이다. 창조계급의 부상은 여성과 소수민족 구성원들에게 새로운 발전의 길을 열어 주었지만, 인종과 성별의 오랜 구분을 확실히 종식시키지 못했다"(Florida 2002, 80). 그는 창조계급의 존재가 인종과 성별 구분을 종식시키지 못했을 뿐만 아니라 오히려 소득 불평등을 악화시킨 것 같다고 덧붙였을 수도 있다.[19]

제1장에서 논의한 바와 같이 '인정'은 '재분배'와 분석적으로 구별되며 정의로운 도시의 별도 구성 요소로 간주되어야 한다. 이를 위해 도시계획 시 공공 공간의 생성과 거버넌스에 특별한 주의를 기울여야 하지만, 각 공간이 항상 모든 사람에게 열려 있어야 하는 것은 아니다. 우리는 흔히 놀이터에서 어린이와 보호자만 접근할 수 있음을 나타내는 표지판을 볼 수 있다. 거친 10대와 유아를 분리하는 것은 우리의 정의 감각에 위배되지 않는다. 열차의 정숙 칸과 공원의 명상 공간도 마찬가지로 이상하지 않다. 핵심은 사람이 아닌 행동을 제한하고 합리적인 제한들만 적용하는 것이다. 물론 '합리적'이라는 의미는 논쟁의 여지가 있으며, 여기서 계획의 개입은 그 의미의 해석에 있어서 가장 진보적인 편에 서 있어야 한다.

이 주장에 대한 반대 의견은 특정 유형의 행동이 특정 유형의 사람들과 관련 있다는 것이다. 스케이트보드 타기, 시끄러운 음악 틀기, 무리 지어 놀기는 10대들이 보여 줄 가능성이 더 높은 행동이며, 다른 사람들이 공격적이거나 위협적이라고 생각하는 종류의 활동이다. 행동에 대한 제한은 차별로 해석될 수 있으며, 특히 유색인종이 그 제약을 감수해야 할 경우 더욱 그렇다. 이러한 종류의 갈등을 쉽게 해결할 수는 없지만, 공간 분리를 통해 각 그룹에 충분한 공간을 할당하는 것이 상충되는 행동 방식에 대처하는 가장 좋은 방법이다. 그러나 공간 분리의 대가로 사람들이 서로의 차이에 대응해야만 하는 완전히 공유된 환경은 사라진다.

다양성은 근린을 설계할 때도 중요하다. 모든 지역에 넓은 소득 범위의 사람들이 거주할 수 있어야 한다는 요구나, 인종과 민족 또는 장애에 근거한 차별을 금지하는 것은 정의에 도움이 된다. 그러나 인종적 균형을 맞추거나 빈곤을 분산시키기 위해 사람들에게 원치 않는 이사를 요구하는 것은 역효과를 초래할 뿐 아니라 자유를 침해하는 일이 된다.[20] 여기서 시카고의 사례를 살펴볼 필요가 있다. 금세기 초 시카고 주택청Chicago Housing Authority(CHA)은 대규모 고층 임대주택을 철거하고 거주자 분산 계획에 착수했다. 주택청은 거주자 대부분에게 민간 시장에서 사용할 수 있는 주택 바우처를 제공하고, 소수에게는 그 자리에 세워질 소득계층 혼합형 임대주택의 입주권을 보장했다. 시카고 주택청은 공공주택 고립을 해소하라는 법원 명령(1966년부터 시작된 고트로Gautreaux의 결정)을 수년 동안 받아왔으며 이를 위해 주민들을 이주시키려는 노력을 기울였다. 주택청은 주민들을 교외로 이주시킨 결과에 대한 연구들이 제시한 개선 효과에 관한 (약한) 증거에 주목했다. 이 연구들은 법원의 강제에 의해 구제 수단으로 제공된 자원을 활용하여 자발적으로 이사한 아프리카계 미국인들 사이에 나타난 고용, 주택, 교육 등의 개선 효과를 확인했던 것이다. 1980년대에 공공주택이 실패로 간주되면서 사회과학 이론은 여러 세대에 걸쳐 지속되는 빈곤이 지리적 집중의 책임이라고 보았고,[21] 시카고 주택청 관리와 시카고 시장은 다음 이론을 인용하여 공공주택 철거와 주민들의 강제 이주를 정당화했다. "1990년대 초부터 시카고 주택청 관리들은 그들의 주요 정책 목표를 일관되게 표현해 왔다. 그것은 주택청 개발지구가 낙후되어 형성된 '궁핍한 공동체'의 '사회적 고립'을 줄이는 것, 공공주택의 고립과 쇠퇴를 막기 위해 지역사회 개발의 '혼합 소득 모형'을 채택하는 것, 뉴어버니즘 설계 기술을 사용하여 저렴한 주택을 살만한 곳으로 인간화하는 것이다"(Bennett 2006, 293).

시카고에 있는 카브리니 그린 대체 주택(사진: Susan S. Fainstein)

시카고시 정부의 진정한 목표가 과연 젠트리피케이션이었는지에 대한 의문이라든가, 전면철거가 가난한 이들에게 혜택을 주기 위함이라는 주택청의 합리화를 잠시 제쳐 두면, 우리는 다양성이라는 이름으로 사회적 고립을 완화하고 저렴한 주택을 인간화하는 목표를 선호할 수도 있다. 그러나 이러한 결과를 달성하기 위한 정책의 효과는 엇갈릴 뿐이다. 에드워드 괴츠가 애틀랜타의 유사한 프로그램에 대해 내린 결론은 여기에도 동일하게 적용된다. “원래 거주자에게 돌아가는 많지 않은 혜택에 비하여, 부지 철거와 재개발에 지출된 수백만 달러, 강제 이주와 재배치로 인한 세대와 사회적 지원 네트워크의 혼란, 수천 세대를 수용하는 저비용 공공주택의 영구 손실을 우리는 염두에 두어야 한다"(Goetz 2005, 409).

따라서 이 사례에서 우리는 다양성의 성취가 다른 가치의 희생을 바탕으로 이뤄질 수 있음을 알게 된다. 자신의 의지에 반하는 이주는 민주주의와 형평성에도 맞지 않는다. 젠트리피케이션의 결과로 지역의 다양성이 강화되면, 저소득층 주민들은 개선된 서비스를 받더라도 그 지역에 대한 주인의식을 상실할 수 있다.[22]

> 인구의 공간적 분포를 변경하거나 재정 또는 서비스의 불균형을 해결하면 보다 적정하고 보다 공평한 공간 배분이 이루어질 수 있지만, 어떤 면에서 이는 지역사회나 되살아난 중심지에서 안전하게 살고 싶은 인간의 기본적인 열망을 인정하지 않는 것이다. 광역적 분산 프로그램의 경우에는 큰 평등을 이루려는 시도가 도시 재개발 시대를 무시무시하게 재현하면서 인간의 존엄성을 파괴했다.(Chapple and Goetz 2008, 18)

다양성을 강요하는 문제의 가장 까다롭고 가장 어려운 측면은 배타적인 장소들이 다양한 사람들을 받아들이도록 강제해야 한다는 점에서 비롯된다. 피부색이나 국적과 같은 귀속적 특성에 따라 차별하는 것은 비윤리적(이며 일반적으로 불법)이지만, 다른 한편으로 고압적인 강제 통합은 민주적 절차를 위반하는 것이며 반발을 불러일으킨다. 가장 긍정적인 사례로 오하이오주 셰이커 하이츠Shaker Heights를 들 수 있는데, 데니스 키팅이 기록한 바에 따르면 그 사례에서는 이주자를 수용하는 지역사회의 구성 요소들이 다른 인종의 유입을 용이하게 하는 것으로 나타났다(Keating 1994). 그러나 다양성을 확보하는 과정이 다른 가치들을 침해하지 않는 좋은 사례에서도 다양성만으로는 적대감을 극복하기에 충분하지 않다. 키팅의 책에 대한 리뷰에서 엘리자베스 라시퀸은 다음과 같이 말한다.

> '인종 간 접촉이 인종 갈등이나 차별을 줄일 것'이라는 키팅의 믿음은 그로 하여금 '주로 동질적인 동네에 사는 주택 소유자들 간의 더 큰 인종적 다양성'을 궁극적으로 장려하는 결정을 내리게 한다. 접촉이 필요하다는 것은 부인할 수 없다. [통합된 동네에 대한 모기지 지원 같은] 특별한 혜택이 정의로운가에 대한 널리 퍼진 의심뿐만 아니라 사회 분열을 영속화하는 경제적 원천에 주의를 기울이지 않더라도, … 인종 간 접촉이 사회의 깊은 분열을 해결할 것이라는 기대는 키팅이 제공한 증거들과 모순됨을 알 수 있다. 이 증거들은 인종 다양성 모델로 간주되는 교외 지역에서조차 인종 간 적대감과 주거지의 분리가 지속되고 있음을 보여 준다.(Lasch-Quinn 1996, 229)

이와 같은 견해는 사회적 다양성을 강화함으로써 생기는 또 다른 문제점으로 이질성과 공동체 간 긴장을 꼽는다. 로버트 퍼트넘은 "이민과 인종적 다양성은 사회적 연대와 사회적 자본을 감소시키는 경향이 있다. 미국에서 밝혀진 새로운 증거에 따르면 인종이 다양한 지역에서는 모든 인종의 주민들이 '움츠러드는' 경향이 있다. (같은 인종 간에도) 신뢰는 더 낮고, 이타주의와 공동체 협력은 더 드물며, 친구는 더 적다."라고 주장한다(R. Putnam 2007, 137). 퍼트넘은 장기적으로 볼 때 이러한 부정적 영향이 감소함에 따라 새로운 형태의 사회적 연대와 더 포괄적인 정체성이 생길 것이라는 믿음을 표명하지만, 그것을 뒷받침하는 증거는 제시하지 않는다.[23] 물론 공동체 자체는 양날의 가치다. 공동체는 구성원들에게 사회적 지원을 제공하는 동시에 배타적이다.

> '공동체'는 언제나 사회 통제와 감시가 이루어지는 핵심 현장 중 하나였으며 사회적 억압과 맞닿아 있었다. 잘 조직된 공동체는 타인을 배제하고, 타인과 대비해 스스로를 정의하고, (유형의 벽은 아니지만) 온갖 종류의 금지 표지판을 세워 두곤 한다. … 그 결과, 공동체는 종종 신보직인 시회 변화를 촉진하기보다 장벽으로 작용해 왔으며, (농촌과 도시 모두) 포퓰리스트들이 탈주한 원인은 대부분 그 마을들이 인간 정신을 억압했으며 일종의 사회적·정치적 조직으로서 효용이 없었기 때문이었다.(Harvey 1997, 1)

뉴어버니스트들을 포함해 하비의 비판을 받는 현대 계획가들은 다양성이 지역에 매력을 더하고 사회적 포용에 기여한다고 옹호하면서, 더 강력한 공동체 유대를 장려한다. 그러나 공동체 안에서 공통점을 거의 인식하지 못하는 사람들이 상호 부조를 위한 결속을 이룰 수 있을까?

공동체와 다양성이 양립할 수 없는 것처럼 보인다는 사실은 다양성 증대를 지지하는 사람들을 불편하게 만든다. 페터 마르쿠제는 게토와 밀집지enclaves를 구분하여 난관을 극복하려고 한다(Marcuse 2002, 111). 게토는 특정 인구집단이 비자발적으로 집중된 공간을 말하며,

그에 반해 밀집지는 자발적인 집중이 이루어진 곳으로 경제적·사회적·정치적·문화적 발전을 촉진한다. 밀집지 클러스터가 생활 방식을 보호하거나 불이익을 극복하려는 소수 민족 또는 성 정체성 집단으로 형성된 경우, '밀집지'라는 용어는 긍정적인 의미를 지닌다. 사실, 밀집지는 문화적 차이를 위한 안식처를 제공함으로써 미시적 수준에서는 동질적이면서도 대도시 수준에서는 다양성에 기여한다. 반면에 특권층이 지배하는 배제적 영역으로 정의된 성채 citadels는 위에서 인용한 하비의 부정적 설명을 따른다. 따라서 다양성이 부족한 도시 근린은 형평성과 문화에 대한 기여도에 따라 바람직할 수도, 바람직하지 않을 수도 있다(Marcuse 1997).

요컨대, 계획의 원칙으로서 다양성은 열망을 담은 목표를 반영한다. 그 요구의 타당성은 다양성이 달성되는 과정과 다양성이 작동하는 계급적 맥락, 인종 또는 민족적 맥락에 크게 좌우된다.

형평성

도시계획가들이 가장 직접적으로 형평성 문제를 마주하게 되는 순간은 주택정책과 도시재생정책을 고안할 때다.[24] 주택정책과 관련하여 앞에서 논의한 소득 및 인종 다양성 문제는 여기서 반복하지 않을 것이다. 다른 문제들은 주거가 권리로 간주되는 정도, 적절한 점유 형태 결정(민간 시장 임대, 공공, 비영리 또는 조합 소유, 개인 소유), 주택과 도시재생의 관계 등으로부터 발생한다.

미국과 유럽의 초기 주택 개혁가들은 산업도시의 열악한 생활환경에 반발했다. 제2차 세계대전 이후 대서양 양쪽에 위치한 국가에서는 정부가 주택 공급에 적극적인 역할을 했다. 잘 알려진 대로, 유럽 국가들은 공공기관이 건설하고 운영하는 대량 생산 임대주택에 대규모로 투자했다. 이와 대조적으로 미국은 단독주택 건설을 강조하고 공공주택은 최빈곤층만을 위한 것으로 개발했다. 유럽에서는 상대적으로 보수적인 기독교 민주당이 집권했을 때조차 공공주택의 대량 공급이라는 형평성 지향의 철학에 기반을 두고 있었다.[25] 반면에 미국은 주택 소유를 장려하기 위해 세금 공제와 모기지 등 수요 측면의 보조금을 활용했다. 미국의 정책은 많은 노동계급에게 양질의 주택을 제공하는 데 성공했지만, 교외 지역의 스프롤sprawl•을 초래하고 소수자를 차별했으며 공공주택이 최후의 수단으로 간주되도록 하여 저소득층을 고립시키고 낙인찍었다.[26]

21세기 초에 이르러서는 유럽과 미국의 접근 방식이 점차 유사해졌다. 유럽은 공급에 중점을 둔 전략에서 멀어졌으며 미국 도시들은 도심에서 젠트리피케이션을 겪었다. 공공 부문의 주택 생산은 두 대륙 모두 감소한 반면, 대규모 주택단지 건설에 참여하는 민간 개발업체들은 저소득 가구를 위한 주택을 일정 부분 포함해야만 했다. 기존의 사회주택social housing은 재구조화되었다. 미국에서는 HOPE VI 프로그램••이 시행되어 많은 공공주택단지가 다양한 형태의 소유 및 관리 아래 있는 소득혼합형 단지로 대체되었다. 유럽

• 도시 주변 지역으로 주택 및 도시개발이 무분별하게 확산되는 현상을 말한다.

•• 1990년대 초반에 시작된 미국의 공공주택 재개발 프로그램으로, 최빈곤지역의 공공주택을 철거하고 주민들을 더 발달된 지역으로 이주시키는 사회적 혼합 정책을 통해 빈곤층 주민들의 사회·경제적 문제를 해결하고자 했다.

에서도 정부들이 기존 주택들을 철거하고 소득혼합형 단지로 전환하거나 주택협회에 소유권을 이전했다(Van Kempen et al. 2005). 이제 저렴한 주택을 새로 건설하기 위한 주요 수단은 비영리단체(미국의 지역사회개발회사, 유럽의 주택협회) 또는 민간 개발업체에 대한 공적 보조금이 되었다. 주택 투자의 규모와 위치를 결정하는 것은 민주적 의사 결정이라기보다 시장의 힘이다. 정부가 부동산 투자를 통제하기 위해 토지은행을 이용하는 북유럽 국가는 예외이지만, 그 국가들에서조차 일반적으로 개발업자의 이익이 토지를 양도하는 데 중요하다. 미국에서는 소득이 있는 사람들에게 임대료 보조가 보장되지 않는 반면, 대부분 유럽 국가에서는 자격 있는 모든 가구가 지원을 받는다는 차이가 있을 뿐, 임대료 보조 시스템은 북미와 유럽에서 점차 표준으로 자리잡았다.

유럽이 주택 문제에 대한 해결책으로서 정부 소유 주택을 포기하는 것이 주택을 기본 권리로 간주하지 않는 선택이라고 볼 수는 없다. 임대료 보조금이 보장되고 그것을 적용할 수 있는 주택이 있다면, 수요 측면의 보조금은 수혜자들에게 공공주택보다 더 많은 선택권을 제공한다. 단조로움과 관료주의적 경직성은 모든 사회주택에 나타나는 특징은 아니었지만, 많은 사람들이 다양한 후원 아래 소득혼합형 단지로 이사하도록 촉진하기에 충분했다. 또한 자가 소유를 원하는 사람들의 비율이 증가함에 따라 한때 많은 인구를 포괄했던 사회주택에 대한 수요가 감소했다. 이 모든 것은 유럽에서 받아들여지던 주거에 대한 권리가 재개념화되고 새로운 방식으로 충족되어야 함을 의미했다.

> 사회민주주의 정당들은 [포스트포드주의] 시대의 정치와 경제를 인정하고 받아들이려 노력했지만 결국 실패했다. … 그들은 전후 복지국가의 경제적·사회적 틀에 대한 비효율적인 방어에서 벗어나 새로운 원칙과 사상으로 나아가는 데 실패했다. 그 원칙과 사상은 뉴라이트의 이념적 지배에 도전하고 '중산층middle mass' 유권자의 정치적 충성을 되찾기 위한 기반을 제공할 수 있었을지도 모른다.(Harloe 1995, 499)

그 필수적인 '새로운 원칙과 사상'은 모든 사람에게 양질의 주택을 제공하겠다는 목표에서 벗어나야 한다는 의미는 아니며, 비시장 기반의 주택을 공급하겠다는 약속을 약화시키는 것도 아니다. 이를 통해 오히려 취약계층에게 주택을 공평하게 공급하기 위한 기준을 세울 수 있다. 마이클 할로는 포스트포드주의 시대의 '중산층'은 주거 수용에서 더 큰 다양성과 자율성을 추구하지만 관료화된 사회주택 프로그램이 그들의 기대에 부응하지 못하고 있다고 주장한다(Harloe 1995). 더 분산적이고 유연한 시스템은 완전한 민영화에 의존하지 않고도 이러한 중산층의 기대를 충족시킬 수 있을 것이다. 그럼에도 불구하고 상대적으로 부유한 사람들의 주택 소유 장려는 주택 보조금 지원의 재분배 특성을 위태롭게 한다.

주택 보조금 신청을 평가하는 기준을 검토해 보면 딜레마가 발생한다. 저렴한 주택을 민간 소유로 전환한 이유 중 하나는 민간 소유주들이 문제를 일으키는 세입자들을 더 자유롭게 차별할 수 있기 때문이다. 다른 주민들의 관점에서 볼 때, 범죄자나 심리적으로 불안정한 이웃은 바람직하지 않기 때문에 입주자 대부분은 그들의 배제를 지지할 것이다. 그러나 그러한 사람들도 어딘가에 살아야 하며 형평성을 위해서는 모든 사람에게 집을 제공해야 한다. 한편, 민주주의 사회에서는 자신의 이웃에 대해 적어도 약간의 통제권은 행사할 수 있어야 하는 것처럼 보이지만, 사회적 약자들의 주류화를 지지하는 사회 서비스 제공자들은 그러한 통제를 부정하는 편이다. 다른 문제는 얼마나 많은 임대 보조금을 제공해야 하는가와 관련 있다. 보조금을 받는 가구가 그 보조금 덕택에 보조금을 받지 않은 가구보다 더 나은 아파트에 살 수 있어야 하는가? 또 다른 딜레마는 모든 수단검증means-tested 프로그램•에 의해 만들어진 사각지대, 곧 원조받을 자격을 충족하지 못하는 소득수준에서 발생한다. 소득 기준을 1달러 또는 1유로 초과하여 원조를 받지 못하게 된 가구는 불공평한 대우를 받는다고 느낄 것이다.

'빈곤층을 위한 주택 소유권'이라는 슬로건은 지금껏 미국에서 인기를 끌어 왔지만 최근 비우량 주택담보대출subprime mortgage 위기를 촉발하면서 형편없는 것으로 판명되었다. 그럼에도 불구하고 정치인들이 선포한 이 슬로건은 대중들의 일반적 정서를 반영한다.[27] 전후 기간에는 주택 가치가 상승하여 주택을 소유하는 것이 유리해 보이고, 거주지에 대한 소유권은 사람들에게 더 큰 자유를 제공한다. 주택을 소유하면 일반적으로 세금 혜택을 받을 수 있다. 영국과 프랑스는 주택 소유에 대한 세금 공제를 없앴지만 미국과 대부분의 유럽 국가에서는 세금 공제 혜택이 계속되었는데, 이는 이

• 보조금 수급 없이도 무엇을 할 다른 수단이 있는지에 따라 보조금 수급 여부가 결정되는 프로그램을 말한다.

들 국가에서 소유주가 상당한 재정적 혜택을 받게 된다는 것을 의미했고, 그 혜택은 소유주가 부유할수록 더 컸다(Haffner 2002). 미국의 개혁가들은 퇴행적인 주택 소유자 세금 공제의 철폐를 오랫동안 요구해 왔지만, 이것은 애초에 정치적으로 불가능한 일이다. 따라서 더 큰 형평성을 창출하고자 하는 미국 정책 입안자들은 어떻게 하면 저소득층 주택을 더 저렴하게 만들고 소유에 따른 특권의 일부를 그들에게도 허용하는 방식으로 임차인과 소유주의 혜택을 균등하게 만들 것인가에 집중해 왔다.

도시재생정책과 주택정책 사이에는 밀접한 관련이 있다. 재개발이 진행 중인 지역에 대한 용도 지정에 따라 누가 재생 프로그램의 혜택을 받을지가 결정되는데, 지역이 그대로 남아 있을지 주거지로 변모할지 여부만큼이나 누가 거주할 것인지가 재개발 정책의 핵심 문제가 된다. 1949년 미국주택법U.S. Housing Act은 공공주택뿐 아니라 도시재개발을 포함하고 있으며 도시재개발 조항에 따라 정리된 토지는 주거용으로 사용되어야 함을 명시한다. 후속 법률인 1974년 '주택및지역사회개발법Housing and Community Development Act'도 마찬가지로 주택 및 근린 개선 프로그램을 결합했다. 네덜란드에서는 주택 위치 결정을 통해 도시재개발 형태를 통제한다. 전후 영국, 프랑스, 독일의 도시는 사회주택 개발을 통해 재편되었다. 이제 주거공간과 상업공간을 병치하는 복합용도 개발은 도시 지역의 형태를 결정짓는 도구가 되었다.

전후 도시재생 프로그램의 역사에서 되풀이되고 있는 갈등은 '성장 vs. 형평성'이라는 문구로 요약할 수 있다. 그것은 '도심 vs. 근린', '철거 vs. 보존', '지역사회의 안정 vs. 인구 변화', '스포츠 시설의 제도적 확장 및 건설 보조 vs. 사회주택, 교육, 또는 지역사회시설에 대한 투자', '고속도로 건설 vs. 대중교통', '대규모 행사 vs. 지역을 우선시하는 축제' 등의 대립 형태를 취할 수 있다. 형평성을 강조하는 쪽은 각각의 이분법에서 후자의 입장을 취하지만, 투자 유치를 위해 서로 경쟁하는 자본주의 도시에서 투자자 유인책에 반사적으로 반대하다가는 재분배할 것이 남아나지 않을지도 모른다.

이 결론은 재분배 권한이 중앙정부에게만 있고 도시 정부는 경제성장을 촉진함으로써 모든 사람에게 이익을 준다는 폴 피터슨의 주장의 근거가 된다. 그러나 그의 입장은 균형 잡힌 목표의 가능성을 무시하며, 단지 재분배적인 것으로 일축해 버리는 정책들이 스포츠 팀에 보조금을 지급하는 것과 같은 성장 유도 전술보다 경제적 생존에 장기적으로 더 크게 기여할 수 있다는 사실을 인식하지 못한다는 문제가 있다. 따라서 클래런스 스톤은 피터슨의 주장에 이의를 제기하면서 인적 자본 투자와 더 장기적인 접근이 재분배적이면서 동시에 성장을 창출하는 정책으로 이어질 것이라고 제안한다. 더욱이 그는 그러한 투자를 소홀히 하면 실업자와 성난 민중이 양산되어 궁극적으로 도시의 이익에 해로울 수 있다고 본다 (Stone 2005, 247).

정치인들은 그들의 노력이 가시화되고 단기적으로 달성될 수 있다는 점 때문에 인적 자본에 대한 '소프트'한 투자보다 건물이나 인프라에 대한 '하드'한 지출을 선호하는 경향이 있다. 상업적 개발에 대한 기업 관계자의 직접적 압력이 없더라도 정치인들은 유권자들에게 내세울 만한 무언가를 보여 줄 필요성을 느끼기 마련이다. 민주적 참여가 반드시 장기 전략을 선호하는 것은 아니다. 중앙 정부가 공공 지출에 필요한 자금을 대는 유럽 도시에서는 미국의 경우보다 지방정부가 사회 지출에 훨씬 더 많이 관여하는 경향이 있다. 그러나 유럽 도시의 지도부도 점차 언뜻 보기에 지지자들이 선호하는 경쟁력 강화 주장을 받아들이고 있다.[28] 그 결과 우리는 지방 선거에서 좌파 정당이 패배하고 사회민주주의 정부조차 기업가주의entrepreneurialism로 변해 가는 것을 목격해 왔다.

요약하면, 제2차 세계대전 이후 지역 공공정책에서 주택 공급과 도시재생은 다양성, 민주주의, 형평성의 가치가 긴장을 유발하는 영역이다. 사생활 보호와 주변 환경 통제에 대한 개인적 열망, 뜻이 맞는 집단의 보존과 소속을 향한 공동체적 정서, 일반 주택과 저렴한 주택의 부족, 경제적 구조 조정과 그에 따른 토지 이용 쇠퇴, 환경 위험, 주택 및 기반시설 노후화 등이 모두 주택 및 재개발 프로그램 입안자들이 고려해야 하는 조건이다. 무엇이 가장 공정한 해결책인가 하는 관점에서 각각의 분쟁을 정의한다면 형평성 측면의 함의를 분명히 설명하고 그에 우선순위를 부여해야 하겠지만, 상황에 따라 때로는 다른 가치들을 우선시할 필요가 있다.

지역주의: 규모의 정치

정의로운 도시 논의에 대한 비판은 '도시'라는 용어 사용에서 비롯된다. 도시라는 공간의 경계는 본질적으로 임의적이고 사실상 모든 도시는 대도시권역에 포함되어 있으며, 정치적 관할 구역은 경제적 생산 관점에서 거의 의미가 없다. 생산복합체들production complexes과 노동 시장은 광역적이다. 지리학자들은 수년 동안 여러 대도시권에 걸친 기업들의 상호의존성과 지역 내 또는 지역 간 자본 이동에 초점을 맞춘 '새로운 지역주의'에 관심을 보여 왔다. 한편 정치학자들은 경제적·사회적 현실을 더 잘 반영하기 위한 경계 재설정이라는 초기 관심사에 다시 주목했다. 유럽과 북미에서 정책 입안자들은 효율성, 민주주의, 형평성의 논의를 바탕으로 지역 거버넌스와 대도시권 거버넌스 형성을 위한 새로운 정책들을 추진해 왔다.

지역에 대한 관심의 근저에 자리한 경제 논리는 북미와 유럽에서 거의 동일하다. 실리콘밸리, 에밀리아로마냐 등에서 확인된 시너지 효과는 다른 지역들도 유사한 성장 전략을 통해 이익을 얻을 수 있음을 의미한다. 그러나 정치적 토대는 다르다. 지방자치단체가 자체 과세 기반에 크게 의존해 공공 서비스를 지원하는 미국에서는 데이비드 러스크와 마이런 오필드 같은 대도시권 정부 지지자들이 공정한 분배를 위해 행정구역 통합이 필요하다고 주장한다.[29] 기업 관계자들은 여러 가지 이유로 더 큰 지역적 조정을 옹호한다. 그들은 일반적으로 교통과 수자원 같은 영역에서 서비스 제공의 분절화된 거버넌스로 인한 비효율과 경쟁력 강화에 주로 관심이 있다(Kanter 2000). 유럽 정부들과 기업 관계자들도 조정과 경쟁력에 관심이 있지만, 정치적 지역주의는 주로 통합보다는 정부 기능의 분권화로부터 비롯된 것이다(Brenner 1999). 지방정부가 멀리 떨어진 중앙 관료 조직보다 대중과 지역 상황에 더 민감하게 반응한다는 것이 유럽에서 분권화를 정당화하는 논리다(R. Putnam 1993).

부유한 교외와 빈곤한 도시의 불공평한 자원 분배에 관심 있는 미국 학자들은 도시 정부가 관할권 밖에 있는 납세자들과도 접촉할 수 있는 거버넌스 형태를 강력하게 지지해 왔다(Dreier, Mollenkopf and Swanstrom 2004; Frug 1999). 그들은 또한 파편화된 정부 구조를 인종 차별의 원인으로, 도시의 스프롤을 빈곤층의 고립에 기여하는 것으로 보았다. 따라서 피터 드라이어, 존 몰런코프와 토드 스완스트롬은 지방자치단체 간 입찰 전쟁bidding wars을 방지하고 변두리 지역의 성장을 억제해야 한다고 강력히 주장한다(Dreier, Mollenkopf and Swanstrom 2004, chap. 7).

입찰 전쟁에 반대하는 주장은 가장 논쟁의 여지가 없다. 대도시권역 내든 대도시권역 간이든 입찰 전쟁 효과는 경쟁을 강화시켜 끝장을 보도록 하는 것인데, 그 과정에서 미국 도시들은 성장을 장려하기 위해 과세 기회를 포기한다. 이러한 전쟁은 미국에서 가장 치열한데, 그 이유는 미국의 지방정부들이 더 큰 자치권을 가지고 있기 때문이다. 그러나 유럽에서도 입찰 전쟁은 세금 혜택이 아닌 규제 양보와 인프라 제공이라는 형태로 진행된다. 이론적으로는 이러한 기업 유치 프로그램을 지지하는 논거로 형평성을 제시할 수도 있지만 (기업이 입지하는 것을 꺼릴 만한, 실업률이 높은 지역으로 기업을 끌어들이는 데 그 프로그램들이 사용될 수 있다), 경험적 연구들은 그와 같은 효과가 발생하지 않았음을 보여 준다.[30] 특히 미국에서 메이저리그 스포츠 팀을 유치하기 위한 경쟁에서 역효과가 나타나는데, 이때 지방정부들은 인프라를 제공하고, 대출 보증을 서고, 세금 보조금을 제공하며 해당 팀은 그 시설과 미디어 프랜차이즈에서 수익을 거둬들인다(Austrian and Rosentraub 2003).

더 문제가 되는 것은 스프롤 반대론이다. 스프롤에 대한 반대는 진보적인 계획가들에게서 사실상 반사적으로 나오는 입장인 반면에 이를 지지하는 것은 대개 시장 지향적인 우파 평론가들이다.[31] 앤드루 커비는 마이런 오필드의 저서를 검토하면서 압축 개발compact development에 대해 다음과 같이 좌파적 공격을 한다. "스프롤을 인종적 용어가 아닌 계급적 용어로 평가한다면 그것은 사실 도시 거주자들에게 도움이 되는 것이다. 도시 외곽에 새로운 토지를 개발하면 (50년 전에 레빗타운•이 건설되었을 때와 마찬가지로) 시장에 상대적으로 저렴한 주택을 공급할 수 있다"(Kirby 2004, 756). 더 나아가 앤드루 커비는 계획적으로 개발되고 일반적으로 폐쇄형 주택단지gated community인 '공동이익 주거단지common interest developments(CIDs)'를 관리하는 주택소유자협회와 관련된 엄격한 행동 규칙을 옹호한다. 그는 모든 사람이 엄격한 규정을 준수해야 한다면 주민들이 사회적 다양성을 기꺼이 수용할 것이라고 추측한다. 따라서 그의 주장은 공공장소에서의 행동에 관한 나의 주장(행동을 규제하면 귀속적 특성에 근거한 차별이 방지된다는 주장)과 유사하다.

그러나 커비의 낙관적 전망은 다소 과장되어 있다. 저밀도 외곽 개발은 더 저렴한 주택을 생산하지만 시간과 금전적인 측면에서 교통 관련 지출 증가를 초래한다. 행동 제한은 사람들을 더 안전하다고 느끼게 만들 수 있지만 이는 개인의 자유를 대가로 하며, 만약 개발업자가 이를 강요한다면 역시 민주주의를 대가로 치러야 할 것이다. 스프롤로 인한 환경 비용은 과장되었을 수 있지만 지금까지 그에 대한 증거가 충분히 제시되어 왔다(Krieger 2005). 그럼에도

• 레빗타운(Levittown)은 제2차 세계대전 직후에 미국 참전군인들에게 대량으로 주택을 공급하기 위해 교외지역에 건설한 획일적 주택단지를 말한다.

불구하고 커비는 형평성과 다양성에 미치는 스프롤의 영향이 예상처럼 명확하지 않음을 보여 준다. 여기에서 논의된 많은 문제와 마찬가지로 특정 개발 패턴이 형평성, 다양성, 민주주의에 기여하는 수준은 구체적인 맥락에서 동시에 평가되어야 한다.

대도시권 또는 지역 거버넌스 이슈 역시 문제적이다. 아이리스 매리언 영은 지역 정부가 하위 단위들의 관계를 규정하는 다층적 정부 조직을 주장한다(Young 2000, 234). 그러나 그녀는 "모든 것은 배제를 약화하고 평등을 증진할 목적으로 지역 기관을 이용하라는 조직된 시민들의 정치적 압력과 제도적 설계에 달려 있다"라고 인정한다(Young 2000, 235). 영은 미니애폴리스-세인트폴과 요하네스버그의 사례들을 인용하는데, 그 지역 정부들은 과세 대상의 공유를 통해 형평성을 증진하고, 관할권 전역에 걸쳐 저렴한 주택을 입지시킬 권한을 가지고 있다. 그러나 이러한 재분배 조치의 영향은 기껏해야 보통 수준이다. 트윈시티Twin Cities[•]의 대도시권 의회는 초기의 적극적 행동주의에서 한발 후퇴했다. 미니애폴리스는 비록 이 지역에서 가장 빈곤한 인구가 거주하는 도시지만 세입에는 순기여하는[••] 도시다. 이는 대도시권 의회가 이 도시에 대한 공정 주택 공급 의무를 무시했기 때문이다(Goetz 2003, 89). 남아프리카공화국에서는 기업들과 부유한 시민들이 제약을 피하기 위해 대도시권의 경계를 벗어나 이주해 버렸다.

이 모든 것은 어떤 이유에서든 지역 기관들이 자동적으로 형평

• 미니애폴리스-세인트폴의 대도시권을 일컫는다.
•• 이 도시 주민이 내는 세금이 이 도시에 지출되는 세금보다 많다는 의미다.

성을 증진시키는 수단이 되지는 않는다는 것을 보여 준다. 더욱이 지역 기관들은 민주적 참여 개선을 위한 조치를 취하기엔 소규모 공동체가 지닌 친밀함과 상위 정부가 보유한 역량 및 노련함이 모두 부족하다. 상위 정부의 경우 시민들이 적어도 누가 그들을 대표하고 있는지는 알 것이다. 또한 소득 격차가 상당한 지역에서는 부유층이 지역 기구들을 지배하는 경향이 있다. 지역주의는 저소득층 약자들이 미국 내 도심이든 유럽의 노동계급 교외든 작은 정치 단위를 지배함으로써 얻은 권력을 빼앗아 갈 수 있다. 따라서 대도시권의 통치 기관들은 잠재적으로 소득을 재분배하고, 저렴한 주택을 확산시키고, 다양한 대중을 포괄하고, 소규모 지방자치단체보다 더 큰 능력을 가진 수준의 정부를 대중적으로 통제할 가능성을 제공할 수는 있지만, 정말로 이러한 성과를 낼 가능성은 희박하다.

시사점

이 장에서는 도시정책의 광범위한 문제 영역과 관련하여 민주주의, 다양성, 형평성의 가치가 각기 다른 방식으로 개입될 수 있음을 살펴봤다. 중요한 도시정책 영역 내에서 가장 정의로운 정책이 선택될지 여부는 맥락과 역사적 상황으로 인해 이론상으로 확정적이지 않다. 이는 도시의 정의를 진전시킬 정책을 결정하기 위한 규칙을 만들 수 없다는 것을 의미할까? 이 책의 결론에서 나는 우리가 프로그램을 구체화하는 데까지 갈 수는 없더라도 마사 누스바움의 역량 목록에 필적하는 정책을 공식화하고 평가하기 위한 기준을 나열할 수는 있다고 주장한다. 그 기준을 가장 잘 충족하는 구체적인 정책은 시간과 장소에 따라 다르지만, 가장 진보적인 정책을 사전事前에 명시할 수 없다는 사실이 곧 판단 근거를 마련할 수 없다는 것을 의미하지는 않는다.

이어지는 세 장에서는 이 장에서 논의된 이슈들과 관련하여 뉴욕, 런던, 그리고 암스테르담의 재개발 역사를 살펴본다. 그 목적은 정의의 기준들(민주주의, 다양성, 형평성)을 정책에 적용하고, 부족한 경우에는 이러한 가치들에 더 부합하는 대안을 제시하는 것이다.

03

뉴욕

뉴욕 도시 재개발 프로그램의 역사는 미국의 다른 도시들에 큰 영향을 미쳐 왔다. 뉴욕이 미국 도시의 전형은 아니지만, 그 규모와 세계적 중요성으로 인해 많은 도시들이 뉴욕이 채택한 특정 정책들을 모방하였으며 해당 정책들은 2장에서 논의된 많은 쟁점들을 분명히 보여 준다. 3장에서는 도시 재개발 정책의 역사를 간략하게 개관하고, 최근에 시행된 재개발 정책의 사례를 조사해 그 영향을 평가한 뒤, 보다 정의로운 결과에 기여할 대안을 제시할 것이다.[1] 그리고 형평성, 민주주의, 다양성의 기준으로 뉴욕의 성과를 평가해 보고자 한다.

로버트 모지스에서 재정 위기까지(1945-1975)

제2차 세계대전이 끝난 뒤 1960년까지 로버트 모지스는 뉴욕시와 뉴욕주의 다양한 행정직을 두루 거치면서 도시계획 및 재개발을 주도했다.[2] 전후 시작된 스튜이버선트타운Stuyvesant Town-피터쿠퍼빌리지Peter Cooper Village 프로젝트는 연방 정부가 도시재개발 프로그램을 수립하기 전에 모지스가 먼저 고안한 것으로, 이후 뉴욕을 비롯하여 여러 곳에서 시행된 사업들의 모범이 되었다. 뉴욕시는 1만 2,000명이 거주하던 맨해튼의 공동주택 블록 열여덟 개를 강제 수용하여 그 토지를 메트로폴리탄 생명보험회사(이하 '메트로생명')에 매각했고, 메트로생명이 계획을 수립하고 세입자를 선정하게 되었다(Simon 1970). 이 사업의 특징으로는 기존 구조물 전면 철거, 거주자 강제 이주, 민간 부문에 의한 설계 관리, 자치구의 중심성을 고려한 맨해튼 입지, 시민 참여 부재, 신규 주택 임차인을 백인으로 제한하는 것 등을 들 수 있다. 정의의 세 가지 기준에 따라 평가할 때 이 프로젝트가 비민주적이었을뿐더러, 초기에는 다양성도 갖추지 못했다는 점은 분명했다. 해당 프로젝트가 형평성에 미치는 영향은 판단하기가 다소 복잡하다. 소득 제한 및 임대료 규제 덕분에 재향군인을 비롯한 노동계급 및 중하위층 가구가 좋은 환경에 있는 번듯한 아파트를 이용할 수 있게 되었지만, 원래 거주하던 주민들이 쫓겨나는 희생을 치러야 했다. 결국 법원의 결정으로, 수십 년에 걸쳐 이 단지는 넓은 소득 범위를 포괄하고 여러 민족 및 인종이 혼합된 인구를 수용하는 다양성의 모델이 되었다.[3] 그러나 이미 주택의 약 4분의 1을 임대료 규제로부터 자유롭게 만든 메트로생명은 2006년에 이 주택단지를 미국 최대 부동산 투자회사인 티시먼스파이어에 높은 가격으로 매각하였으며, 그때의 매입 비용은 새 소유주들이 임대료 규제 보호를 받는 임차인들을 내보내야만 주택 구매의 수지가 맞을 정도로 높았다(Bagli 2006). 만약 정말로 임대료가 대폭 인상되어 임차인들이 쫓겨난다면 그 단지 내에서 달성된 형평성과 다양성은 줄어들 수밖에 없다. 그러나 2008-2009년의 경기 침체로 소유주들은 채무상환을 이행하지 못해 차압을 받게 되었다. 이미 받은 임대료를 환불하라는 법원 판결로 인해 그들의 재정 상황은 더욱 악화되었다. 파산으로 인해 건물이 대폭 할인된 가격에 매각된다면, 미래의 임대인은 저렴한 임대 구조를 유지할 수 있을 것이다(Bagli 2009). 따라서 이 프로젝트의 60년 역사는 동일한 프로젝트가 시간이 지남에 따라 정의의 원칙들과 관련하여 매우 다양한 결과를 가져올 수 있다는 사실을 보여 주는데, 이는 사업의 평가를 어렵게 만드는 요인으로 작용한다.

모지스는 대체로 도시계획에 반대하는 입장이었지만, 맨해튼을 중심으로 초고속도로 연결망을 통해 내부와 외부가 모두 효율적으로 연결된 조밀한 도시에 대한 명확한 비전을 가지고 있었다. 프로젝트별로 동요하기는 했지만, 그의 다양한 계획에는 중산층을 지원하는 효율적이고 현대적인 대도시를 만들고자 하는 의도가 내포되어 있었다. 그는 촘촘하게 짜인 근린들을 가로질러 고속도로를 연결하고, 기관을 확장하기 위해 주택을 파괴했으며, 시의 빈민가철거위원회Committee on Slum Clearance(CSC) 위원장으로서 중산층과 상위 소득 가구를 위한 아파트를 건설하기 위해 저소득층을 내쫓은 것으로 악명이 높았다.[4] 동시에 그는 뉴욕시 주택국장으로 재직하면서 13만 5,000호에 달하는 신규 공공주택 건설을 감독했다.[5] 그는 빈민가를 철거한 뒤 저소득층을 위한 주택 공급을 확대하지 않았지만, 그럼에도 불구하고 미국의 다른 도시들보다 훨씬 큰 규모의 사회주택을 생산했다.[6] 이와 더불어, 전쟁 중 긴급 조치로 신설되어 그 이후까지 유지된 공공주택 프로그램, 중산층 건축 보조금, 임대료 규제 덕분에 뉴욕은 시 정부가 저소득층을 위한 주택을 추진한 미국 도시 중 단연 독보적이었다. 그러나 뉴욕은 인종 다양성을 장려하지 않았으며 도시재개발로 인해 흩어져 있던 흑인 거주지들이 사라지면서 도시는 점점 더 분절화되었고 할렘, 베드퍼드-스튜이버선트, 브라운즈빌, 자메이카 등의 게토가 점차 확장되고 공고해졌다.

모지스가 활약한 시기인 1960년까지 시행되었던 대규모 도시재개발 프로그램은 지역사회의 반대에 직면하여 중단되었다. 강조점은 근린 보존 및 재활로 바뀌었고, 로버트 와그너 시장의 행정부는 동네 주민들을 도시계획에 참여시키고 저소득층과 중소득층을 위한 주택의 수를 늘리는 데 전념했다. 하지만 이러한 노력에도 불구하고 공공주택 건설은 감소했다. 1960년대 중반까지 뉴욕의 공공주택은 대부분 흑인과 히스패닉의 거주지가 되었다. 그 결과 공공주택은 대중의 지지를 잃었고 공공주택 건설공채 발행은 1964년과 1965년에 걸쳐 주 전체 주민투표에서 부결되었다.[7] 한편, 보조금을 받는 중소득층을 위한 주택이 크게 확대됨에 따라 도시 전체에 좋은 주택들이 들어서 수십 년 동안 많은 사람에게 수준 높은 거처를 제공했으며, 도시는 인종적·민족적으로 점차 통합되었다. 따라서 의도한 것은 아니었지만 개발은 결과적으로 다양성을 촉진했다. 그리고 주택 가격이 상승하는 동안 이들 단지에서 생활하는 데 드는 비용은 상대적으로 안정된 상태를 유지하면서 중소득층을 위한 주택 단지는 원래 목표로 한 것보다 낮은 소득 수준에까지 그 범위를 확장하여 공급될 수 있었다. 문제는 이들 단지가 몇 년 후면 시장 가격으로 복귀할 수 있도록 하는 일몰 조항을 가지고 있다는 것이었다. 따라서 새천년이 시작될 무렵 수만 가구가 저렴한 주택의 풀에서 빠져나가기 시작했다.

1960년대 후반부터 1970년대까지 뉴욕은 점차 백인이 여전히 지배적인 도시 관료 조직과 흑인 및 히스패닉 민원인들 간의 갈등에 휩싸였다. 1966년 존 V. 린지가 시장으로 선출되면서 소수 집단이 거버넌스에 더 많이 편입되었다. 시장은 시 자금과 연방 모델도시Model Cities● 자금을 활용해 가장 가난한 지역에 더 많은 자원을 투자했다.[8] 노동조직이 후원하고 뉴욕주의 보조를 받은 개발단지인 코업시티Co-op City는 중소득층을 위해 브롱크스에 1만 5,000호가 넘는 주택을 추가 건설했다.[9] 린지 시장 시기는 전반적으로 재분배 프로그램, 도시 관료 조직의 인종적 통합, 시민 참여를 위한 방안 마련과 행정의 분권화, 소수 집단에 대한 상징적 인정 등으로 특징지어졌다. 그러나 이와 동시에 방화, 빈집 방치, 범죄율 상승, 그라피티로 인한 대중교통의 질 저하 등에 시달렸고,[10] 많은 사람이 도시가 통치 불능 상태라고 여겼다(Yates 1977).

린지 시장의 행정부가 저소득층에 헌신한 것은 사실이지만, 빈곤층과 소수 집단을 위한 프로그램 확장만으로 그 행정부를 특징짓는 것은 무리다. 린지 시장은 세금 인센티브 제도를 통해 맨해튼의 상업 개발을 장려하기도 했다. 용도지역 보너스●●는 명목상 대

● 모델도시 프로그램은 린든 존슨 대통령이 1966년에 도입하여 1974년에 중단된 도시재생 시범 사업이다. 빈곤지역 문제 해결을 위해 기존의 물리적 재개발 위주의 접근 방식을 탈피하여 도시 빈곤층을 위한 다양한 사회정책들을 종합적으로 추진한 사업이었다.

●● 용도지역 보너스는 개발업자가 지역사회에 공공주택이나 열린 쉼터와 같은 공익을 제공하는 것에 대한 대가로 용도지역 규제에 의해 보장되는 용적률보다 높은 밀도를 시정부로부터 제공받는 것을 말한다.

중에게 개방된 공간을 조성한 개발업자에게 보상을 주는 것이었지만, 개발업자가 공공 편익은 제공하지 않으면서도 용도지역 규제에 따른 허용 범위를 크게 초과하여 건축할 수 있도록 오용되거나 은폐되는 일이 빈번했다(Kayden 2000). 또한 주 정부 기관인 도시개발공사Urban Development Corporation(UDC)[11]는 이스트리버의 루스벨트섬 개발을 포함하여 중산층 및 고소득층을 대상으로 한 주택뿐만 아니라 대규모 상가 개발을 동시에 후원했다. 1970년대 초, 마찬가지로 시 정부와 독립적으로 운영되는 뉴욕-뉴저지 항만공사가 건설한 세계무역센터는 '라디오 로Radio Row'라는 소규모 전자제품 매장들로 이뤄진 번화한 지구를 몰아내고 그 자리에 문을 열었다(Goldberger 2004). 이러한 주 정부 기관들은 공개 협의나 저소득층에 대한 배려 없이도 운영될 수 있었다.

따라서 린지 행정부는 모순으로 가득 차 있었다. 어떤 면에서 시장은 두 마리 토끼를 다 잡으려 했다. 즉 도심 문제를 해결하고 가난한 사람들을 지원할 필요성에 대해 말하면서도 금융, 패션, 미디어, 고급 서비스 등에 기반을 둔 경제로 도시를 재편하는 데 상급 정부가 도움을 주기를 기대했다. 이러한 전략은 빈곤층에 대한 린지 시장의 지지 발언으로 인한 백인 노동계급 인종집단들의 반발을 막지 못했다. 백인 노동자들은 시장이 자신들이 낸 세금으로 자격 없는 가난한 사람들의 응석을 받아 주고 있다고 간주했다. 사실 이 계층은 그의 정책 대상에서 대부분 제외되었다. 그의 정책들은 주로 엘리트와 소수자의 이익을 위한 것이었으며, 자신들의 직업과 공동체 생활이 사라지는 것을 목격한 항만 및 제조업 노동자들에게는 거의 아무것도 제공하지 않았다. 린지 시장이 백인 노동계급으로부터 등을 돌렸다는 인식이 널리 퍼지면서 직접적인 반발이 이어진 결과 에이브러햄 빔이 시장에 선출되었고 에드워드 I. 코크가 아주 오랜 기간 시장으로 재임하게 되었다.

린지가 시장으로 재임한 때는 미국 경제의 전통적인 제조업이 엄청난 변화를 겪던 시기였다. 미국의 어떤 도시 정부도 이에 큰 영향을 미칠 수 없었으며, 그것은 도시 간의 치열한 투자 유치 경쟁이 촉발된 배경이 되었다. 따라서 린지 시장이 백인, 노동자 계급 및 중산층 뉴요커들에게서 받은 비난은 대부분 자신이 통제할 수 없는 사건 때문이었다. 그러나 그가 소수자와 빈곤층에 관심을 갖는 동안 제조업 노동의 축소나 공무원 관료 조직 통합 때문에 안정된 경제적 지위를 상실한 집단들은 소외되었다. 사실, 형평성과 다양성 증진의 측면에서 린지 시장의 주목할 만한 성과 중 하나는 공공서비스(경찰과 소방 제외) 조직을 개편하여 도시 인구 구성을 보다 정확하게 반영한 것이었다.[12] 린지 시장이 실시한 일련의 정책들, 그중에서도 특히 교육 분야 정책은 공무원과 민원인 간의 긴장을 악화시켰다.[13]

1974년부터 시작된 시기는 린지 시대의 평등주의적 목표로부터 후퇴했다. 국가 차원의 '주택및지역사회개발법'(1974)은 린지가 빈곤한 지역사회를 지원하기 위해 사용한 주요 자금원이었던 모델도시 프로그램을 종료시켰다. 연방 도시재개발 프로그램과 모델도시를 대체한 지역사회 개발 포괄보조금Community Development Block Grant(CDBG)은 시 정부의 보조금 사용에 폭넓은 재량권을 부여했다. 뉴욕의 경우, 지역사회 개발 포괄보조금의 자금 제공 공식은 재개발 프로그램에 사용할 수 있는 자원의 감소를 의미했고, 그 공식

다양한 뉴욕: 퀸스의 잭슨 하이츠(사진: John Powers)

은 모델도시보다 덜 표적화된 방식으로 자금이 사용되도록 만들어졌다.[14] 1974년 린지에 이어 시장으로 취임한 에이브러햄 빔은 더 이상 도시의 빈민 지역에 집중하지 않았고 그러한 경향은 20세기 내내 계속되었다. 그의 접근법을 보여 주는 일례로 로저 스타를 주택·개발국장으로 임명한 것을 들 수 있다. 로저 스타는 가장 궁핍한 지역에서 자금을 빼내 "그곳에 사는 사람들을 위해 무언가를 성취할 수 있는"(Starr 1975, 262) 곳으로 자금을 돌리는 "계획된 축소planned shrinkage"라는 "선별 전략triage strategy"(Starr 1976)을 제안했다.[15]

1975년 뉴욕은 재정 위기를 겪으면서 사회간접자본 지출이 중단되고 도시 서비스가 크게 축소되었다. 뉴욕시는 재정 관리를 시

정부의 자율적 기관인 자치단체원조공사Municipal Assistance Corporation (MAC)와 뉴욕주 기관인 비상재정통제위원회Emergency Financial Control Board(EFCB)에 넘겨 파산을 면했다. 기업 논리가 지배하는 이사회에 의해 통제되는 이 두 기관은 공공노조연금기금과 지정 세입을 부채 상환에 할당하여 시의 신용을 회복했다. 뉴욕은 결국 지급 능력을 회복하고 두 감독기관의 관리에서 벗어났지만, 시 정부가 기존에 내걸었던 복지 및 빈곤 지역에 대한 공약은 축소되었고 경제성장이 정부 사업의 목표가 되었다.[16] 빔에 이어 시장에 취임한 에드워드 I. 코크는 스스로 "중산층을 대변한다"고 선언함으로써(Koch 1984), 백인 가톨릭교도와 유대인의 선거 연합을 이끌어 냈다(Reichl 2007). 12년에 이르는 재임 기간 동안 그는 오피스의 투기적 개발을 촉진하고 기업들이 도시를 떠나는 것을 막기 위해 보조금 지급 정책을 강력하게 추진했다.

부활(1976-2001)

1980년대에 이민으로 인해 인구 증가가 촉진되면서 소멸해 가던 뉴욕의 근린들이 다시 활성화되었다. 규제 완화, 세계화, 금융 기관의 혁신으로 인한 경기 호황은 부동산 부문의 성장과 함께 광고, 건축, 법률 부문의 성장을 가져왔다. 뉴욕은 미국 최대의 제조업 중심지인 동시에 금융의 수도이기도 했다. 금융 부문이 더욱 중요해지자 제조 기업들의 본사가 철수하고 공장 일자리가 급격히 감소함에도 불구하고 뉴욕에는 엄청나게 부유한 기업 및 개인들이 머

뉴욕

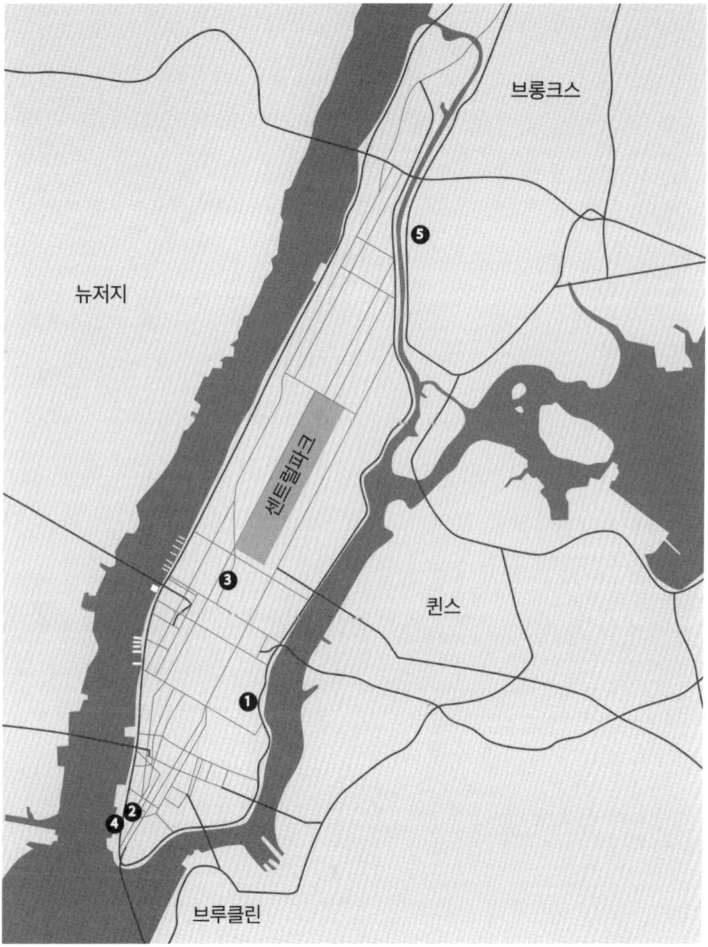

1. 스튜이버선트타운 2. 세계무역센터
3. 타임스스퀘어 4. 배터리파크시티 5. 양키 스타디움

물렀다. 이들은 뉴욕의 문화산업을 후원했고, 모든 종류의 서비스와 편의를 구매했다. 코크 시장은 임기 후반기에 접어들면서 정치적 압력에 대응하여 10년 주택 프로그램을 시작함으로써 도시 자체의 예산으로 비영리 지역사회개발회사들과 저렴한 주택을 건설하는 영리 건축업자를 지원하기 위한 자금원을 마련했다(Schill et al. 2002).[17]

1990년대 초 뉴욕시가 심각한 불황을 겪으면서, 많은 이들은 경제적 상승 곡선이 멈춰 버렸다고 두려워했다. 뉴욕 최초의 흑인 시장인 데이비드 딘킨스가 취임했을 때 뉴욕은 경기침체로 인해 두 번째 재정 위기에 빠졌고, 소수자 유권자들에게 자원을 재배분해 줄 여력이 거의 없었다. 1990년대 중반에 루돌프 줄리아니가 시장이 되었고, 주식시장 붐이 시작되면서 1980년대의 경향이 다시 나타났다. 그러나 1990년대의 총합적 성장에도 불구하고 중위 소득은 감소했으며(NYC Dept. of City Planning, n.d.) 21세기 마이클 블룸버그 시장 재임 기간 동안 비로소 다시 증가세로 돌아섰다. 줄리아니 행정부는 소수 인종에 호의적이지 않은 것으로 널리 인식되었으며, 주택시장이 과열되어 가격이 오를 때 주택 문제 완화를 위한 시의 기여도는 감소했다(Schill et al. 2002, 표 1).

배터리파크시티와 타임스스퀘어의 재개발은 맨해튼에서 1980년대에 시작된 두 개의 초대형 도시 개발 사업이다.[18] 우리는 공공 부문의 주요 재정 투자가 포함된 이 두 가지 사업을 형평성, 다양성, 민주주의 기준을 적용하여 분석할 수 있다.

배터리파크시티(BPC)

월스트리트 금융 지구와 인접한 허드슨강 매립지에 건설된 배터리파크시티는 원래 현대적인 신도시 건설을 목표로 했다. 뉴욕주 산하의 준정부기관인 배터리파크시티 공사는 이 부지를 소유했을 뿐 아니라 공채 발행 권한도 가지고 있었다. 돋운 땅 위의 슈퍼 블록에 세워질 각 건물에는 동수의 저소득층·중산층·고소득층 주택이 포함될 예정이었다.[19] 그러나 매립이 완료될 1976년 무렵 금융 위기로 인해 새로운 건설에 대한 열기가 식자, 그 부지는 그 후 4년 동안 방치되었다. 결국 배터리파크시티 공사는 다양한 소득 집단을 수용하려는 목표를 포기하고 보통의 도시 블록을 요구하는 새로운 계획을 기반으로 투자자 유치에 성공했다. 배터리파크시티 공사는 올림피아앤드요크Olympia & York의 제안을 수락하여 10년 된 세계무역센터와 구름다리로 연결된 오피스 건물인 세계금융센터를 건설하고 고급스러운 시설에 국내 최고 금융 회사를 유치하는 데 성공했다. 그 건물들은 대중에게 개방된 윈터 가든과 연결되어 있고 옆에 매력적인 열린 쉼터가 있어 뉴욕항의 전망을 볼 수 있었다. 단지 내 주거 구역은 다양한 건축가를 고용한 여러 개발업자가 개발하여, 원래 계획보다 더 큰 물리적 다양성을 제공했다. 그러나 가격 구조 때문에 그 주거지에는 시장가격을 감당할 수 있는 사람들만 거주할 수 있었지만, 나중에 네 개의 '80-20' 건물에서 주택의 20퍼센트를 도시 중위소득의 50퍼센트 미만의 소득이 있는 가구를 위해 따로 할당해 두면서 인구 구성이 다소 변경되었다. 쇼핑 시설은 다소 제한적이었으나 명품점을 비롯해 많은 음식점과 생활 서비스 시설이 들어선 거리가 있었다.

배터리파크시티의 윈터 가든(사진: Susan S. Fainstein)

배터리파크시티 공사는 토지 소유권을 유지한 채 개발업자들에게 임대하는 한편, 그 개발지를 장식한 사치스런 야외 공용공간을 유지하기 위해 토지 임대료를 받을 뿐 아니라, 시민들이 이용하는 시설에 이용료를 부과했다. 또한 시는 상업용 및 주거용 부동산의 가치에 따라 세수보전금payment in lieu of taxes(PILOT)•을 받았지만, 세금 감면으로 인해 처음에는 받는 금액 총액은 감소하였다. 지지자들은 그 수익금이 더 저렴한 다른 토지에 저소득층을 위한 주택을

• 비영리기관 등에 제공하는 세금 감면에 따라 발생하는 지방자치단체의 세수 손실을 보전하기 위해 주 정부나 혜택을 받는 기관이 지방자치단체에 지불하는 금액을 말한다.

더 많이 건설하는 데 사용될 것이라고 얘기함으로써 주거용 건물에서 저소득 가구를 배제하고 오피스 타워와 고급 아파트에 세금 보조금을 제공하는 것을 정당화했다. 1986년 배터리파크시티 공사는 저소득 주택을 위한 4억 달러의 수익채권•을 발행하면서 더 많은 주택을 제공하겠다고 약속했다. 그러나 시 정부는 1986년 이후 채권 발행을 통해 받은 돈을 주택이 아니라 일반 기금에 투입하기로 결정했다.

이 프로젝트가 형평성과 다양성에 기여한 바는 모호하지만 전혀 없는 것은 아니다. 이 사업은 도시의 과세 기반을 크게 확대했으며, 정부 소유의 토지 보유는 그 토지 가치의 상승을 통해 공공재정이 확충될 수 있음을 의미한다. 아름다운 공원, 윈터 가든, 놀이터, 강이 보이는 전망을 뉴욕 주민 모두가 누릴 수 있다. 그 위치와 상대적 고립성 때문에 개발지나 그 근처에 사는 부유한 사람들이 압도적으로 많이 이용하는 경향이 있긴 하지만, 화창한 주말에는 상당히 다양한 이용자를 볼 수 있다. 배터리파크시티 공사가 더 많은 대중이 접근할 수 있도록 거주자들의 의견을 무시한 사례도 찾아 볼 수 있다. 배타성을 유지하려는 욕구 때문에 거주자들은 개발지 남쪽 끝과 사람들이 많이 이용하는 맨해튼 끝의 공공 공간인 배터리파크를 연결하는 것에 반대했으나, 배터리파크시티 공사는 이에 멈추지 않고 연결 통로를 구축하여 거주자들의 선호보다는 형평성과 다양성을 선택했다. 이것이 민주적 의사 결정을 무시한 것으로 간

• 공공기관이 특정 사업에 필요한 경비를 마련하기 위해 미래에 그 사업에서 발생할 수익을 담보로 발행하는 채권을 말한다. 세금 수입을 담보로 발행하는 채권인 일반보증채권과 구별된다.

주돼야 하는지 여부는 유권자를 어떻게 정의하느냐에 달려 있다. 영화관 멀티플렉스, 호텔, 아일랜드 기근飢饉 기념관, 박물관 두 곳의 건설로 인해 토지 이용과 방문객의 구성이 다양해졌기 때문에 형평성과 다양성에 대한 평가가 완전히 부정적이지는 않다.

하지만 민주주의 측면에서 배터리파크시티는 부진하다. 단적으로 단지 계획 과정에 시민 참여가 없다는 점을 들 수 있다. 단지에 입주가 이뤄진 이후 거주자들은 추가적인 휴식·놀이 시설 계획 과정에서 목소리를 낼 수 있었고 이는 공간 사용에 변화를 가져왔지만, 추가 개발의 구성에 대한 일반 대중의 의견수렴은 없었다. 이 지역을 상류층만의 배타적 영역으로 유지하려는 거주자들의 욕구를 감안할 때, 민주적 참여로 더 큰 형평성을 창출하기 위해서는 배터리파크시티 거주자들과 지역사회 이사회뿐만 아니라 훨씬 더 광범위한 대중을 포함했어야 한다.[20] 하지만 그러한 집단이 어떻게 만들어질 수 있을지는 상상하기 어렵다.

더 정의로운 대안이 있었을까? 배터리파크시티를 비판하는 이들은 그것을 실제 장소라기보다 부유한 사람들의 성채이자 다양한 디자인의 환영simulacrum에 불과하다고 본다(Kohn 2004). 그러나 많은 뉴욕 주민들은 이곳을 멋진 곳에서 탁 트인 강을 바라볼 수 있는 몇 안 되는 장소 중 하나이며 환영받는 안식처라고 여긴다. 주말에 이곳을 찾는 사람들은 시골에 여름 별장이 있는 사람들이 아니라, 로어이스트사이드에서 도보로, 브루클린과 북부 맨해튼에서는 지하철로 쉽게 접근할 수 있는 즐거운 환경으로 나들이 갈 기회를 반기는 평범한 사람들이다. 배터리파크시티가 접근하기 어렵다는 것은 비판자들의 과장에 불과하며, 이곳은 많은 사람이 이용하는 공공 공간을 형성해 냈다.

형평성 측면에서의 주요 문제는 주거용 건물의 배타성이다. 이 프로젝트가 고소득층에게 공간을 내어줌으로써 다른 곳에서 주택 및 사회 서비스에 사용할 수 있는 막대한 자금을 창출한다는 주장은 다소 억지스럽다. 그렇게 창출된 수익이 재분배 목적으로 사용될 것이라는 보장은 없으며 그렇게 사용되었다는 증거도 거의 없다. 더욱이 설령 아파트 가격이 대부분 시장에 의해 결정되더라도, 저소득층 가구를 위한 주택의 비율을 지금보다 훨씬 더 높게 유지할 수도 있을 것이다. 또한 비록 일부 저렴한 주택이 추가되긴 했지만, 당초 중소득층을 위해 할당해 두었던 난시의 건물 세 동은 임대료 제한 기간이 지나면서 시장 가격으로 복귀하고 있다.

개발에 대한 실질적인 대안 프로그램이라면, 그 단지의 미래 수익에서 파생된 수익채권을 사용하여 시의 다른 곳에 있는 주택에 자금을 조달할 뿐만 아니라, 그 건물들 내에서 개발업자들에게 교차 보조금을 보충함으로써 모든 건물에서 시장 가격보다 저렴한 주택을 제공할 수도 있었을 것이다. 또한 보조금을 받는 민간 소유 건물들이 일반적으로 그렇듯이 이렇게 교차 보조금을 받는 주택은 시장 가격으로 회귀하도록 허용되어서는 안 된다. 기존의 중소득층 단지의 임대료 규제가 유지되도록 하는 조항이 있었다면 형평성이 향상되었을 것이고 그 결과로 더 큰 공평성과 더 큰 다양성을 가져왔을 것이다.

그러나 보다 민주적인 과정을 고안하는 것은 까다로운 문제를 야기한다. 숙의 과정에서 시의회를 배제하고 프로젝트의 거버넌스를 외부와 단절된 공공기관 내에 배치하면서 그 프로젝트는 공공의 감시로부터 완전히 벗어날 수 있었다. 뉴욕시와 마찬가지로, 허드슨강을 건너 기차로 5분 거리에 있는 뉴저지주도 그 개발로부터 영향을 받았지만 논의 과정에서 완전히 배제되었다.[21] (제4장에서 살펴볼) 런던의 도크랜즈 재생처럼, 이러한 대규모 프로젝트는 해당 지역뿐만 아니라 훨씬 더 넓은 지역에 영향을 미쳤다. 그러나 광역적 수준에서 숙의를 할 수 있는 토론의 장은 없었다. 미시적 수준에서는 단지가 공터에 지어졌기 때문에 협의할 기존 커뮤니티가 없었고, 지역사회 이사회는 오피스 건물이 들어선 부유한 지역을 과대 대표했다. 여러 관할 구역을 포괄하면서도 관심 있는 소수 이상의 더 많은 사람들을 참여시킬 수 있는 민주적 과정의 메커니즘에 대해 숙의민주주의의 지지자들은 거의 실마리를 주지 않는다.

따라서 배터리파크시티는 부정의한 정책의 명확한 사례는 아니다. 즉 사람들을 쫓아내지 않았고, 대기업을 유치하여 상당한 세수를 창출했으며, 일반 대중에게 개방된 충분한 공공 공간을 제공했다.[22] 그럼에도 불구하고 그 사업은 더 넓은 범위의 주민들을 수용하는 쪽으로 더 나아갈 수 있었고, 가장 중요하게는 거기서 발생한 수익을 저렴한 주택의 건설을 위해 사용할 수도 있었을 것이다.

타임스스퀘어 재개발

맨해튼 중심에 위치한 타임스스퀘어는 제2차 세계대전 이후 평판이 점점 더 나빠지는 기업들의 본거지가 되었다. 포르노 상인들은 부랑자들과 사기꾼, 마약상, 매춘부 등을 끌어들이는 자석 역할을 했다. 시 정부는 이 지역을 오피스 구역으로 탈바꿈시킬 계획을 내놓았다.[23] 대규모 세금 감면을 도입하는 것 외에도, 이 프로젝

타임스스퀘어(http://flickr.com/photos/click-see/25803644/)

트는 42번가 극장들 상층부에 대한 공중권air rights• 이전을 포함하여 건물들이 용도지역 규제에 의해 허용된 것보다 훨씬 높은 층고와 용적을 가질 수 있도록 했다.[24] 처음에는 개발업자들이 그 아래를 통과하는 (시에서 가장 크고 가장 분주한) 지하철역 대수선 비용을 부담하게 되어 있었지만, 그 역을 리모델링하려는 공약은 철회되었다. 뉴욕주 도시개발공사의 자회사인 42번가재개발공사는 토지수용 권한과 도시의 용도지역법을 뒤엎을 수 있는 권한을 가지고 프

• 공중권은 토지의 지표면에 대한 권리와 분리된 지표 위 상부공간에 대한 권리를 말한다. 주로 상부공간을 개발할 수 있는 개발권을 의미하며, 토지에 대한 소유권처럼 거래되기도 한다.

로젝트를 총괄했다. 재개발계획으로 240개 사업체가 이전해야 했는데, 특히 소규모 기업이 이로 인해 상당한 어려움을 겪었다. 인접한 클린턴 주택가 주민들은 맨해튼의 중앙에 위치한 마지막 남은 노동계급 지역사회가 젠트리피케이션을 겪게 될 것이라고 우려하며 재개발 계획에 저항했다.

타임스스퀘어 재개발 계획은 여러 번 변경을 거쳐야 했으며, 초기에는 토지 수용에 저항하는 기업들이 제기한 소송으로 인해, 나중에는 1990년대 초 경기침체로 인해 실행이 오랫동안 지연되었다. 최후의 프로젝트 대상지는 원래 계획했던 것과 같은 크기의 오피스 건물들을 포함했지만, 조명 광고로 뒤덮인 생동감 넘치는 외관을 갖추게 되었다. 새로운 건물들에 오락시설이 포함되어야 한다는 요구 사항으로 인해 원래 예상했던 것보다 더 다채로운 지구가 만들어졌다. 완성된 프로젝트 지구에는 출판사, 엔터테인먼트 회사, 유명 법인 법률회사, 주요 금융기관은 물론 수많은 클럽, 레스토랑, 영화관, 전문 공연 극장, 호텔, 상점 등이 포함되었다. 이와 같은 경제적 번영을 가져온 것은 부인할 수 없는 사실이지만, 타임스스퀘어 재개발 프로젝트는 주민의 저항에 대응하여 클린턴 지역에 2,500만 달러를 기부한 것을 제외하고는 비엘리트 그룹에게 직접적 혜택을 제공하지 않고 기업 자본의 욕구를 강하게 반영한 것이라 하겠다.

새로운 타임스스퀘어에 대한 비판은 대부분 재개발 이전에 그 인근을 특징짓던 거친 요소들을 배제하고 '디즈니화'한 것에 초점을 맞춘다. 알렉산더 라이클은 다음과 같이 말한다.

> 42번가는 공공 공간을 질서 있고 통제되며 테마가 있는 환경으로 규정하는 디즈니 모델을 구현하게 되었다. 타임스스퀘어 업무개선지구Business Improvement District(BID)•의 민간 보안·위생 팀들은 청결, 안전, 질서 등을 향상하기 위해 도시 서비스를 보완한다. 42번가 재개발 프로젝트 담당 공무원들은 유력한 개발업자 및 디즈니를 포함한 기업 투자자들과 긴밀히 협력하면서 그 거리에서 어떤 상업 및 문화 제품들을 허용할지, 그리고 시각적으로는 어떤 모습을 갖도록 할지 결정한다. 42번가와 타임스스퀘어가 점점 더 디즈니 공간처럼 되는 것이다.(Reichl 1999, 175)

장소의 진위 여부에 대한 평가는 주관적일 수밖에 없지만, 그래도 나는 타임스스퀘어가 너무 질서 정연하고 통제되어 있다는 라이클의 우려에 이의를 제기하고 싶다. 그곳은 여전히 놀랍도록 다양한 사람들이 건물의 간판과 머리 위의 MTV 스튜디오에서 진행 중인 프로덕션을 얼빠진 듯이 바라보기 위해 보도를 가득 채우는 장소이다(Sassen and Roost 1999). 다른 점은 전에는 이 거리를 회피하거나 다른 곳으로 가기 위해 서둘러 지나가던 중산층 남녀의 숫자가 압도적으로 많아졌다는 것이다. 이전부터 머무르던 사람들이 이 지역에 여전히 있기는 하지만 말이다. 타임스스퀘어는 다양성 측면

• 업무개선지구(BID)는 상업지역의 재생을 위해 지역 상인들이 자발적으로 특별세금을 납부하고자 지정한 지구이다. 상인들은 재생에 필요한 경비를 마련하기 위해 원래 납부하는 재산세에 가산세 형식의 세금을 납부하여 기금을 형성하고, 그 기금을 이용하여 청소, 환경미화, 보안, 질서 유지와 같은 재생사업을 추진한다.

에서 실패하지 않았다. 사실, 그 재개발 디자인은 지상층을 수많은 사람들을 끌어들이는 장소로 만들었다. 2009년 타임스스퀘어 광장은 부분적으로 보행자 전용이 되었고, 이전에 도로였던 곳에 앉을 자리가 설치되어 많은 사람들이 이용하고 있다. 이 현대적인 거리 풍경은 1985년에 지어진 타임스스퀘어 매리어트 호텔 주변 지역과 뚜렷하게 대조된다. 이 호텔은 벽면이 텅 비어 있고, 로비는 위층에 있으며, 요새화된 성채와 같은 인상을 준다. 메리어트 호텔은 사람들이 도심에서는 외부와 확실히 구분되고 보호받는 장소에만 방문할 것이라는 당시의 일반적인 견해를 대표하는 반면, 개조된 타임스스퀘어는 활기찬 거리가 바람직하다는 개념을 고수한다. 더욱이 100년 전과 마찬가지로 21세기 초에도 비디오게임 아케이드, 영화관 멀티플렉스, 테마 레스토랑 등 대중적 취향에 맞는 오락시설들이 자리하고 있다.

라이클은 이 개발 프로젝트에서 제기되는 진짜 문제들을 포착하여 다음과 같이 진술한다.

> 타임스스퀘어를 재개발하려는 욕구는 궁극적으로 서부 42번가의 부동산 개발에서 얻을 수 있는 막대한 이익을 인식한 결과였다. … 바로 이러한 경제적 잠재력이 … 지속적인 재개발 노력의 이유이다. 그것은 또한 소유주들이 토지 수용을 통해 어쩔 수 없이 그 도시 최악의 블록에 있는 부동산을 떠나야 했던 이유이기도 하다. 그 소유주들은 그들이 보유한 자산의 가격이 현재 용도가 아닌 오피스 개발 가능성의 관점에서 형성되는 것을 목도했다. (Reichl 1999, 173)

토지 취득 비용, 인프라 개선, 세금 면제 등을 포함하는 공적 보조금 총액을 계산하기는 어렵지만, 10억 달러를 초과하는 상당한 금액이라는 것은 확실하다.[25]

타임스스퀘어 재개발은 20세기 후반 뉴욕의 경제성장뿐 아니라, 도시 경제가 더욱 오락 및 관광 지향적으로 전환되는 데 기여했다. 레저 산업은 노동 집약적이기 때문에 아마도 이와 같은 새로운 용도는 저임금 부문 일자리를 놓고 경쟁하는 근로자들에게 고용 기회를 제공했을 것이다.[26] 하지만 종종 새벽까지 일을 하고 집으로 돌아오는 많은 식당 노동자가 거주하는 클린턴 지구에서는 그 개발로 인해 (주택가격 및 교통 비용 상승 - 옮긴이) 더 큰 압박이 가해졌다. 따라서 그들이 고용에서 얻은 이득은 주택 및 교통에서 잃게 될 손실로 상쇄된다.

보다 공평한 개발 계획이라면, 저소득층 및 중소득층 거주자들을 위한 두 개의 타워가 들어서 있는 42번가 서부 지역에 저렴한 주택 건설을 포함시키고,[27] 더 많은 개방된 공공 공간을 제공했을 것이다. 오피스 건물들이 극심한 보도 혼잡을 초래할 만큼 거대할 필요는 없었을 것이다. 또한 시와 오피스 건물 개발업자들 간 계약에 따라 프로젝트의 영향을 가장 많이 받은 클린턴 주민들에게 수익의 일부가 돌아가도록 할 수 있었을 것이다.

도시 전체 관점에서 볼 때 타임스스퀘어 지역은 그 중심적 위치와 접근성에 비해 저개발된 상태였다. 따라서 개발이 필요했지만, 이를 실현하기 위해 지나치게 많은 공적 자금을 투입하는 것은 형평성 측면에서 정당화될 수 없다. 하지만 납세자들의 지원이 없었다면 기업들이 그토록 안 좋은 지역에 오피스 타워를 기꺼이 개발하지 않았을 거라는 주장도 있었다. 보조금은 개발 비용을 줄임으로써 임대료 수준을 낮추고, 그 결과 높은 임대료 때문에 그곳에 갈 생각이 없던 거주자들을 유치하기 위한 것이었다. 그러나 실제로는 오피스 건물들이 높은 임대료를 지불하는 일류 임차인들을 끌어들였다. 토지 수용으로 취득한 토지의 소유권을 시가 보유하고 있었기 때문에 시도 건물 소유주들에게 인상된 가치가 반영된 토지 임대료를 받음으로써 그 수익을 어느 정도 공유했지만, 그럼에도 불구하고 이윤을 챙긴 것은 개발업자들이었다. 배터리파크시티(및 세계무역센터)의 경우와 마찬가지로 토지의 공적 소유는 수익이 완전히 사유화되지 않음을 의미했다. 이는 뉴욕뿐 아니라 미국의 재개발 활동을 통틀어서도 극히 드문 결과물이다.

라이클은 전체 재개발 지역이 "공공 및 민간 엘리트들의 의제를 실행하기 위해 설립된" 42번가재개발공사라는 단일 기관의 통제를 받았다고 주장한다(Reichl 1999, 177). 이 기관은 개발에 대한 운영 통제권을 가지고 있었지만 계획은 뉴욕시 예산위원회의 승인을 받아야 했다.[28] 예산위원회의 심의 절차가 진행되는 동안 여러 로비 활동이 치열하게 전개되었다. 많은 반대자들은 이 프로젝트의 규모가 너무 크고, 개발업자들에게 너무 많이 양보하고 있으며, 젠트리피케이션의 동력이 될 것이라는 점을 근거로 반대를 표명했다. 지지자들은 이 프로젝트가 이 지역에 과거의 영광을 되찾아 주고, 뉴욕 중심부 업무지구 확장에 필요한 공간을 제공하며, 향후 도시 경제 개발의 열쇠가 될 것이라고 주장했다. 언론에서도 이와 관련해 광범위한 논의와 취재가 있었다. 사실 지난 40년 동안 9·11 테러 이후 세계무역센터의 재건을 제외하면, 타임스스퀘어의 미래에 대해서 그 어떤 프로젝트보다 더 많은 숙의가 있었을 것이다. 그러나 그것은 숙의가 권력자들의 견해를 바꾸도록 설득하지 못한 분명한 사례이기도 했다. 벤트 플루비야의 말에 따르면, "**권력이 현실을 규정한다**. 권력은 '진짜' 현실이 무엇인지 발견하는 것보다 현실을 규정하는 데 관심이 있다"(Flyvbjerg 2003).

2001년 이후 뉴욕

2001년 9월 11일 세계무역센터 공격의 여파와 그해 전국적으로 불어닥친 불황으로 인한 뉴욕 경제의 후퇴는 놀랍게도 오래가지 않았다(Chernick 2005). 빠른 경제 회복으로 인해 대담해진 마이클 블룸버그 시장의 행정부는 야심 찬 재개발 프로그램에 착수했는데, 이는 초기 도시재개발 시대를 연상시켰다(Fainstein 2005c). 블룸버그는 추진력이 뛰어난 대니얼 닥터로프 경제개발 부시장에게 지휘를 맡겨 여러 초대형 프로젝트에 착수했고 환경적 지속 가능성에 초점을 맞춘 PlaNYC 2030이라는 계획을 수립했다.[29]

이 개별 프로젝트들은 쇠락한 환경 및 빈민가의 철거보다는 경제개발과 환경 개선이라는 이름으로 합리화되었다는 점에서 모지스의 도시재개발 사업들과 달랐다. 대부분 기존 가로망을 유지하고 복합용도 개발을 수용한 물리적 형태에서 드러나듯이, 그 사업들은 도시재개발 시대의 도시계획에 의해 형성된 지루함을 반대하던 제인 제이컵스의 독설을 받아들였다. 그러나 블룸버그 시장의 재개발 프로그램의 물리적 형태는 모더니즘적이지 않았지만, 기능적 목표는 모더니즘적이었다.[30] 도시재개발의 첫 번째 단계에서와 마찬가지로, 그 프로그램은 공동체가 수립한 계획보다는 우두머리 계획가의 의지를 더 많이 나타냈다. 시민들의 참여는 공청회에서 증언하고 계획 창안자의 발표를 경청하며 지역사회 이사회가 피해 지역에 대해 조언하는 정도로 제한되었다. 표준토지이용검토절차 Uniform Land Use Review Process(ULURP)에 따른 이러한 최소한의 요구 사항 외에[31] 지역공동체의 의견 수렴을 강제하는 법률은 없었다. 공공 지출 측면에서 가장 큰 프로젝트로는 양키스 야구팀과 메츠 야구팀을 위한 새로운 경기장들, 제츠Jets를 위한 축구 경기장, 그리고 네츠Nets를 위한 농구 경기장 등 네 가지를 들 수 있다.[32] 새로운 양키 스타디움 건립은 개발을 합리화하는 이유로 경제성장을 내세움으로써 불의를 감춘 끔찍한 사례가 되었다.

양키 스타디움

양키 스타디움은 민간 소유 건축물이었으나 1972년 뉴욕시가 강제수용하여 소유권을 인수했다. 경기장을 개조하지 않으면 팀을 다른 곳으로 옮길 것이라는 양키스 구단주의 위협에 뉴욕시가 경기장을 인수한 것이다(Blumenthal 1972). 시는 건축물을 개조하는 데 합의했고, 결국 초기 추정치의 여섯 배인 1억 2,500만 달러가 넘는 비용을 지출했다. 당시 시는 경기장에 투자하며 팀을 유지하는 것이 경제개발에도 기여하고 웨스트브롱크스의 물리적 개선도 촉진할 것이라는 두 가지 이유를 제시했다. 그러나 비용 초과로 인해 약속된 지역사회 투자가 예산에서 삭감되었다(Bai 1994). 30년이 지난 후에도 이 두 가지 이유는 계속해서 양키 스타디움에 시가 훨씬 더 큰 규모의 투자를 해야 한다고 주장하는 근거가 되고 있다.

1990년대 줄리아니 행정부 당시 양키스 야구팀은 다시 뉴욕을 떠나겠다고 위협하며 맨해튼 중부의 허드슨강에 있는 부지로 이동하는 것을 허용해 달라고 요구했다. 시 정부는 6억 5,000만 달러를 들여 인접한 곳에 '양키 빌리지'와 환승역을 건설함으로써 기존 건물을 개선하겠다고 역으로 제안했다. 브롱크스 주민들은 그 대신 새로운 경찰 아카데미를 비롯한 대안적 재활성화 계획을 요청했으며, 이것이 그 지역을 더 안전하게 만들고 경제개발을 촉진한다는 두 가지 목적에 일조할 것이라고 믿었다.[33] 그러나 시는 경기장에 보조금을 줄 여력은 있지만, 그런 개발에 투입할 돈은 없다고 주장했다. 구단주와 시가 경기장 위치에 대해 의견이 일치하지 않자 경기장에 대한 논의는 중단되었다.

2006년 시의회가 마침내 기존 구장과 인접한 브롱크스에 새로운 양키 스타디움을 짓는 계획을 승인했고 곧 건설이 시작되었다. 양키스가 경기에서 승리하고 사우스브롱크스에 대한 인식이 개선되면서 경기마다 매진 행진을 이어가자, 양키스는 경기장을 같은 위치에 유지하는 것에 더 이상 반대하지 않았다. 그러나 양키스는 새로운 시설에 수익성이 좋은 개인 관람석이 있고 상점과 식당도 갖추고 있기를 원했다. 원래 2012년 올림픽 유치를 위해 뉴욕이 기울인 (그러나 실패한) 노력의 일부로 고안되었던 양키 스타디움은 2009년에 문을 열었다. 경기장 건립에 필요한 비용은 처음에 8억 달러로 추산되었지만 이후 13억 달러로 확대되었다. 명목상으로는 양키스가 새로운 건축물 자체에 대한 비용을 지불하고 있었지만, 그 팀은 면세를 받는 주 정부 공채를 통해 자금을 조달했고 팀이

새로운 양키 스타디움(사진: Susan S. Fainstein)

내는 미래의 시 정부 세수보전금(PILOT)으로 그 공채를 상환했다.[34] 게다가 시와 주 정부는 새로운 대중교통 정거장, 새 경기장 부지로 사용될 공원을 대신할 두 개의 새로운 공원, 그리고 팬들을 수용할 주차 건물의 건설 비용을 직접 부담하고 있었다.[35]

브롱크스 주민들은 새로운 경기장이 들어설 부지에 있는 공원을 많이 이용해 왔기 때문에 이 계획에 강하게 반대했다. 대체 공간이 제공될 예정이었지만 위치가 덜 편리했을 뿐만 아니라 큰 공원 하나가 아닌 두 개의 작은 공원으로 구성되었다. 더욱이 주변 상점과 식음료 점포들에서 제공하던 상품과 서비스를 이제 경기장 내에서만 이용할 수 있게 되어 새로운 경기장은 주변 소규모 업체들에게 경제적 이익을 가져다주지 못할 것으로 보였다(Lee 2007).[36] 그러나 그들의 저항은 큰 반응을 불러일으키지 못했다. 양키스는 건설 인력과 경기장 일자리의 4분의 1을 브롱크스 주민과 기업에 할당하고, 100만 달러의 직업 훈련 프로그램을 마련하고 건설 기간 동안 지역사회 봉사활동에 50만 달러를 사용하겠다는 지역사회공헌협약 community benefits agreement에 동의했다. 이 계획을 거부한 지역사회 이사회는 자치구청장으로부터 보복을 당했다. 자치구청장은 그 계획에 반대표를 던진 위원들의 재임명을 거부했다.[37]

> "그[브롱크스 자치구청장 아돌포 캐리온]는 우리가 자신의 지시를 수행했어야 한다고 말합니다."라고 경기장 건립에 반대한 메리 블래싱가미는 대답했다. … 그는 토지이용위원회 위원장직을 상실했다. "아시다시피 그 경기장 계획은 한눈에 봐도 악몽입니다. 우리가 가진 건 작은 조각만 한 공원뿐인데 그는 그조차 포기해 버리고, 이미 천식 발병률이 높은데도 오래된 나무 300그루를 자르려고 합니다. 게다가 이건 완전 짜고 치는 고스톱입니다. 거저 줘버리는 거예요."(Arden 2006)

이 장에서 논의된 세 가지 사례 중 정의의 원칙을 가장 무시한 것은 이 사례다. 형평성 측면에서 지역사회는 가치 있는 공원을 잃었으며, 구성원 중 극소수만이 경기장 입장권을 구입할 수 있을 것이다.[38] 이제 지역사회공헌협약은 지역사회가 원하지 않는 개발에 대해 보상받을 수 있는 표준적 방식이 되었지만, 사실 그것은 거의 아무것도 제공하지 않는다. 지역 주민들에게 제공하기로 한 일자리는 저임금이고 단기적이며, 실제로 기존에 비해 일자리가 증가한 것도 아니다. 반면에 야구계에서 가장 돈이 많은 팀은 시 정부를 비롯하여 주 정부와 연방 정부로부터 엄청난 혜택을 얻고 수익성이 좋은 개인 관람석과 부대 상업시설들로부터 나오는 모든 수익을 가져간다. 뉴욕 대도시권 지역의 인구가 미국에서 가장 큰 미디어 시장을 제공함에도 불구하고 양키스에 대한 언론 보도로 벌어들이는 엄청난 수익은 한 푼도 시로 가지 않는다. 돈을 많이 받는 선수들과 부유한 구단주들은 대부분 시 외곽에 살고 있어서 그들이 내는 세금도 다른 곳으로 간다. 대체로 블룸버그 시장의 경제개발계획을 지지하는《뉴욕타임스》도 사설에서 다음과 같이 언급했다.

> 양키스는 리그에서 가장 부유한 프랜차이즈를 보유하고 있고, 주변 지역에 많은 것을 제공하지 않으면서 사우스브롱크스의 침체된 지역에서 거의 한 세기 동안 경기했다. … 목표가 옳게 설정된다면 경제개발은 좋은 것이다. 마이클 블룸버그 시장의 행정부는 상당한 투자를 해왔다. … 하지만 메이저 프로 스포츠 팀들은 도움이 필요 없다. 정부 공무원들은 프로 팀들이 뉴욕 쪽으로 눈길을 돌릴 때 거저 줄 준비를 하고 서 있지 말고 직권을 이용해서 협상해야 한다.(*New York Times*, 2005. 3. 27.)

경제개발 촉진의 관점에서도 경기장 건설을 위한 공공 지출이 비생산적이라는 사실은 이 프로젝트를 더욱 못마땅하게 만든다(Rosentraub 1997). 언제나 그렇듯이, 이와 같은 투자를 지지하는 사람들은 야구팀이 기여하는 바를 과장하고 대중이 감당해야 할 금액을 고려하지 못한다(Long 2005). 경기장 건립을 옹호하는 사람들조차 이러한 프로젝트가 지역 개발에 크게 기여하지 않는다는 연구 결과를 알고 있기 때문에, 그들은 대체로 편익이 도시 이미지 향상에서 온다고 주장한다. 그러한 주장은 2급 도시들에 대해서는 어느 정도 타당성을 가질 수 있지만 뉴욕에는 적용되지 않는다. 그리고 뉴욕 미디어 시장의 중요성을 고려한다면 이 지역을 떠나겠다는 위협을 심각하게 받아들여서는 안 된다. 따라서 경기장이 형평성에 기여하는 바는 전무하다. 그뿐 아니라 다양성 증진에도 도움이 되지 않는다는 것 또한 명백하다. 왜냐하면 표를 살 수 있을 만큼 부유하지 않은 대중에게는 완전히 폐쇄된 공간을 만들기 때문이다. 그리고 민주주의에 관한 한 지역사회는 의사 결정 과정에서 무시되었다. 선출직 공무원들이 새 경기장 건설의 치어리더 정도의 역할밖에는 하지 않았으므로 일반 대중의 의견은 거의 대표되지 못했다. 만약 공채 발행이 주민 투표의 대상이었다면 부결되었을 가능성이 높다.[39]

더 정의로운 방식으로 양키스에게 최신 시설을 제공할 수도 있었을까? 물론이다. 양키스는 면세 채권(새로운 연방 규정에 따라 스포츠팀은 더 이상 사용할 수 없음)을 이용하는 대신 일반 자본시장에서 돈을 빌리고, 자체 재원으로 새로운 건축물에 대한 비용을 지불할 수 있었다. 재건축은 공원이 아닌 낡은 경기장 부지에 이루어질 수도 있었다. 경기장이 건설되는 동안 양키스는 메츠가 새로운 시설을 위해 비워 둔 퀸스의 옛 셰이 스타디움에서 경기를 할 수 있었을 것이다. 지역사회 이사회가 새로운 장소를 계획하는 데 참여했을 수도 있다. 경기장 내부의 부대 상업시설을 전국적 체인이 아닌 지역 업체들이 맡는 것도 가능했을 것이다. 시는 경기장이 있는 땅을 소유하고 있기 때문에 임대료를 받아야 하며, 양키스는 채권을 갚기 위해 세수 보전금(PILOT)을 바칠 것이 아니라 세금을 내야 한다. 더 많은 표를 지역사회 조직들에 할당할 수도 있다. 그 경기장을 위한 새로운 역을 건설할 메트로폴리탄교통공사Metropolitan Transit Authority를 포함한 여러 수준의 정부에 의한 세금 감면, 면세 채권, 자본 지출 등을 결합한 복잡한 거래로 인해, 그 프로젝트에 투입된 공적 비용의 총액을 정확히 추정하기는 어렵다. 그 비용에는 분명 수억, 어쩌면 수십억 달러에 이르는 공적 자금이 포함되어 있을 것이며, 그 돈은 그 프로젝트가 아니었다면 학교와 더 급한 대중교통 수요에 지출될 수 있었다. 더욱이 배터리파크시티나 타임스스퀘어와 달리 상당한 투자를 했음에도 불구하고, [이 책을 쓰는 시점에서 볼 때 - 옮긴이] 시는 그 프로젝트에서 생기는 수익의 분배에 참여하지 않을 것으로 예상된다.

뉴욕의 정의와 불의

1970년대 중반 재정위기가 발생하기 이전에, 뉴욕은 미국 도시 중 가장 평등한 도시였다. 노동조합은 도시 정치에서 강한 목소리를 냈으며, 무상교육을 제공하는 시립대학 시스템은 유일무이했다. 광범위한 공립병원 네트워크로 폭넓은 의료 서비스가 가능했고, 사회서비스 프로그램이 잘 갖추어져 있었다. 공공주택 프로그램의 규모는 미국 다른 지방자치단체의 프로그램을 왜소해 보이게 만들 정도였다. 시의 대중교통 시스템은 타의 추종을 불허했다. 그리고 수

십만 명의 중소득층 가구가 미첼-라마Mitchell-Lama 주택 프로그램[•]을 이용할 수 있었다. 재정위기는 세금을 내는 중산층이 교외 지역으로 철수하는 한편 공공 부문이 지속적으로 성장하면서 촉발되었다. 균형 예산의 요구 조건에 연방 지원에 대한 엄격한 제한이 더해지자 긴축이 불가피했다. 기업 측이 지배하는 두 개의 이사회가 예산 지급 능력을 회복하는 책임을 맡았으며 예산 삭감은 주로 재분배 프로그램이 감당해야 할 몫이 되었다(Fainstein and Fainstein 1976).

이후 수십 년 동안 뉴욕 시장市長의 정책적 강조점은 성장의 촉진과 복지 수혜자의 축소에 있었다. 린지 시대에 있었던 시민 참여 장려는 약해졌나. 백인 중산층의 지속적인 이주로 불평등이 늘어났지만, 이민으로 인해 도시 인구가 증가하고 다양해졌다. 아프리카계 미국인들에게 적대적인 것으로 알려졌던 줄리아니 행정부는 새로 들어온 사람들을 환영했으며 서류 미비자[••]를 색출해 내는 것을 거부했다.

2002년 마이클 블룸버그가 시장이 된 후 흑백 갈등이 줄어들었다. 그의 후원으로 개발된 모든 프로젝트가 양키 스타디움만큼 정의의 요구에 반했던 것은 아니다. 블룸버그 시장 행정부가 저렴한 주택을 건설하고 이를 위해 자체 자본 예산을 사용하겠다는 코크 시장의 공약을 계속 이어 나간 점은 칭찬받을 만할 일이다. 그러나 동시에 지난 수십 년간 지어진 원조 주택에 부과된 의무가 만료되

• 뉴욕주의 중소득층 계층을 위한 주택 프로그램으로, 지방정부가 토지를 수용하여 개발업자에게 제공하고 세금 감면 혜택을 줌으로써 중·저소득층을 위한 저렴한 주택을 공급하도록 하는 프로그램이다.

•• 과거에 불법 이민자를 일컫던 말이다.

어, 저비용 주택 풀에서 빠져나간 주택이 새롭게 지어진 주택보다 더 많았다. 이들 단지를 민간 기업이나 입주자 조합이 소유한 경우에는 기회가 생기자마자 시장 가격으로 돌아갈 수밖에 없다. 여기에 제시된 세 가지 사례에서 분명한 사실은 토지 소유권의 공적 보유를 통해 정부가 민관파트너십의 이익 일부를 받을 수 있고 저렴한 주택의 손실을 방지할 수 있다는 것이다. 그러나 양키 스타디움이 보여 주듯이, 이론적으로 가능하다고 해서 그것이 곧 현실화된다는 의미는 아니다.

1975년부터 2010년까지 35년 동안 뉴욕은 전반적으로 불평등이 심화되고 민주주의가 약화된 세계적 도시로 변모했다. 그럼에도 불구하고 전 세계에서 200만 명 넘는 사람들이 찾아와 황량한 동네를 채워 준 결과, 놀라운 활력을 유지할 수 있었다. 이 글을 쓰는 시점에서 2008-2009년 경기침체의 지속적인 영향이 어떨지 말하기는 너무 이르다. 지금까지 투자은행가들의 상위 계층은 매우 잘해 왔고, 부동산 시장은 고통을 겪고 있기는 하지만 다른 곳만큼의 손실이 지속되지는 않았다. 형평성, 민주주의, 다양성 기준과 관련해서 뉴욕은 다양성 면에서 가장 강세를 보였지만, 형평성과 민주주의 면에서는 하락했고 조만간 추세가 변할 것이라는 징후도 거의 없다.

04
런던

재개발 정책의 역사에서 런던은 뉴욕 모델과 북유럽 대륙 도시 모델의 중간 사례에 해당한다. 런던은 공공 부문이 뉴욕보다 더 적극적이고 재분배적이며, 그 제도적 구조상 미국과 달리 정당 기반의 프로그램들을 허용한다. 도시 개발을 촉진하기 위해 런던은 기업을 유치하려고 애쓰기보다 인프라 개선을 모색하는 쪽으로 방향을 선회하고 있다. 한편 런던의 행정기관들은 민영화, 공적 보조금, 규제 완화를 활용하여 부동산 투기와 기업가정신을 조장했다는 점에서는 뉴욕과 비슷하며, 이로써 1980년대의 뉴욕에서와 마찬가지로 사회복지정책에 대한 초기 공약에서 멀어지게 되었다.

도시계획과 도시개발(1945-1979)

제2차 세계대전 이후 런던은 뉴욕과 마찬가지로 부지를 깨끗이 정리한 뒤 전면적으로 재개발하는 방식을 채택했다. 물론 폭격을 당하지 않은 뉴욕보다는 독일의 공격으로 건물이 심하게 손상된 런던의 경우에 철거가 더 시급했다. 그러나 두 도시 모두 기준에 미달하는 건물이 많았으며, 런던은 주택 개선을 위해 전쟁의 영향을 받지 않은 건물도 전면 철거하는 것을 선호했다. 중앙 정부가 재정을 지원하지만 지방 당국이 건설하고 소유하는 사회주택은 1970년 내부런던Inner London 주택 재고의 30퍼센트를 차지했으며 이후 10년 동안 꾸준히 증가했다(Buck and N. Fainstein 1992).[1] 이러한 주택단지, 즉 '시영주택council housing'은 대부분 넓은 구역에 위치한 콘크리트 고층 건물들로, 전통적인 런던 건물과 상충되는 건축 형태였기 때문에 점차 인기를 잃어 갔다. 그럼에도 불구하고 공공주택이 빈곤층에 한정된 뉴욕과 대조적으로 런던에서는 노동계급과 중산층의 상당수가 시영주택에 거주했다(Hamnett 2003, 6장).

영국은 전쟁의 영향에서 회복하는 속도가 더뎠고 수년 동안 부진한 경제성장을 보였다. 런던의 경제도 마찬가지 어려움을 겪었고, 대런던Greater London은 인구를 잃은 반면 외곽대도시권은 주민이 늘어나고 있었다. 총인구 감소에도 불구하고 영연방국가 지역으로부터 많은 이민자가 내부런던으로 유입되어 '구시가지 문제'를 일으켰다(Buck et al. 2002, 4장). 빈곤을 완화하기 위한 프로그램들(도시 프로그램, 종합 지역사회 프로그램, 지역사회 개발 사업)은 미국의 모델도시와 '빈곤과의 전쟁War on Poverty' 사업을 모방했지만 재원 부족으로 단명하고 말았다(Lawless and Brown 1986, 16장).[2] 런던 카운티의회를 대체하여 사회주택 건설, 고속도로 개발, 대도시 지역 내 계획 지침 제공 등을 담당할 대런던의회(Greater London Council, GLC)가 창설되었음에도 불구하고, 33개 자치구의회borough councils가 대부분의 도시계획을 책임지고 있어 매우 다양한 접근 방식이 나타났다.

1970년대까지 영국의 정책은 런던의 인구와 경제활동을 신도시들로 옮기는 것을 목표로 했으나, 인구가 놀라운 속도로 유출되자 정책의 방향을 바꾸었다. 1970년대에 일어난 투기적인 오피스 빌딩 붐은 처음에 보수당 중앙 정부의 대출 규제 완화로 인해 촉발되었고, 이후 노동당 정부가 경제활동 재집중화를 장려하면서 더욱 촉진되었다.[3] 그러나 누구도 로버트 모지스에 필적할 정도로 성장을 주도하지는 못했다. 또한 대런던의회를 만든 동기 중 하나는 런던 대도시 내에 현대적인 고속도로를 건설할 권한을 가진 기구의 설립이었으나, 계획된 도로에 대한 격렬한 반대로 고속도로 건설 자체가 무산되기에 이르렀다(Fainstein and Young 1992, 214). 따라서 런던은 더 좋든 더 나쁘든 간에 모지스의 고속도로 시스템에 필적하는 그 어떤 것도 성취할 수 없게 되었다. 많은 근린이 파괴를 피해 살아남았고 일부 새로운 지하철 노선이 건설되긴 했지만, 교통 혼잡과 대중교통 이용 문제가 심각해졌다. 뉴욕과 달리 런던은 환경보호를 위한 규제가 상당히 엄격했다.

런던은 뉴욕과 마찬가지로 1970년대 중반에 금리 상승과 수요 감소로 상업용 부동산 시장이 붕괴되는 것을 목격했다. 중산층 납세자들의 이탈과 공공 서비스에 의존하는 저소득 가정의 요구로 인한 재정적 압박이 점차 가중되면서 지역 당국은 공공 서비스 제공에 어려움을 겪었다(Newton and Karran 1985). 그 결과는 뉴욕과 비슷했다. 저소득층은 대체로 저소득층 거주 지역에 밀집된, 규격화된 대규모 주택단지에 거주하게 되었고, 웨스트엔드West End(사회적 구성 면에서 뉴욕의 어퍼이스트사이드Upper East Side와 거의 비슷함)와 교외 자치구의 고소득층은 자신들이 거주하는 지역에 저렴한 주택을 지으려는 시도에 성공적으로 맞섰다.

고도로 중앙 집중화된 영국 정부 시스템 내에서 주요 배분 결정권은 중앙 정부에 있었다. 상당한 자금이 주택, 국립의료제도National Health Service, 소득 지원 등에 투입됨에 따라 공공 서비스에 대한 재원 조달 어려움에도 불구하고 런던의 지방정부들은 대부분 지역 내 빈곤 부담에 대처하기 위해 뉴욕처럼 자체 자원에 의존할 필요가 없었다. 더욱이 여전히 사회주의임을 공언하는 노동당이 추구하는 의제는 사회적 프로그램과 주택 프로그램을 지원했고, 보수당이 집권할 때는 재분배 정책을 지원하도록 정부에 압력을 가했다.[4] 따라서 1970년대 말까지 정책은 집권당에 상관없이 상당히 일관되게 추진되었다.

전환(1980-2009)

1979년 마거릿 대처 정부의 집권은 영국 도시 정책의 급격한 변화를 의미했다. 규제 완화 정책과 시장 인센티브는 런던 내에서 강력한 경제성장의 동력이 되었지만 동시에 불평등을 증가시키는 엔진을 가동시켰다. 1980년대까지 부동산 개발업자들은 대출을 바탕으로 늘어난 오피스 공간에 대한 수요를 수용할 수 있는 신규 건축물들을 건설함으로써 글로벌 경제에서 금융 산업의 중요성이 확대되는 것에 대응했다. 1986년 금융 규제 완화의 '빅뱅'은 금융 회사의 확장을 더욱 촉발시켰다.

정부는 취약 지역에 자본 투자를 유치하기 위해 기업구역enterprise zones을 설정하고 도시개발공사urban development corporations(UDCs)를 설립했다(Fainstein 2001a). 기업구역 내에서는 세금 감면과 규제 완화가 이루어졌다. 도시개발공사는 관할 지역의 계획 기구가 되어 지역의 규제를 뒤엎었다. 런던 대도시에서 가장 빈곤한 지역인 이스트런던은 1981년에 도시개발공사 중 하나인 런던 도크랜즈 개발공사London Docklands Development Corporation(LDDC)의 보호를 받게 되었고, 그 안에 있는 아일오브독스Isle of Dogs는 기업구역이 되었다. 계획의 강조점은 사회복지 조치를 통한 빈곤 퇴치에서 특히 부동산 개발 산업 내 기업가정신에 인센티브를 제공하는 방향으로 바뀌었다. 대처 정부의 환경부 장관이 발행한 문서에는 다음과 같이 명시되어 있다.[5]

> 런던의 미래는 종합계획의 강제가 아니라 민간 부문과 개별 시민의 기획과 에너지, 공공 부문과 민간 부문의 효과적인 협력에 달려 있다. 토지이용계획 과정의 역할은 지역 환경을 보호하면서 개발을 촉진하는 것이다.(영국 환경부 1989, 5)

노동당이 이끄는 대런던의회가 사회 프로그램들을 옹호하자 대처는 지역의 조정 기관인 대런던의회를 폐지하는 것으로 대응했다. 대런던의회는 켄 리빙스턴의 지도 아래 도시계획, 교통, 사회복지, 세수 증대 등에 대한 대처의 정책에 반대했었다(Fainstein and Young 1992, 213). 대런던의회의 폐지는 재정 위기 이후 뉴욕에 대한 외부 금융 통제 강제와 유사한 영향을 초래했다. 즉, 런던은 저소득층에 대한 직접적인 지원 대신 낙수trickle-down 전략으로 정책 방향을 재

런던

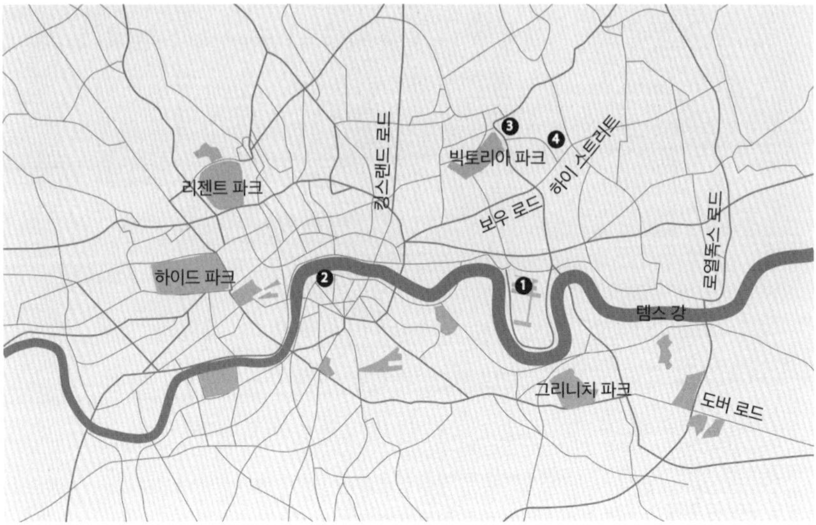

1 MILE　1. 카나리 워프　2. 코인 스트리트　3. 올림픽 공원　4. 스트랫퍼드

조정했다. 금융 산업을 초석으로 하는 세계적 도시의 지위를 확보하는 것이 런던 통치 책임자의 주요 개발 목표가 되었고, 부동산 산업의 인센티브를 통한 물리적 도시재생이 그 수단이 되었다.

부유한 사람들이 늘어남에 따라 주거용 부동산에 대한 수요가 증가했는데, 이는 부동산 시장에 대한 압력으로 작용했다. 수요의 일부는 신축을 통해, 특히 이전에 기피되었던 이스트런던 지역에 수용되었지만, 젠트리피케이션이 구시가지 전체로 확산됨에 따라 노동계급 거주지의 전환을 통해 많은 부분이 해결되었다(Hamnett 2003, 7장). '주택구매권right-to-buy' 프로그램으로 시영주택 세입자들은 좋은 조건으로 주택을 소유할 수 있게 되었으며, 더 매력적인 공공 소유의 주택 재고는 빠르게 소진되었다. 이 프로그램은 많은 중산층 가구의 자산을 늘리는 동시에 저렴한 임대주택의 가용성을 감소시키고 나머지 사회주택의 잔여화residualization•를 초래했다.

대처 시대는 런던을 이전보다 더 화려하고 부유하지만 평등하지 않은 도시로 만들었다. 번영, 일자리 증가, 정부의 철거 활동 종료, 이민자 유입이 결합되어 인구가 다시 한번 증가했다. 1980년대의 두 가지 매우 다른 프로젝트인 도크랜즈 재개발과 코인 스트리트는 대처 정부의 야망뿐만 아니라 런던 안에 여전히 남아 있던 대항 세력의 야망도 반영하며, 그 시기 도시계획의 변화하는 추진력을 보여 준다.

도크랜즈 재개발

런던 도크랜즈 개발공사(LDDC)는 값싼 토지, 세금 감면 및 규제 완화의 인센티브를 사용하여 거의 비어 있던 이스트런던의 도크랜즈 내 투자를 장려했다.[6] 해운이 현대식 컨테이너 항구 시설로 이동하면서 부두가 버려져, 강을 따라 위치한 방대한 지역이 사용되지 않은 채로 남아 있었다. 강 주변 자치구 주민들은 거의 대부분 시영 아파트에 거주했는데, 해운업 및 제조업 일자리의 이탈로 인해 실업률이 높았다. 이전의 노동당 정부는 강을 따라 추가적인 시영주택과 경공업 시설 건설을 구상했지만, 보수당은 오피스, 호텔, 전시 공간, 시장 가격으로 공급되는 주택을 바랐다. 그러나 도크랜즈 개

• 사회주택이나 공공주택이 광범위한 계층을 포괄하는 보편적 주거 수단 기능을 상실하고, 일부 저소득층을 위한 질 낮은 주거 안전망 수단으로 전락하는 것을 말한다.

발공사는 확고한 계획이 없었으며 주로 개발업자들의 기획을 수용할 뿐이었다.

1980년대 호황이 절정에 이르렀을 때 이 지역에 투자가 쏟아졌다. 1981년에서 1992년 사이 1만 6,000호 이상의 주택이 추가되었으며, 이 중 거의 80퍼센트가 자가 소유를 위해 시장 가격으로 건설된 주택이었다(LDDC 1992). 그럼에도 불구하고 이 지역은 의회 및 주택협회 소유의 주택 1만 3,000호를 보유했으며 이 기간에 많은 건물이 개선되었다. 결과적으로 동질적인 하층계급 및 노동계급이 거주하던 강변 지역은 혼합 소득 지역으로 전환되어 이전보다 다양성이 크게 증가했다. 중상류층은 대부분 신축 아파트 건물로 이주해 들어왔기 때문에 직접적인 강제 이주라는 의미의 젠트리피케이션이 없었고, 기존 사회주택의 유지와 개보수로 인해 환경적 개선이 이뤄졌으며 주민에게 더욱 매력적인 공공 공간이 생겨났다. 이러한 전환은 다양성 증가의 양면성을 잘 보여 준다. 원래 거주하던 주민들 가운데 많은 수가 자신들의 동네에 새로 부여된 혼합적 성격에 대해 분개했는데, 이와 같은 부정적 감정은 자신들의 상황이 악화된 데 따른 것이 아니라 오랜 역사를 가진 부두 노동자와 공장 노동자 공동체의 문화적 지배 상실에 대한 반응이었다(Foster 1999). 정의로운 도시를 규정하는 특징 중 하나인 다양성은 미묘하고 복잡하다. 그 이유는 그것이 바람직한 최종 상태일 수는 있지만 이를 달성하기까지의 과정은 함정으로 가득 차 있기 때문이다.

도크랜즈 개발공사 프로그램은 도크랜즈의 인구 구성뿐만 아니라 경제 기반까지 바꾸어 놓았다. 원래는 이 지역에서 2등급 오피스 부문만 발전할 것으로 예상되었지만, 먼저 미국의 한 컨소시엄

이 관심을 가졌고 뉴욕 배터리파크시티에 세계금융센터를 건설한 캐나다 업체인 올림피아앤드요크Olympia & York(O&Y)가 뒤이어 관심을 가지면서 개발 가능성이 높아졌다. 올림피아앤드요크는 1992년까지 연면적 약 43만 제곱미터의 오피스를 건설하고 그 후 카나리 워프에 약 65만 제곱미터를 추가 건설하기로 공약했다(National Audit Office 1988, 19).[7] 또한 해당 지역에서 건설 노동자들을 고용하고 건설훈련 대학 운영자금을 대며, 지역 학교 및 대학을 위한 신탁기금을 설립하고, 도크랜즈 경전철과 주빌리 연장노선Jubilee Line Extension(JLE) 건설에 기부하기로 약속했다. 런던 중심업무지구에서 멀리 떨어져 있어서 낮은 등급으로 간주되는 지역에 1등급 오피스 공간(즉 최고 수준으로 건축된 공간)을 건설하려는 이러한 시도는 값비싼 도박이었다. 실제로 그 도박은 올림피아앤드요크에 이익을 안겨 주지 않았고, 그로 인해 그 회사는 파산하고 말았다. 1990년대 초 불황이 끝나고 부동산 시장이 회복된 뒤에야 카나리 워프 단지가 번성하기 시작했다. 2009년에는 주요한 오피스 센터로서 카나리 워프의 위상이 지속될 것이라는 데 의심의 여지가 없었지만, 주요 입주자였던 금융 회사들의 상황이 악화되면서 미래가 다소 불확실해졌다.

카나리 워프의 초기 실패는 불황이라는 시장 상황과 올림피아앤드요크의 건설 자금 조달 방식의 위험성 때문이었다.[8] 정부가 개발지에 도로를 연결하기 위해 상당한 금액을 지불하면서도, 단지가 개장하기 전에 대중교통 설치에 드는 선지급 비용을 부담하지 않았다는 것은 사람들이 출근할 때 이용할 만한 교통 수단이 없음을 의미했다.[9] 그 결과 기업들은 개발지에 입주하기를 꺼려 했다. 이 사업에 대한 비판자들은 비록 그 오피스 단지가 파산을 피했다 하

카나리 워프(사진: Susan S. Fainstein)

더라도 런던 동부의 실직한 주민들에게 적합한 일자리를 제공하지는 않았을 것이라고 주장했다.

도크랜즈 개발이 형평성, 다양성, 민주주의를 향상시켰는지 살펴보기 위해서는 판단의 대상이 되는 시간 범위, 지리적 영역, 런던 경제의 제약 조건 등을 고려해야 한다. 처음에 그 초대형 프로젝트는 해당 지역의 저소득층 주민들에게 직접적인 혜택을 거의 제공하지 않았다. 그러나 해당 자치구의 대표들로 구성되어 있으면서 정부의 자금 지원을 받는 도크랜즈 자문위원회Docklands Consultative Committee는 도크랜즈 개발공사에 압박을 가해 결국 순지출의 약 7퍼센트를 차지하는 1억 1,000만 파운드를 사회 및 지역사회 개발에 지출하도록 했다(Cambridge Research Associates 1998).[10] 고용 훈련 및 공공 공간을 위한 개발업자의 지출과 기존 사회주택 개선을 위한 주택협회 및 의회의 지출에 도크랜즈 개발공사의 이러한 지출이 더해졌다. 새로운 개발에서 직접적으로 기인한 고용 증가로 원래 지역주민들이 얼마나 혜택을 받았는지 추정하기는 어렵지만, 주빌리 연장노선이 주민들과 런던의 다른 지역 일자리를 연결했다는 것은 분명했다.[11] 더욱이 주빌리 연장노선은 고용을 비롯한 모든 목적의 통행을 위한 도심 접근성을 높임으로써 도크랜즈 주민들에게 분명한 혜택을 제공했다.

도크랜스에 대한 공공투자의 주요 수혜자는 부동산 개발업자, 그곳에 정착한 기업의 직원, 비교적 저렴한 신규 시장가격 주택의 소유주였다. 도크랜즈 개발은 또한 제3의 중심업무지구를 형성하여 웨스트엔드와 시의 혼잡을 완화하고 글로벌 금융 센터로서 런던의 역할을 강화함으로써 대런던 전체에 혜택을 제공했다. 도크랜즈와 같은 넓은 지역의 변화가 형평성에 미치는 영향을 평가하는 것은 전체 대도시의 이익에 비해 인접 지역 주민들의 이익에 얼마나 많은 비중을 두어야 하는가에 대한 질문을 제기한다. 그러나 지역 주민들에게 초점을 맞추더라도 1980년에서 2008년 사이에 그들이 개발로 입은 피해는 파악하기 어려운 반면, 그들은 사실 주택, 건강, 교육 측면에서 구체적 혜택을 얻을 수 있었다. 프로젝트가 진행되는 동안 개발업자가 지역사회에 돌아가는 혜택에 기여하는 정도에 대한 요구사항은 점점 더 엄격해졌고, 1997년에 집권한 노동당 정부는 그러한 요구사항을 법으로 제정했다. 그 덕분에 더욱 큰 형평성에 도달할 수 있었다.

1998년에 런던 도크랜즈 개발공사가 폐지되면서 개발 지역에 대한 계획 권한은 지역의 자치구 당국으로 돌아갔다. 초기에 공사는 지역사회와의 협의를 도출하기 위한 메커니즘을 갖추고 있지 않았으며 지역 주민의 복지에는 관심 없는 비민주주의적이고 고압적인 기구로 인식되었다. 그러나 1987년 이후에는 자치구 당국과 협의하기 시작했으며 사회 프로그램에 대한 협약을 체결했다. 마지막 해에는 공식 협의체를 설립하지 않았음에도 불구하고 자치구와 협력하려는 노력을 강화하여 이후에는 런던 전역에 정착된 지역사회-기업-정부의 '파트너십' 확산 과정의 모델로 채택되었다. 도크랜즈 개발에서 지역공동체 참여의 역할을 평가한 수 브라우닐, 코니 라자크, 벤 코찬은 다음과 같이 결론을 내렸다.

> 지역공동체의 권력과 영향력은 전반적으로 상승했지만 이러한 추세는 가변적이었다. … 또한 운영 문제 및 지역사회 지출에 대한 영향력은 증가했지만 **전략적 결정에 대한 영향력은 증가하지 않았다**.(Brownill, Razzaque and Kochan 1998, 61; 강조 추가)

또한 그들은 파트너십 모델이 실제로 지역사회 조직에 힘을 실어준 것이 아니라 단순히 그들을 포섭해 버린 것은 아닌지 의심을 표명했다(Brownill, Razzaque and Kochan 1998, 65-67).

지역사회 집단이 전략적 결정에 영향을 미쳤는지 여부에 대해 브라우닐과 그의 동료들이 제기한 의문은 민주주의와 형평성이라는 측면에서 지역사회공헌협약community benefits agreements에 따라 수정된 모든 개발 계획에 영향을 미치는 문제를 확연히 드러낸다. 도크랜즈 개발의 전반적인 방향성을 설정한 것은 권위 있는 고위 관료들(영국의 경우 총리 자신)인데, 이들은 자유 시장 이데올로기에 몰두한 지도자들이었다. 그 정치인이 기업 집단의 직접적인 영향을 받았든 아니든, 그러한 이념은 필연적으로 투자자의 이익을 우선시하는 태도를 의미했다. 브라우닐과 그의 동료들은 노동당이 이끄는 자치구의회와 런던 도크랜즈 개발공사 간의 적대감이 시간이 지남에 따라 어떻게 감소했는지 설명한다. 개발공사의 양보도 있었지만, 의회 측의 기업가적 사고의 기여가 컸다. 브라우닐 등은 지역 활동의 가능성과 한계를 모두 지적한다. 저소득층 공동체는 동원과 정치적 대응을 통해 개발업자들과 개발업자들의 정부 측 후원자들로부터 양보를 얻어 낼 수 있지만, 경쟁적인 국제 체제와 민영화의 국가 이념적 틀 안에서 부동산 개발 투자에 대한 대가로 기업 이익 집단들에 인센티브를 제공한다는 **전략적** 강조에 변화를 가져오는 것은 거의 불가능하다. 즉 저소득층은 특정 프로젝트에서 긍정적인 결과를 얻을 수는 있어도, 개발 프로젝트의 유형을 정의할 수 있는 경우는 거의 없다. 그래서 우리는 지역 정책에 대한 평가 기준을 설정할 때 개발이 상대적으로 취약한 사람들에게 해를 끼치지 않는 정도에 대해서는 별로 주의를 기울이지 않고, 혜택을 받는 정도에 대해서는 더 주의 깊게 긍정적으로 바라본다. 이러한 기준에서 보면, 도크랜즈 개발은 합리적으로 공평하고 다소 민주적이며 다양성에 기여한 것으로 판단할 수 있다. 그러나 그 개발은 저소득층에 특별히 유리하도록 설계되지 않았으므로 재분배적이지는 않았다.

코인 스트리트

코인 스트리트Coin Street는 지역 행동이 전략적 의사 결정을 변경한 흔치 않은 사례다.[12] 템스강 이남의 중앙에 웨스트민스터와 런던 구시가지의 가장자리를 마주 보고 위치한 이 부지는 대체로 비어 있었는데, 1980년에 새로운 보수당 중앙 정부가 복합용도 개발을 위한 제안을 요청했다.[13] 두 개의 제안이 제시되어 경쟁했다. 하나는 리처드 로저스 경이 설계하고 대규모 투기적 개발업체 그레이코츠가 후원한 것으로 주택, 쇼핑 시설, 일부 경공업 작업장뿐만 아니라 약 9만 제곱미터의 오피스를 요구했다. 다른 하나는 한 지역공동체 연합이 제안한 것으로 저임대료 주택, 관리를 받는 작업장, 슈퍼마켓으로 구성되었다. 제안을 검토하는 동안 대런던의회는 토리당에서 노동당 집권으로 전환됐으며 1982년에는 지역공동체가 제안한 계획을 지원하기로 결정했다. 결국 그레이코츠는 토지 지분을 대런던의회에 매각했다.

> 개발업자들은 효과적인 지역 캠페인과 대런던의회의 상당한 압력의 연합에 패배했다. 그들은 [계획을 수행하기 위해] 필요한 모든 허가를 얻지 못할 뿐 아니라 지역사회의 반대에 직면할 거라는 사실을 깨달았다.(Brindley, Rydin and Stoker 1996, 85)

그 대안적 계획이 승리하자 지역사회 기반의 비영리 개발 회사인 코인스트리트 커뮤니티 빌더스Coin Street Community Builders(CSCB)가 설립되어 낮은 금액인 75만 파운드에 대런던의회로부터 토지를 구매했다.[14] 그런 다음 코인스트리트 커뮤니티 빌더스는 주택

코인 스트리트의 옥소 타워(사진: Susan S. Fainstein)

개발을 맡기로 한 협동주택협회에 해당 부지를 명목 가치로 판매했다. 주택 관리는 '주택구매권'에서 면제된 주택협동조합이 맡곤 했기 때문에, 해당 주택들을 저렴한 주택 풀에 둘 수 있었다. 그러나 주택 입주 시 누가 우선권을 가져야 하는지와 관련하여 문제가 발생했다. 램버스 자치구의회는 주택 대기자 명단에서 세입자를 지명해야 한다고 주장한 반면, 코인스트리트 커뮤니티 빌더스는 그 프로그램을 위한 오랜 투쟁에 참여한 인접지역 주민들에게 우선권을 주고 싶어 했다. 여기에는 인종 갈등도 관련되었을 수 있다. 인접 지역은 주로 백인 거주지인 반면, 램버스는 인종 통합 정책을 가지고 있었기 때문이다. 결국 램버스가 승리했다.

코인스트리트 커뮤니티 빌더스는 새로운 건축물을 짓는 것 외에도 사우스뱅크의 랜드마크인 옥소 타워 건물의 재건을 후원하여 공예 공방, 소규모 박물관, 아파트, 고급 레스토랑 등을 수용했고, 거기서 나온 수익을 자사 사업에 재투자했다. 또한 코인스트리트 커뮤니티 빌더스는 가브리엘스 워프Gabriel's Wharf도 개발했는데, 이 지역은 원래 일시적인 것으로 여겨졌으나 이제는 독립된 지역 상점들이 들어선 소매 및 음식점 구역이 되었다. 또한 코인스트리트 커뮤니티 빌더스는 소규모 업체들을 지원하는 서비스도 제공했다. 이는 강변의 미화에 기여했으며 덕분에 그 지역의 일부는 매년 다민족 축제가 벌어지는 공공 공원으로 유지됐다. 한 근린 센터는 탁아소, 유치원, 방과 후 활동 등을 제공했다. 2008년 코인스트리트 커뮤니티 빌더스는 주차 시설 자리에 고층 건물을 짓고 그 안에 공공 수영장 및 레저 센터, 현대 무용단 스튜디오, 신규 매입 아파트 329호 등을 개발하겠다는 계획을 승인받았다(코인스트리트 커뮤니티 빌더스 보도 자료, 2008년 8월 20일). 아파트 수익금으로는 레저 센터 건설 및 운영비를 충당할 예정이었지만, 그 대신 저렴한 주택은 한 채도 공급되지 않았다. "[노동당 정부의 지방자치부 장관은] 스포츠센터와 수영장을 포함하는 데 공적 비용이 들어가지 않았으므로 반드시 저렴한 주택을 제공할 필요가 없고, 거주 인구 증가가 지역 재생에 도움이 될 것이라고 결론지었다"(*World Architecture News.com*, 2008).

이처럼 코인스트리트 커뮤니티 빌더스는 사우스뱅크의 변화된 인구 구성을 반영하고 나아가 그 인구 구성 변화에 기여하면서 한때 스스로 반대했던 종류의 고급 건물을 건설하고 있었다. 역설적이게도 이 지역에 엄청난 활기를 불어넣은 코인스트리트 커뮤니티

코인 스트리트의 가브리엘스 워프(사진: Susan S. Fainstein)

빌더스의 활동은 한때 황량했던 사우스뱅크에 매력을 더했다. 브린들리, 라이딘, 스토커는 다음과 같이 말한다.

> 1980년대 중반의 대중적 계획이 점차 시행되고 사우스뱅크에 새로운 개발 압력들이 등장하면서 코인 스트리트의 계획 스타일에 현저한 변화가 있었다. 1990년대 중반까지 사우스뱅크는 공공 부문과 민간 부문을 각각 그리고 함께 포함하는 새로운 프로젝트들과 개선 계획들을 주관하는 현장이 되었고, 코인 스트리트는 더 넓은 변화를 위한 개발 모델과 촉매제로서 재정의되었다. 이것은 지역적 필요사항의 계획적 공급을 기반으

> 로 한 모더니즘적 재생 개념에서 탈피해 예술과 문화가 변화와 개조의 초점이 되는 '문화 재생'이라는 포스트모더니즘적인 개념으로의 전환을 반영하는 것으로 보인다.(Brindley, Rydin, and Stoker 1996, 208-209)

레저 센터는 저소득층의 레크리에이션 수요를 충족시키는 한편, 사우스뱅크의 새로운 중산층 주민들을 위한 편의시설이기도 했다.

코인스트리트 커뮤니티 빌더스가 가장 최근 성공을 거둔 주택 계획은 신노동당New Labour의 견해를 대변하는 것으로 보인다. 그 견해는 블레어와 브라운의 지도 체제 아래에서 보수당 전임자의 시장 주도적 접근 방식을 상당 부분 수용했다. 코인스트리트 커뮤니티 빌더스의 초기 계획은 저소득층이 주요 수혜자가 되도록 하는 형평성 중심의 전략적 방향을 취했다. 보다 최근의 개발 접근법은 상대적으로 빈곤한 지역사회에 영리 사업들을 조금 양보하고, 지역사회가 재분배보다는 시장가격의 자가 소유 주택 및 공공시설 공급을 위해 더 압력을 행사함으로써 소득 다양성이 커지는 방식이다.

원래의 협동조합주택 계획이 거둔 결실을 논의하면서 브린들리 등은 이것이 "오로지 대런던의회에서 켄 리빙스턴 행정부가 행한 지원과 개입 덕분"이었다고 논평했다(Brindley, Rydin, and Stoker 1996, 93). 이 주장은 선출직 공무원들의 지원을 통한 참여적 계획의 중요성을 가리킨다. 형평성과 민주주의 측면에서 뉴욕과 런던을 비교해 보면, 런던에서는 재분배 의지를 표명한 정당 프로그램에서 선택된 공무원들의 조치로 더 큰 형평성이 달성되었음을 알 수 있다. 그러나 영국 노동당의 성격 변화는 이러한 의지의 감소와, 경쟁력 측면에서 도시 정책을 정의하는 것에 대해 묵인하는 태도를 드러낸다. 2000년 런던광역시Greater London Authority가 재설립되고, 중앙당의 반대를 딛고 시장으로 선출된 켄 리빙스턴이 귀환했음에도 불구하고 한때 그의 지도력의 특징이었던 급진주의는 회복되지 못했다. 그는 재임한 뒤 "현대의 시장市長은 기본적으로 도시를 위한 장사꾼입니다. … 자신의 정책이 경제성장을 가져왔다는 것을 증명할 수 없다면, 시장으로서 아무것도 할 수 없을 것입니다."라고 말했다.[15] 그는 아직 시장일 때 한 인터뷰에서 높은 수준의 불평등을 야기한 금융 주도 전략을 지지한 데 대해 다음과 같이 정당화했다. "대안이 없다고 생각합니다. 이 [노동당이 이끄는] 정부가 런던에서 부富를 재분배할 권한을 저에게 줄 리는 없습니다. … 이것[시장의 전략]이 [금융 외에] 무엇에 초점을 맞출 수 있겠습니까? 제조업을 재건할까요? 이곳은 당신이 창조하는 세계가 아니라 당신이 처해 있는 세계입니다"(Massey 2007, 21).

브린들리 등은 "[런던에서의] 대중적 계획은 대중의 여론을 도시재생 계획에 끌어들임과 동시에 그 급진적 칼날을 잃었다."라고 결론지었다(Brindley, Rydin, and Stoker 1996, 210). 그들은 계획 과정이 개방적이고 다원적이 될수록 '지역사회'가 덜 통합되고 재분배 정책에 덜 전념하게 된 대신 디자인과 소비를 기반으로 한 유행하는 재생 전략에 더 잘 적응하게 되었다고 지적한다. 따라서 코인 스트리트의 초기 개발은 민주주의, 다양성, 형평성을 모두 강화시켰다. 그러나 사반세기 후 민주주의와 다양성은 여전히 우세하지만 형평성은 감소했다. 런던의 성공적인 유치가 켄 리빙스턴 런던 시장의 업적 중 하나로 간주된 2012년 올림픽을 위한 계획보다 이러한 변화를 분명히 보여 주는 사례는 없었다.

2012년 올림픽 계획

2012년 런던 올림픽 유치는 전 세계 도시에 널리 퍼진 스포츠와 스펙터클에 대한 강조를 반영하는 것이었다. 뉴욕에서는 맨해튼 웨스트사이드에 올림픽 경기장을 건설하려는 계획이 강한 반대를 불러일으켰던 것과 달리, 런던의 대중은 올림픽 개최를 강력하게 지지했다. IOC가 2012년을 위한 다양한 제안서를 고려하는 동안, 한 홍보 캠페인은 "유치를 지지하라Back the Bid!"라는 광고로 도시를 뒤덮었다. 70퍼센트의 지지율을 보여 주는 여론조사, 120만 명의 런던 시민이 서명한 온라인 지지 청원, 그리고 1만 명의 자원 봉사자가 올림픽 참여 의지를 표명한 것으로 그 캠페인의 성공이 입증되었다. 2005년 7월, 약 1만 1,000명이 트래펄가 광장에 모여 초대형 스크린으로 올림픽 선정 결과 발표를 지켜봤다(Newman 2007).

올림픽 유치를 시 차원에서 강력하게 추진한 것은 올림픽의 경제적 경쟁력에 대한 기여와 버려진 도시 지역을 되살릴 잠재력으로 이러한 시도에 공적 자금을 쏟아붓는 것이 정당화될 수 있다는 리빙스턴 시장의 견해에서 기인한 것이었다. "런던의 [올림픽] 유치에서 가장 강조되는 것은 그 유산과 사후 영향이고 … 그 행사 자체보다는 그것의 내용과 목적이다"(Evans 2007, 299). 그러나 존 골드와 마거릿 골드는 다음과 같이 말했다.

> 많은 개최 도시의 경험이 증언하듯이 주된 문제는 이러한 매

> 혹적인 장기적 이익이 반드시 실현되리라는 보장이 없다는 것이다. 2000년 시드니와 2004년 아테네 올림픽은 당시 높은 평가를 받았지만, 두 도시 모두 충분히 이용되지 않는 경기장과 지원 시설이라는 유산을 떠안아야 했다.(Gold and Gold 2007, 6)

IOC 선정위원회에 깊은 인상을 준 것으로 알려진 추가적인 정당화 이유는 올림픽이 런던의 사회적 다양성에 도움이 될 것이라는 점이었다. 토니 블레어 총리는 이에 대해 다음과 같이 밝힌 바 있다.

> 우리가 2012년 유치 경쟁에서 승리한 이유 중에서 가장 유력한 것은 우리의 프레젠테이션에는 런던에 대한 그림과 이야기가 있었다는 것입니다. 그 프레젠테이션은 미래에 대하여 낙관적이고, 개방적이며, 다양성이 진정 풍요와 힘의 원천이라고 믿으며, 자신감 있고 두려움이 없는 한 도시에 대한 이야기였습니다.(UK, Prime Minister's Office 2006)

올림픽의 직접적인 영향은 단기적인 반면 막대한 비용이 소요되기 때문에 대중을 설득할 때 중점을 둔 것은 올림픽의 유산에 대한 것이었다. 여기에는 다섯 가지 '약속'이 포함되었다.

- 영국을 세계 최고의 스포츠 국가로 만들 것이다.
- 동런던의 중심부를 변화시킬 것이다.
- 새로운 세대의 젊은이들이 자원 봉사와 신체 활동에 참여하도록 고무할 것이다.

- 올림픽 공원을 지속 가능한 삶의 청사진으로 만들 것이다.
- 영국이 거주, 방문, 그리고 비즈니스를 위한 창의적이고 포용적이며 우호적인 곳임을 보여 줄 것이다.(UK, DCMS 2007)

유치가 결정된 지 3년이 지난 지금 그 약속들은 희미해 보인다. 지금까지 체육 활동 참여에 미친 영향은 거의 찾아 볼 수 없으며, 전국의 레크리에이션 시설 건설에 사용될 공적 자금이 올림픽 경기장 건립에 쓰였다.[16] 재정적 어려움으로 인해 동런던 지역의 전환은 점점 더 문제가 되었다. 계획에 따르면 올림픽 빌리지(이하 빌리지)에 주택 3,500호를 건설해야 했는데, 이는 올림픽 이후에 시장가격 주택과 저렴한 주택 모두로 활용될 예정이었다. 동런던 지역의 뉴햄 자치구 내 스트랫퍼드에 대한 대규모 재개발 계획의 구성 요소로 계획된 빌리지의 개발은 올림픽이 이 지역 재생에 주요하게 기여하는 계기가 될 것이었다. 그러나 이는 2008년에 시작된 신용시장의 위기로 인해 실현하기 어려워졌다. 이 단지의 개발업자로 선정된 호주의 거대 부동산 회사 렌드리스Lend Lease는 2008년 여름, 이 모험과 같은 사업에 자금을 조달할 수 없다고 밝혔고, 그 회사의 유럽 상무이사는 사임했다. 신문 기사는 빌리지에 2억 5,000만 파운드의 자금이 부족하여 공적 자금으로 충당되어야 하며, 그 규모는 약 3분의 1로 줄어들 것이라고 보도했다.[17] 올림픽은 또한 그 행사를 취재하는 언론인을 위한 미디어 센터를 건립함으로써 동런던 지역의 미래에 크게 기여하고자 했다. 4억 5,000만 파운드에 달하는 이 센터는 나중에 5,000개의 일자리를 위한 오피스와 산업 시설을 수용할 계획이었지만, 시설의 용도를 전환하는 데 관심 있는 개

주빌리 지하철 노선과 채널터널 철도(Channel Tunnel Railroad)를 연결하는 스트랫포드역(사진: Susan S. Fainstein)

발업자가 없었다(Gibson 2009). 더욱이 5억 2,500만 파운드짜리 올림픽 경기장의 경우 미래의 예상 수요가 분명하지 않았으므로 완전히 철거해 버리거나 일부 시설만 남겨서 아주 가끔 사용해야 할 상황이었다.[18]

정부는 계획대로 민간 부문 자금을 확보하지 못하자 공공 지출을 늘렸고, 올림픽 유치에 대한 지지를 얻기 위해 의도적으로 필요한 비용을 축소했다는 비난을 받았다. 의회의 한 위원회 위원장은 원래 예산이 "완전히 비현실적"이라고 주장했다(Kelso 2008에서 인용). 초기에 40억 파운드로 책정된 비용 추정치는 2008년까지 93억 파운드로 뛰어올랐다. 그 위원회는 올림픽 유산을 자세히 평가하지 않은 채 증액된 예산을 충당하기 위해 초기에 약정된 15억 파운드 외에 복권 기금 6억 7,500만 파운드를 추가 사용하기로 결정한 올림픽개발국Olympic Development Agency을 비난했다. 존 메이저 총리 시절 설립된 국립 복권National Lottery은 영국 전역의 문화 시설 건설에 자금을 지원해 왔는데, 기금의 용도를 올림픽으로 전환하는 것은 곧 영국의 다른 지역이 실질적으로 손해 볼 것임을 의미했다. 또한 복권 자금을 전환하더라도, 올림픽 비용을 충당하기 위해 런던 시민들에게 가구마다 연간 20파운드의 세금을 최대 240파운드까지 납부하도록 요구했던 원래의 세입 공약만으로는 충분하지 않을 것이다. 이 글을 쓰는 시점에서 남은 자금의 공백을 어떻게 메울지는 명확하지 않다.[19]

올림픽 유치는 형평성 측면에서 좋지 않은 평가를 받을 것이다. 런던의 가장 가난한 지역 중 하나에 자원을 할당하는 효과가 있기는 하지만, 일부 교통수단, 인프라, 공원 개선 이상으로 그곳에 사는 사람들의 삶이 나아질 가능성은 거의 없었다. 저렴한 주택이 올림픽 빌리지의 일부로 조성되긴 하지만, 그 물량이 많지 않을 것이며 민간 개발업체의 교차 보조금이 아니라 주택협회의 보조를 받기 때문에 올림픽은 스트랫퍼드의 주택 건설의 전제 조건이 아니었다. 동시에 올림픽 공원을 위한 토지 수용으로 인해 500명에 가까운 사람들과 300개가 넘는 사업체가 밖으로 내몰리는 것으로 알려져 있다(Centre on Housing Rights and Evictions 2007). 더욱이 올림픽과 관련된 엄청난 규모의 지출을 위해 런던과 더 넓게는 영국의 다른 지역의 자원이 동원되었지만, 그 대가로 올림픽 개최의 영광을 넘어서는 어떠한 혜택도 제공되지 않았다. 건설 일자리는 다른 주요 공공사업 프로젝트를 통해서도 창출될 수 있으며, 런던에 이미 관광객이 많다는 점을 감안할 때 올림픽에 이끌려 도시를 방문하는 여행자는 다른 방문객을 대체할 가능성이 높다. 쫓겨난 많은 사업체는 원래 부지에서 멀리 떨어진 곳에 위치하게 되었다(Centre on Housing Rights and Evictions 2007). 퇴거 보상금 또는 사업체 이전을 거부한 사람들은 시장市長에 의해 "소수의 탐욕스러운 사업가"로 명명되었다(Newman 2007, 258에서 인용). 따라서 올림픽 경기가 벌어지는 2주 동안 창출되는 임시 일자리를 제외하고 올림픽은 아마도 동런던 지역 주민들의 고용 기회를 확대하지 못할 것이며, 심지어 사업체 이전의 결과로 고용 기회를 축소시킬 수도 있다.

다양성과 관련해 올림픽 유치 운동은 항상 올림픽이 국제적 감각을 높이는 데 기여한다고 주장했다. 런던은 올림픽 유치 과정에서 도시의 다양성과 우호적인 성격을 특별히 언급한 바 있다. 피터 뉴먼은 런던 대표단이 동런던 지역에서 한 무리의 어린이를 데려가 IOC에서 프레젠테이션을 하고 넬슨 만델라가 유치를 지지하도록 설득함으로써 "다문화 도시의 정부에서 확인되는 더 광범위한 이데올로기"와 연결되고자 했던 것이라고 논평했다(Newman 2007, 263). 이러한 종류의 국제적 행사가 관용에 기여한다는 주장은 반박하기 어려운 것이 사실이지만, 이를 입증할 강력한 증거도 없다.

런던의 올림픽 개최에 대해서는 부인할 수 없는 광범위한 대중적 지지가 있었고, 대부분의 경기가 진행될 뉴햄 자치구는 유치 노력을 강력하게 지지했다. 런던 개발청London Development Authority과 영향을 받는 자치구 대표 등으로 이루어진 공동계획위원회가 제안서를 작성했으며, 광범위한 시민 협의를 진행했다. 올림픽 유치가 확

건설 중인 런던 올림픽 공원 전경(2011년 10월, 사진: Alexander Kachkaev)
(출처: https://www.flickr.com/photos/42892566@N08/6267382380)

정되자 시민의 뜻에 따라 토지 수용을 축소하도록 계획이 수정되었으므로(Newman 2007), 제안서 작성 과정이 민주적이었다고 볼 수 있다. 그러나 IOC와 개최국 조직 기구(이 경우 올림픽개발국)의 후원 아래 이뤄지는 올림픽 관리는 하향식이었고 강력한 홍보 시스템에 기반을 두고 있었다. 더욱이 올림픽 현장의 물리적 계획과 달리 의사 결정은 자원 할당에 대한 대중의 의견 수렴이라는 의미에서 민주적이지 않았다.

스포츠 행사의 인기로 인해 비판적 분석은 난관에 봉착한다. 모리스 로시는 다음과 같이 주장했다.

> 종교가 '인민의 아편'이라는 마르크스의 전설적인 금언을 20세기 후반 사회의 표면적으로 비종교적인 문화에 적용하기 위해서는 수정이 필요하다. … 이런 맥락에서 '스포츠는 인민의 종교'라고 보는 것이 더 적절할 것이다. 즉, 그것은 분명히 세속적이지만 (사회학적 관점에서) 신성함과 초월, 공동체 행사와 상징, 집단적 드라마와 감정 같은 준종교적 경험을 제공한다. … 스포츠 일정과 통제된 대회 주기는 대중에게 풍부한 경험과 다양한 형태의 참여를 제공한다.(Roche 2000, 168)

로시의 진술에는 본질적인 모호성이 내포되어 있다. 먼저 종교에 대해 마르크스를 인용한 다음 스포츠를 종교로 특징 지음으로써, 그는 스포츠 행사에 대한 대중의 몰입이 사람들의 삶과 생계 측면에서 정말로 중요한 문제로부터 주의를 분산시키는 일종의 허위의식이라고 암시한다. 그러나 스포츠가 풍부한 경험과 참여 기회를 제공한다는 주장은 운동경기 관람을 통해 진정한 혜택을 누릴 수 있음을 의미한다. 팀을 응원함으로써 얻게 되는 심리적 보상을 부정하려면 순수한 마르크스적 유물론이 필요하다. 결과적으로 올림픽 유치가 민주적 절차의 결과인지 여부에 대한 판단은 조건부 긍정qualified yes으로 평가된다. 피해를 입은 지역사회가 강력하게 항의하고 더 많은 대중과의 협의가 이루어지지 않은 양키 스타디움의 경우와 달리 런던의 올림픽 유치는 대도시권 및 지역 차원에서 대중의 강력한 찬성을 바탕으로 했다. 올림픽 유산이라는 말에 속아 넘어간 것일지도 모르지만, 올림픽 개최에 대한 대중의 열의는 대회의 도시재생 잠재력 때문이 아니라 대회 주최의 영광에 대한 열망 때문으로 보인다. 재정적 지원이 중앙 정부와 대런던 정부 차원에서 이루어졌기 때문에 인접 지역은 오직 이익만 누렸다.

전반적으로 올림픽 유치는 형평성 측면에서는 가늠하기 어렵지만 런던의 관용과 코스모폴리타니즘의 분위기에 기여했으며, 민주적 열망에 반응했을 가능성이 있다. 한 정치인에 대한 다소 주목할 만한 성명에서 블레어 총리는 전형적인 올림픽 무용담에 대한 자신의 인식을 다음과 같이 드러낸 바 있다.

> 우리 모두는 도중에 몇몇 회의론자를 맞닥뜨릴 것임을 알고 있습니다. 올림픽을 개최한 다른 모든 도시에서 어떤 일이 벌어지고 있는지 살펴보면, 매우 친숙한 올림픽 이야기를 접할 수 있습니다. 그 이야기는 이렇게 진행되죠. 이 도시는 유치에 성공하지만, 얼마 지나지 않아 곧 비난이 시작되고, 준비 상태는 열악하며, 일정이 대책 없이 늦어지는 것이 곧 명백해지고, 비용이 치솟으면서 공적 자금 투입을 준비하며, 조직의 다양한 당사자들이 다투고, 그 이야기들이 언론에 스며들면서 시간과의 경주가 시작되어 이런 질문들이 쏟아집니다. 준비가 되기는 할까, 100미터 길이의 트랙은 있을까, 올림픽 수영장이 제시간에 건설되지 않는다면 수중 발레는 중단해야 할까?
>
> 기적적으로 갑자기 안개가 걷히고, 혼돈이 수그러들며, 운동경기가 이어지고, 올림픽은 엄청난 성공이라고 선언됩니다. 그리고 한 달 후 그 프로젝트의 유산은 무엇이고, 그 모든 투자를 통해 실제로 구매한 것은 무엇이며, 도시 가장자리에 아무도 살지 않는 마을은 왜 만들었으며, 누가 그 큰 경기장을 사용하

려고 할 것인가 하는 비난이 다시 시작됩니다.

… 그러나 우리는 또 다른 이야기가 있음을 보여 줄 것입니다. … 우리가 승리한 이유 중 하나는 올림픽이 종료되어도 편익이 사라지지 않는다는 것을 보여 줄 수 있었기 때문입니다. 그것은 우리를 승리로 이끈 강력한 무기였습니다. 그리고 우리가 해 낼 수 있다는 것에 의심의 여지가 없습니다.(UK, Prime Minster's Office 2006)

사실 올림픽이 끝날 때 편익들도 대부분 사라질 것이며 런던의 이야기가 다른 곳과 다르지 않을 것이라고 볼 근거는 충분하다. 하지만 올림픽에 대한 관심과 인프라 투자가 동런던 지역을 대도시권의 나머지 지역과 더 긴밀하게 통합하는 데 도움이 될 수도 있다.[20]

런던을 어떻게 평가해야 하는가?

런던은 지속적인 이민의 결과로 점차 다양성을 띠게 됐다. 과거 식민지로부터의 합법적 이민은 대부분 차단되었지만 다른 EU 회원국, 특히 최근 동유럽 가입국으로부터 지속적인 이주가 이루어지고 있다. 내부런던과 외부런던 모두 인종적으로 다양한 반면, 외부대도시권은 다양성이 덜한 편이다. 도시 중심 및 주택구매권 지역의 젠트리피케이션으로 인해 근린이 이전보다 균질해지긴 했지만, 대도시권 전역에 사회주택이 계속 존재함으로써 다양성이 어느 정도 유지되고 차별은 증가하지 않고 있다(Buck et al. 2002, 4장). 팀 버틀러와 게리 롭슨이 "런던은 국제적인 접점일 뿐만 아니라 산업화된 세계의 다른 어떤 도시보다도 인종적으로 덜 분리된 대도시이기도 하다. … 그토록 유연한 형태의 대도시 기질habitus이 구축되게끔 하는 것은 런던의 다양성이다."라고 말할 정도다(Butler and Robson 2003, 193).

런던과 뉴욕에서 대중이 정부에 미치는 영향은 근본적으로 다르다. 코인스트리트 커뮤니티 빌더스는 예외다. 런던에서는 뉴욕에서와 같은 유형의 시민 참여가 대체로 부족한 반면, 대중의 압력이 정당 체제를 통해 전달될 가능성이 훨씬 더 높다. 런던광역시 및 광역의회의 창설에도 불구하고 런던 대도시권은 33개의 지방정부로 분권화되어 있으며, 이들은 뉴욕의 중앙 집중화된 지방정부보다 주민들이 더 쉽게 접근할 수 있다. 자치구청들은 서비스와 개발의 구체적 형태에 관한 가장 중요한 의사 결정자로, 시장市長이 정한 지침 내에서 운영해야 하긴 하지만 실질적인 재량권을 가진다. 지역사회의 의견을 구하는 정도는 자치구청들 사이에 상당한 차이가 있지만, 대체로 그 편차는 줄어드는 경향을 보인다. 부동산 개발 및 관리를 담당하는 뉴욕의 지역사회개발회사와 정확히 대응하는 것은 없다. 주택협회가 유사한 기능을 수행하지만 지역사회 기반이 아니다. 개발부지 주변의 정부, 기업, 지역사회 구성원의 참여를 요구하는 파트너십 계약의 확산은 시민의 의견 개진을 위한 또 다른 방안이지만 지역사회가 보유한 영향력이 어느 정도인지에 대해서는 회의적이다. 런던에서 개발 계획에 반대하는 사람들은 뉴욕 사람들이 법원을 이용하듯이 국가 부처에 호소할 수 있다.

동시에 지방정부의 정당적 조직화는 광범위한 계급의 이해가 합리적으로 잘 대표됨을 의미하고, 풀뿌리 대중은 (불균일하지만) 그 정당 조직에 맞서 반란을 일으킬 권한이 있다. 정부가 다른 방향으로 나아가기를 바라는 시민들이 지역의 정당 기구를 인수한 결과 노동당이 통제하는 많은 자치구의 거버넌스는 성격이 바뀌었다. 따라서 노년층 남성 노동조합원들이 이끄는 과두 집권 체제는 더 젊고, 교육 수준이 높고, 인종적으로나 성적으로 다양한 구성원들의 통제 아래 있는 의회에 자리를 내주게 되었다.

형평성과 관련해서는 국립의료제도 강화, 소득 요건을 충족하는 모든 사람에게 제공되는 추가적인 혜택, 여전히 많은 사회주택 재고, 그리고 신개발에 저렴한 주택이 포함되어야 한다는 요구 조건 등이 보여 주듯이, 노동당 정부가 10년 이상 중앙과 지역 수준에서 집권하면서 런던은 뉴욕과 다른 궤적을 따랐다. 그럼에도 불구하고 런던을 지휘하는 정부들은 뉴욕만큼이나 세계적 도시로서의 기능을 차지하고 싶어 했고, 이를 촉진하기 위해 인프라와 규제 완화를 제공하려 했다. 올림픽은 이러한 편향을 보여주는 대표적인 사례인데, 이때 모든 런던 시민의 세금을 포함하여 수십억 파운드가 불확실한 유산을 남길 2주간의 구경거리에 바쳐진다.

뉴욕에서와 같이 런던에서도 세계적 도시라는 지위는 주로 상위층의 성장으로 이어져 소득 불평등을 크게 심화시키는 결과를 가져왔다(Fainstein 2001b 참조). 불평등이 심화된 주된 원인은 맨 아래층에 있는 사람들의 수가 소폭 증가하는 동안, 고소득자 집단의 규모뿐만 아니라 엘리트 직업군의 수입이 엄청나게 증가했기 때문이다.

런던시 바로 옆에 있는 전통적 이민자 지역인 브릭 레인(사진: Susan S. Fainstein)

런던은 훨씬 더 불평등한 도시가 되었으며, 상층에서 전문직 및 관리직 맞벌이 가구가 부유층의 핵심 집단을 형성하면서 하단의 많은 무소득 가구와 뚜렷한 대조를 이룬다.

한 가지를 더 지적해야 한다. 런던과 다른 세계 도시에서 불평등이 증가하는 것은 … 금융, 비즈니스 및 창조적 서비스에서 그들이 선도하는 국제적 역할이나 독특한 산업 구조에서 발생하는 우발적이거나 우연한 부산물이 아니다. 그것은 이 역할의 직접적인 결과다. 소득 불평등은 그 역할 및 직업 구조와 필연적으로 연관되는 내재된 특성이다. 런던시의 경제와 그곳에서 지급되는 급여는 매우 유의미한 수준으로 엄청난 불평등

을 야기한다.(Hamnett 2003, 102)

런던의 공공 부문은 뉴욕보다 더 크다. 이는 소득 분포의 중하층에 있는 사람들이 뉴욕에서보다 더 많은 소득, 주택, 서비스 등을 이용할 수 있다는 것을 의미한다. 동시에 금융, 비즈니스 서비스, 문화 부문을 이전보다 더 많이 장려한 결과, 정책을 추진하는 힘이 형평성에서 경쟁력으로 변해 가는 추세다. 실업 증가로 인한 요구와 금융 산업의 지원 수요가 정부를 압박하는 경기 침체 상황에서도 이것이 계속될 것인지 여부는 더 두고 봐야 한다.

05
암스테르담: 정의로운 도시?

암스테르담은 형평성, 다양성, 민주주의를 구현한 도시라고들 한다. 존 길더블룸은 다음과 같이 말했다.

> 암스테르담은 자본주의 도시도 건강, 주택, 안전, 개인의 자유, 지속 가능한 생활, 교통 같은 사람들의 필수 요구를 충족시킬 수 있음을 보여 준다. 암스테르담은 거의 모든 주민에게 민주주의, 친환경적 사고, 인간의 기본적인 요구 사항과 기회 제공 등을 자본주의의 틀 안에서 어떻게 충족시킬 수 있는지를 보여 준다. 암스테르담은 억압이 아닌 자유의 장소다.(Gilderbloom 2008, 18)

패치 힐리는 암스테르담이 "도시 공간의 우수성을 보여 주는 핵심은 개방적이고 다양한 국제적 분위기라고 생각하는 사람들에게 이상적"이라고 말한다(Healey 2007, 37). 나도 초기 작업에서 자본주의 정치 경제 내의 정의로운 도시, 현실적인 유토피아의 가능성을 보여 주기 위해 암스테르담 사례를 이용한 바 있지만(Fainstein 1999), 암스테르담에서는 최근 몇 년 동안 재분배 정책에 대한 공약이 후퇴하고 인종 집단 간 갈등이 표면화되었다(Buruma 2006; van der Veer 2006). 그럼에도 불구하고 암스테르담은 여전히 뉴욕과 런던에 비해 훨씬 더 평등하고, 그 도시의 문화는 계속해서 관용의 정신에 의해 규정되고 있으며, 상당한 공공 편의시설들과 함께 수준 높고 저렴한 대중교통, 광범위한 사회 서비스를 제공한다.[1] 20세기 마지막 10년과 새천년 초반에 암스테르담은 경제적인 측면에서도 발전을 이루어 냈다. 또한 앞에서 살펴본 뉴욕, 런던과 마찬가지로 인구 감소에서 회복했고 많은 이민 인구를 수용하고 있지만, 두 도시와 달리 이민자 흐름이 크게 줄어들었다. 암스테르담은 과거에 비해서는 덜 평등해졌을지 모르지만, 2009년에도 여전히 상당한 정의의 모델을 제시했으며, 유럽과 미국에 있는 대다수 도시의 정책 방향과 비교할 때 경쟁력 강화에 대한 국제적 압력과 변화하는 인구 구조에 더 건설적으로 대응했다는 평가를 받고 있다.

도시계획과 도시개발의 역사(제2차 세계대전 후)

오랜 도시계획의 역사를 가지고 있는[2] 암스테르담은 그 지형적 환경 때문에 토지 정리 및 배분에 있어 정부가 일정한 역할을 수행해 왔다. 건설에 필수적인 배수와 매립은 그 규모가 개별 개발업자들이 감당할 수 있는 수준을 넘어설 뿐 아니라 막대한 비용이 투입되기 때문에, 암스테르담의 역사에서 토지 준비와 개발 지역 선정은 대부분 정부가 담당해 왔다. 19세기 말 지방정부가 토지 취득 정책에 착수함으로써 개발에 대한 추가적 권한을 확보하게 되었다. 이로써 지방자치단체는 토지를 소유하고, 민간 개발업자는 부동산에 대한 임대권만 보유할 수 있게 되어 토지 가치 상승에 따른 수익은 공공재정에 귀속될 것이다(Terhorst and van de Ven 1997). 더 많은 주거 공간이 필요해지면서 상세 계획에 따라 도시 시가지 확장이 이루어졌다. 1917년 시의회는 건축가 헨드릭 페트루스 베를라헤의 감독 아래 수행될 남부 확장을 위한 계획을 승인했으며, 1935년에는 일반확장계획Algemeen Uitbreidingsplan(AUP)을 승인했다. 일반확장계획은 새로운 개발에 공공 공간과 사회주택을 충분히 포함시킬 것을 요구했으며 1950년대까지 계속해서 개발 방향을 이끌었다. 이후에 결국 대체되긴 했지만 종합적 계획, 환경 보호, 공공 공간, 명확하게 구분된 개발부지 경계, 저비용 주택 같은 일반확장계획의 기본 원칙은 훨씬 더 오래 지속되었다.[3]

전후 도시계획의 초기 강조점은 주택 공급에 있었다. 암스테르담은 광범위한 전쟁 피해를 입지는 않았지만 심각한 주택 부족에 시달렸고 기존 주택들은 대부분 상태가 좋지 않았다. 사회주의 정부는 엄격한 임대료 통제와 더불어 중앙 정부의 자금을 사용하여 새로 합병된 영토에서 주택 생산 프로그램에 착수했다. 1945년에서 1985년 사이에 이루어진 신규 주택 건설의 90퍼센트는 공공지원 임대주택을 위한 것이었다. 암스테르담의 도시 확장은 정부의 주택 건설 투자에서 비롯되었기 때문에 계획대로 엄격하게 추진될 수 있었다. 원래의 계획 모델은 도시의 경계가 명확하고, 개발은 간선도로를 따라서만 이뤄지며, 기능에 따라 토지 이용이 분리되고, 외

곽에 신도시를 건설함으로써 덜 혼잡한 도시를 만드는 것이었다.[4]

지난 세기 동안 암스테르담에서는 투기적인 오피스 건설이 개발에 미치는 영향이 뉴욕이나 런던에 비해 크지 않았다. 1980년대 중반까지 시 정부는 경제성장보다 사회적 이익에 중점을 두었다. 세계 경제에서 암스테르담의 전문 분야는 금융 서비스가 아니라 환적transshipment이었기 때문에 추가적인 상업 공간에 대한 압력이 강하지 않았다. 파리의 라데팡스La Défense• 모델과 같이 하나의 고품격 입지를 만들기 위해 노력하지 않았으므로 여러 곳의 오피스 군집nodes이 개발되었다. 지배적인 업무지구의 부재로 암스테르담은 오피스 기반 개발의 잠재력을 활용하지 못했는데, 이는 런던의 카나리 워프, 뉴욕의 월스트리트나 배터리파크시티와 같은 클러스터의 시너지를 제공하는 오피스 단지가 없었기 때문이다(Dieleman and Musterd 1992, 9). 따라서 확실한 임차인이 없는 상황에서 새로운 공간을 투기하듯 건설하는 것은 너무 위험해 보였고, 1975년 이후 세계 경제의 구조조정과 그 안에서 확대된 금융의 역할에 따라 발생한 공간 수요는 세계 경제의 최상위에 있는 국제적 도시들의 경우만큼 암스테르담에 큰 영향을 미치지 않았다.

그럼에도 불구하고 암스테르담은 네덜란드의 금융 및 상업 중심지였으며 전 세계에 지점을 가진 두 개의 주요 은행을 보유하고 있었다. 더욱이 이곳은 식민 개척 및 무역의 역사를 통해 많은 부를

• 파리 외곽에 개발된 부도심 성격의 첨단 업무지구를 말한다. 프랑스는 1950년대 후반부터 30여 년에 걸쳐 수도 파리의 증가하는 오피스와 업무 기능을 수용하기 위해 역사적 도심 대신 이곳에 14제곱킬로미터 규모로 첨단 업무, 상업, 주거시설이 밀집된 새로운 시가지를 조성했다.

축적해온 곳이기도 했다. 이처럼 암스테르담은 상당히 중요한 금융 및 고급 서비스 부문을 보유하고 있을 뿐 아니라 접근성이 용이하여 북유럽 대부분의 지역에 서비스를 제공하는 기업들의 바람직한 입지가 되었다. 예전부터 업무는 역사적 중심지 내에서 이루어졌지만, 전통적인 운하 주택canal houses을 오피스 용도로 전환하는 일이 증가하자 도시는 이를 제한하는 조치로 대응했다. 넓은 바닥면적이 필요한 오피스에 대한 수요에 부응하여 변두리에 업무 센터가 개발되었지만, 암스테르담의 주거 확장과 달리 이러한 단지에는 토지이용계획이 거의 강제되지 않았다. 그 업무 센터들은 전 세계의 특색 없는 다른 업무지구와 마찬가지로 현대적 고층 건축물, 대형 주차 건물, 보행자를 방해하는 텅 빈 광장 등을 갖추고 있다(Claval 2000, 61, 65).

1960년대에 네덜란드 경기가 팽창하자, 고용주들은 터키와 모로코에서 노동자를 수입하여 노동력 부족 문제를 해결했다. 그 두 집단 모두 농촌에 뿌리를 두었고 교육 수준이 낮았다(Kramer 2006, 63). 동시에 가구 규모의 증대로 더 넓은 주택에 대한 수요가 증가했고 이는 백인 중산층 가정의 교외 이동을 촉진했다. 그 후 1975년에 네덜란드의 수리남 식민지가 독립하자 수리남 이민자들이 네덜란드로 이주하여 그중 많은 수가 암스테르담에 정착했다. 새로 개발된 베일메르메이르Bijlmermeer에 많은 사람이 거처를 얻어 소수 민족 밀집지가 형성되었다.

1970년대 말까지 네덜란드는 임금 상승, 높은 수준의 정부 지출, 인플레이션, 실업률 증가 등 심각한 문제에 직면해 있었고 암스테르담이 특히 큰 영향을 받았다. "1970년대 말과 1980년대 초 네덜란드의 경제 위기는 국제 기준에 비추어 볼 때 예외적으로 심각했다. … 특히 복지국가의 대표적인 도시였던 암스테르담은 더욱 심각한 위기에 처해 있었으며 경제와 인구가 크게 감소했다"(Terhorst 2004, 1). 그런 다음 뉴욕, 런던과 마찬가지로 암스테르담의 역사는 20세기 마지막 20년 동안 심각한 재정 위기로부터 회복하고 복지 시스템이 재구성되는 과정을 보여 주었다. 그러나 사회주택 추가 건설과 임대 보조금 등의 주거 지원 정책은 지속되어 다른 복지 혜택의 축소를 벌충했다. 다른 한편에서는 노동 시장 유연성과 세금 감면으로 인해 고용 수준이 상승했다. 뉴욕과 런던에서처럼 시 정부가 경제성장과 기업가정신을 점차 강조하긴 했으나 노동계급의 희생이 적었고, 암스테르담은 이들 도시와 비교할 때 상대적으로 평등했다(Fainstein 1997, 2001b). 세기 말까지 암스테르담 주민 대다수는 여전히 사회주택에 살았으며 경제적으로 여유가 있는 사람들은 민간 임대주택에 거주하면서 임대료 인상 억제라는 혜택을 누렸다(Vlist and Rietveld 2002). 시 정부는 자체 납세자가 아닌 중앙 정부로부터 거의 모든 수입을 받아 상당한 정책적 자율성과 외부 원천에서 오는 상당한 자금을 보유하고 있었기 때문에 관대한 혜택을 제공할 수 있었다(Terhorst 2004).[5]

복지 수당과 교육을 포함한 사회 서비스의 분배는 '기둥화pillarization'•라는 네덜란드 특유의 시스템에 의존했다. 기둥화는 개신교와 가톨릭 간 적대 행위를 종식시킨 타협의 결과이며 국가 자금이 세

• 네덜란드와 벨기에 등에 존재하는 특유의 사회 조직화 방식이다. 사회를 정치나 종교적 신념에 따라 '기둥(zuilen)'이라는 사회 집단으로 분리하여, 각 기둥별로 별도의 사회제도와 조직을 갖도록 한다. 이 기둥에는 학교, 정당, 노동조합, 신문, 방송 등이 포함된다.

속적 자선 단체, 문화 단체와 정치 단체뿐만 아니라 종교 기반 조직들로 유입되는 것을 허용했다.

> 금세기 초부터 그리고 때로는 그 이전부터 네덜란드의 각 '기둥pillar'에는 자체적으로 학교, 병원, 주택 건설 회사, 노동조합, 사회사업 기관, 정당, 스포츠클럽, 방송 협회 등이 있어 왔다. 각 기둥에는 서로 다른 계급 간에도 강한 연대감이 있었다. 사적 영역에서의 기둥 간 접촉은 사실상 부재했으며, 공적 영역에서는 엘리트들 사이에서만 기둥 간 접촉이 일어나, 공동으로 지붕을 받치고 있는 기둥이라는 은유가 잘 들어맞았다. 이 시스템의 주요 기능은 각 문화 또는 종교 단체에 상당한 수준의 자율성을 보장하는 것이었다. 동시에 그들 내부의 연대는 각 기둥의 취약한 구성원들이 더 나은 기회를 얻는 데 매우 효과적임이 입증되었다.(Cross and Entzinger 1988, 16)

공공 서비스를 근린이 아닌 기둥을 통해 제공함으로써 기둥화는 계급별 공간 분리에 대한 압력이 줄어드는 결과를 가져왔다(Terhorst and van de Ven 1997, 273). 사코 뮈스테르드와 빔 오스텐도르프가 제시한 데이터에 따르면 도시의 가장 가난한 근린에서도 소득 오분위에서 최하위에 속하는 사람들은 34퍼센트에 불과한 반면, 중간의 세 개 분위가 거의 60퍼센트를 차지하고, 소득 수준 상위 20퍼센트에 해당하는 인구가 7퍼센트를 차지하는 것으로 나타났다(Musterd and Ostendorf 2008, 88).

도시재개발

1960년대 후반에 시작된 도시재개발 프로그램은 뉴욕보다 암스테르담에서 훨씬 더 많은 논쟁을 불러일으켰다. 암스테르담 재개발 계획 내용이 로버트 모지스의 것과 비슷했음에도 불구하고, 그 후원자들의 이념과 지지 세력은 현저하게 달랐다. 암스테르담에서는 자동차 교통을 보다 용이하게 하기 위해 광범위한 구도심inner city을 칼로 베어 내듯 철거하고, 현대적 주택을 건설하기 위해 기존 주택을 철거하겠다는 계획들이 발표되었다. 이러한 계획을 뒷받침하는 원칙은 민간 시장 투자 촉진이 아니라 현대성과 형평성이라는 사회적 이상에 부합하는 도시를 만드는 것이었다. 그리고 그 수혜자는 기업과 중산층이 아닌 노동계급 가정이 되도록 의도되었다. 지하철 시스템, 넓은 도로, 상대적으로 취약한 사람들을 위한 대형 아파트 블록 등을 비롯해서 실제로 이 설계는 사회주의 동유럽 국가에서 구현되는 것과 비슷했다. 반면에 개발에 대한 저항은 뉴욕과 런던에서 항의하던 사람들과 유사한 집단들, 즉 지역사회 활동가, 학생, 불만 많은 사회 주변부 집단을 기반으로 했다. 뉴욕과 반대로 암스테르담의 이 집단들은 수익성이 더 좋은 중산층 도시를 목표로 하는 도시 성장 기제가 아닌 대중을 위한 주택의 대량 생산에 전념하는 '구좌파Old Left'의 비타협성과 부딪쳤다.

네덜란드의 저명한 언론인 헤이르트 마크는 1960년대 중반부터 1980년대 중반까지를 '20년 내전'이라고 명명했다(Mak 1999). 보다 민주적이고 자유롭고 자기표출적인 사회에 대한 꿈에서 영감을 얻은 도시사회운동은 자신들의 자유주의적 목표에 따라 암스테르담을 변화시키려고 했다. 이 시대는 좌파의 두 분파가 때로는 거리에

암스테르담

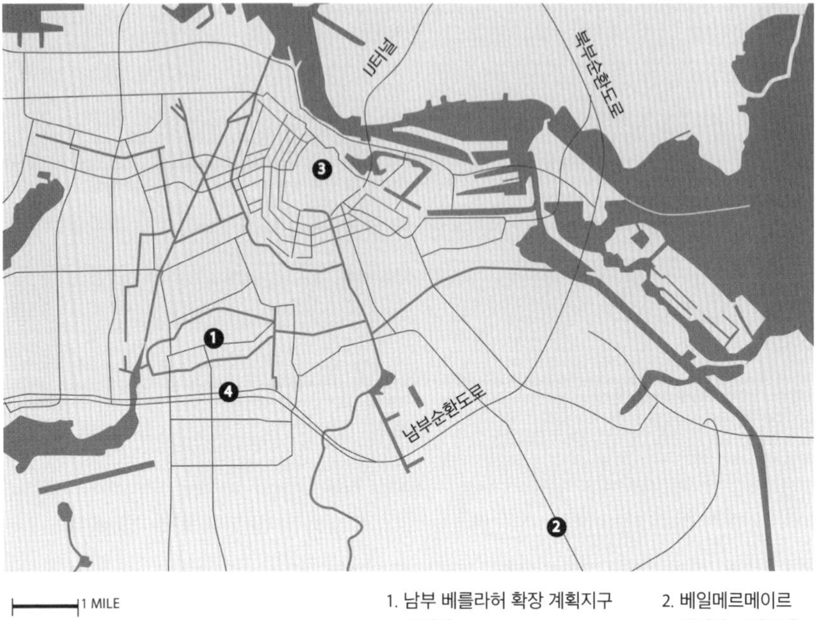

1. 남부 베를라허 확장 계획지구 2. 베일메르메이르
3. 신시장 4. 자위다스 남부 축

서, 때로는 회의 테이블에서 격렬하게 싸우던 때였다. 도시재개발은 그러한 싸움의 초점이 되었다. 마크에 따르면 전통적인 사회주의자들의 좌파 연합이 지배하는 시의회는 "오래된 지구를 대부분 철거하고, 모든 곳에 고속도로를 건설하며, 신시장Nieuwmarkt(중앙에 위치한 역사적인 광장)을 오피스 단지로 개발하고, 요르단Jordaan(노동계급 주거 및 산업 지역)을 일종의 현대적 전원도시로 대체함으로써 암스테르담이 새로워질 수 있다고 봤다"(Mak 1999, 307).

암스테르담의 공식 도시계획사는 도시재개발 반대자들의 승리를 인정하고 다음과 같이 논평했다.

> ‘도시의 엔지니어링’이라는 계획은 역사적 유물로 폐기 처분되었다. 역사적 구역을 가로질러 교통 인프라를 놓고 오피스를 건설하려던 계획도 함께 폐기되었다. 소규모의 저렴한 주택과 ‘지역공동체를 위한 건물’은 도시재개발의 새로운 구호가 되었다. 1970년대 중반 … 활동가들의 승리 이후에는 근대적 도시 설계의 가장 중요한 측면인 기존 도시의 배치에 대한 대규모 개입이 거의 없었다.(Amsterdam Physical Planning Department 2003)

신시장을 둘러싼 쟁투는 도시재개발 계획을 둘러싼 분쟁 중 가장 중요한 사건이었다. 오래된 시장 건물이 있던 광장에 도시 외곽까지 이어질 새로운 노선의 지하철역이 들어서게 되었다. 지하철 건설을 위해 오래된 주택을 철거하고, 광장을 통과하는 큰 도로를 내기 위해서 추가로 그 중심에 있는 랜드마크 건물을 없앨 예정이었다. 그러나 이에 반대하는 폭동이 일어나 철거를 막는 데 성공했으며, 현재는 그 아래 지하철역의 대형 벽화로 그 사실을 기념하고 있다. 한때 버려졌던 지역은 식당과 카페가 있는 활기찬 중심지가 되었고, 중앙의 열린 쉼터는 낮에는 시장이 열리고 저녁에는 많은 젊은이들로 붐비는 장소가 되었다. 그러나 많은 보전 운동의 성공 사례에서 볼 수 있는 것처럼 노동계급의 주택과 생산적 기업들이 있던 자리는 대부분 소비 활동에 자리를 양보했고 지역 전체가 테마파크처럼 변하게 되었다.

도시재개발 계획은 저항과 함께 무단 점유 운동squatters’ movement을 일으켰다. 재개발계획에는 역사적 중심지를 둘러싸고 있는 19세기 환상 지대ring의 대부분을 철거하는 것도 포함되어 있었다. 오래

전경에 떠다니는 경찰서가 있는 신시장(사진: Susan S. Fainstein)

된 운하 주택은 '기념물'로 인정되어 소유자들에게 주택 개조를 위한 보조금이 지급되었지만, 그 후 시기의 구조물들은 보전할 가치가 없는 것으로 간주되었다. 암스테르담의 모든 건물과 마찬가지로, 그 구조물들은 습지에 박힌 말뚝 위에 만들어졌다. 썩은 토대를 교체하는 데 많은 비용이 들었고 건물들 자체는 시대를 대표했지만 뛰어난 건축적 장점은 없었다. 건물들이 비워지고 철거 준비가 끝났을 때 무단 점유자들이 입주하여 철거 시도는 수포로 돌아갔다. 또한 그들은 부동산 투기꾼들이 사들여 세입자를 퇴거시킨 중앙의 기념비적 건물 중 일부를 점거했다. 무단 점유자들은 때때로 강제 퇴거에 무력으로 저항했다. 결국 운하 주택을 비롯하여 도시

전역의 많은 무단 점유지가 양성화되어 점유자들이 이를 합법적으로 인도받았다.[6]

시 정부는 결국 19세기 환상 지대의 구조물을 철거하고 층고가 높은 건물들을 지으려 했던 계획을 취소했다. 1970년대와 1980년대의 쟁투 이후, 암스테르담 일부 지역에서 충진식 건설infill construction●과 소규모 철거가 이뤄져 그 자리에 맞게 설계된 새로운 구조물들이 세워졌다. 불법 거주자들은 처음엔 도시재개발에만 반대했으나 나중엔 절대적인 주택 부족에 초점을 맞추었기 때문에, 단순히 재개발 전략을 변화시키는 것만으로는 그들의 요구가 충족되지 않았다(Uitermark 2004a). 또한 1980년대 말 운동의 한 분파는 도시 곳곳에 있는 무단 점유 건물의 존재가 묵인되고 있는 기회를 틈타 이를 대안적 생활양식의 근거지로 이용했다. "무단 점유지에서 누렸던 상대적 자율성은 그들로 하여금 자주 관리에 대한 무정부주의적 아이디어를 실천할 수 있게 했다. … 무단 점유지는 권위주의, 인종차별정책, 환경 파괴, 그리고 좀 더 최근에는 신자유주의 세계화에 맞서는 투쟁의 온상이었다"(Uitermark 2004b, 690).

런던 코인스트리트 경우의 반발과 비교할 때 암스테르담의 도시재개발 반대 시위는 그 범위가 훨씬 더 컸다. 그 반대 시위는 단순히 단일 프로젝트를 공격하는 데 그치지 않고 사반세기 동안 이루어진 도시계획에 대한 접근법 자체를 뒤집는 데 성공했다. 거주 지역 재개발은 근대적 하향식 접근을 지양하고, 대신 지역사회의 의

● 도시 외곽의 공지를 새로 개발하는 대신 도시 내부의 유휴 부지 또는 저개발지를 활용하여 소규모로 개발하는 것을 말한다. '충진식 개발'이라고도 한다.

암스텔강에 정박된 주거용 보트들(사진: Susan S. Fainstein)

견을 구하고 보존을 강조하며 소규모로 시행하는 것을 지향했다. 동시에, 사회주택에 대한 공약으로 구체화되던 당초 전략의 평등주의적 목표는 그대로 유지되었다. 계급 혼합이라는 의미에서의 다양성이 유지되어, 값비싼 운하 주택을 개조한 주택들이 무단 점유지 옆자리를 차지했고 저택 앞에 주거용 보트가 정박했다. 계급 분리는 극히 미미한 반면, 인종적 고립은 감소하긴 했지만 여전히 존재했다. 인구통계학적으로 암스테르담은 점차 교외 지역과 달라지게 되었는데, 이는 넓은 공간과 주택 소유를 원하는 중산층 가구가 떠나고 그 자리에 이민자 및 젊은 인텔리와 함께 대안적 생활양식을 추구하는 사람들이 거주하게 되었기 때문이다(Terhorst, van de Ven

다양성이 상존하는 암스테르담(사진: Susan S. Fainstein)

and Deben 2003). 이 장 뒷부분에서 논의되겠지만, 이러한 인구통계학적 변화는 지속적인 자가 점유 수요 증대와 결합되어 사회주택에 대한 관심을 줄이려는 최근 움직임의 근거가 되었다(Van Ham, van Kempen and van Weesep 2006).

사회주택

사회주택은 전후 20세기에 이루어진 신규 주택 건설의 대부분을 차지했다. 그러나 1990년대에 이르러서는 신규 개발 대비 사회주택 비율에 대한 요구가 90퍼센트에서 70퍼센트로 감소했으며,[7] 다음 10년 동안 더 줄어들었다. 1992년에 중앙 정부는 수입과 지출의 관계에 대한 유럽연합 규칙에 따라 예산을 맞추기 위해 네덜란드의 각 도시에서 주택 건설 및 관리를 담당하는 주택협회에 대한 직접 보조금 제공을 중단했다.[8] 동시에 주택협회들은 국가에 대한 채무 의무가 면제되고, 주택 판매가 허용되었으며, 비용 증가에 비례하여 임대료를 인상할 수 있었다. 저소득 세입자는 소득 기준을 충족시킬 경우 임대료 보조금을 지속적으로 받을 수 있어서 임대료 상승으로부터 보호받았지만, 주택협회 소유 건물에 남아 있던 고소득 가구는 본인 부담 지출이 증가했다. 부동산 가치 상승으로 주택협회들은 번영을 누렸지만,[9] 대규모 신규 건설에 참여한 것은 아니었으므로 2003년에서 2008년 사이 암스테르담의 총주택 재고의 증가 폭은 9,371세대에 그쳤다(Amsterdam Research and Statistics 2008). 순증가가 이렇게 소폭으로 이루어진 원인 중 하나로 낙후된 전후 사회주택을 철거하는 근린 재생 프로그램의 시행을 들 수 있다.

암스테르담시 정부가 늘어난 자가 주택 수요에 부응하는 동시에 주택 철거 정책을 추진하자 사회주택 재고는 점진적으로 잔여화되었다.

> 실제로 1980년대 말 이후 네덜란드의 주택 정책 비망록은 저렴한 사회임대주택을 계속해서 대규모로 짓는 것이 바람직하지 않다고 반복해서 지적했다. 건축비 상승과 이에 따른 (수요 및 공급 측) 보조금 증가뿐 아니라 많은 사회임대주택에 저소득층이 아닌 가구들이 거주하고 있었기 때문에 자가 점유를 확대해야 한다는 주장이 설득력을 얻게 되었다. 자가 점유 부문은 네덜란드 주택 시장에서 더 두드러진 역할을 하는 것으로

> 여겨졌으며 동시에 사회임대주택에 대한 국가 보조금은 축소되어야 했다. 이는 자가 점유 주택의 증가로 이어졌다. 그 후속 효과로 사회임대 부문에서 저소득층의 비중이 증가했는데, 이는 특히 고소득 가구들이 새로 지어진 자가 점유 주택으로 이주했기 때문이다.(van Ham et al. 2006, 333)

자가 점유 주택의 개발은 사회적으로 보다 통합된 근린을 형성하기 위한 정책의 일환이었다(Musterd and Ostendorf 2008). 당시 특히 염두에 두었던 것은 특정 지역에 이민자들이 집중되고 사회적 배제가 증가하고 있다는 점이었다. 초기 다문화주의 정책이 사회적 결속력을 약화시켰다는 것이 일반적인 믿음이었다. "그 논쟁은 엄청나게 복잡하고 규모가 크지만 대부분의 참가자가 같은 견해를 공유하고 있음은 명백하다. 그것은 여러 인종 집단이 그동안 너무 멀리 떨어져 살아 왔으며, 이제는 통합되어야 한다는 것이다"(Uitermark and Duyvendak 2008, 6). 각 근린에서 사회적 혼합•을 유지하기 위해서는 더 부유한 계층의 주택 구입 수요에 대응해야 했다.[10] 자가 소유의 기회가 없으면 그 지자체 전체와 특히 사회주택이 많이 집중되어 있는 근린은 중산층과 상류층 주민들을 잃게 되고, 이는 저소득층의 고립을 초래할 것이기 때문이다.

그러나 이 정책을 비판하는 사람들은 그것이 저소득층의 희생을 수반한다고 주장한다. 새로운 정책들을 옹호하는 사람들은 그 정책

• 여러 사회 계층의 사람들이 동일한 지역 또는 근접한 지역에 함께 어울려 살아가는 것을 의미한다.

들이 사회적 배제를 줄이기 위한 것이라고 주장했지만, 그 효과는 해당 지역의 저소득층 주민 중 상당수를 내쫓고 생애 첫 주택 구매자들의 주택 마련의 꿈을 앗아가 버리는 것이었다. 스탄 마요르는 다음과 같이 말했다.

> 최하위 저소득층은 광범위한 재개발로 어려움을 겪는 반면, 더 많은 기회를 가진 사람들은 일반적으로 건설 중인 더 나은 주택과 자가 소유자가 될 기회에 만족합니다. 암스테르담은 여전히 사회주택 재고가 매우 많은 도시입니다. …… [그러나] 사회주택의 전체 배급 시스템이 꽉 차서, 명단에 이름을 올리더라도 자격이 되려면 최소 7년을 기다려야 합니다.(Majoor, 개인적인 교신, 2008년 7월 12일)

또 다른 비평가는 다음과 같이 말했다.

> 지난 10년 동안 암스테르담 뉴웨스트의 도시재개발 프로젝트를 연구했을 때 … 저는 철거된 주택들과 새로 지은 주택들 사이에 차이가 있음을 발견했습니다. 우선 80 대 20이던 사회주택과 자가 점유 주택의 비율이 50 대 50의 동률로 전환되었습니다. 둘째, 새로 지은 자가 점유 주택은 너무 비싸 철거된 집의 원래 거주자가 어떻게 암스테르담 뉴웨스트에 새집을 살 수 있을지 상상하기 어렵습니다. … 원래 거주자들은 모르는 곳으로 이사하게 됩니다. … 저는 암스테르담 웨스트의 재개발이 암스테르담시에는 매우 좋지만 암스테르담 웨스트에 살았

던 사람들에게도 반드시 그런 것은 아니라는 결론에 도달했습니다.(Adamse, 개인적인 교신 2007년 3월 14일)

이주민들은 어딘가의 괜찮은 주택에서 살 수 있도록 주택 보조금을 계속 받을 것이기 때문에, 이들의 문제는 주택 빈곤보다 위치였다. 도심에 위치한 주택 재고 중에서 임대 가능한 비율이 감소함에 따라 이주민의 선택은 더욱 제한되었다. 이주민들이 다른 곳에 있는 사회주택에 대해 우선권을 부여받았기 때문에, 다른 사람들의 대기 시간이 길어져 새로 사회주택 입주 자격을 얻은 저소득 가구는 민간 임대 부문에서만 주택을 찾을 수 있었다. 암스테르담의 기본적인 문제는 구할 수 있는 주택에 비해 그곳에서 살고 싶어 하는 사람이 더 많다는 것이다. 정부는 주택 건설에서 철수했고, 주택협회들은 자체 자원에만 의존해야 하게 되자 주택 건설을 꺼렸으며, 주택에 사용할 수 있는 미개발된 토지는 턱없이 부족했기 때문에, 서로 다른 계층의 사용자들 사이에서 극심한 공간 경쟁이 일어났다. 이러한 매매 주택의 증가는 상대적으로 부유한 가구들이 더 이상 사회주택 대기자 명단에 머물 필요가 없다는 것을 의미했다. 유스티스 아위테르마르크가 언급한 것처럼 "그들은 대기 줄을 뛰어넘을 수 있다"(인터뷰, 2008년 11월 8일). 따라서 분배 자체보다는 기회에 대한 접근으로 측정되는 형태의 불평등은 사회주택 건설에서 자가주택 건설로 방향이 전환된 이후에 더 커졌다. 동시에 네덜란드 주택 개혁은 주택구매권 프로그램이 시행되던 대처 시대 영국에서 그랬던 것과 달리 공적 소유 주택의 대규모 개별 구매를 장려하지 않았기 때문에 사회주택 재고의 완전한 주변화를 초래하지 않았고, 너무 오래 기다리지만 않는다면 사회주택은 중산층 가구들에게 여전히 매력적인 선택지였다(Brandsen and Helderman 2006).

1975년 이후의 도시계획

1975년 이후 베일메르메이르, 암스테르담 남부 축, 항구 섬들 등 세 가지 개발 지구에 세 갈래의 도시계획 정책(사회주택, 당시와 그 이후의 외곽 업무지구, 자가 점유 주택)이 함축적으로 나타났다. 이 장에서는 단일용도 사업이라는 초기 개념으로부터 혼합용도 개발로 변경된 앞 두 지구에 대해 설명한다. 항구 사업은 대부분 빈 토지 위에서 이루어졌다는 점에서 이 두 가지와 달랐다. 항구 사업지에는 KNSM, 야바, 보르네오, 스포렌뷔르흐 등의 섬이 포함되며, 주로 다양한 건축 디자인을 가진 단독 및 다세대 주택의 저층 및 중층 밀집 단지로 구성되었고 그 주택 중 많은 수는 자가 점유였다. 항구 사업지는 주로 교통시설이 있던 부지에 주택 8,000호를 수용하여 중산층 거주자들을 성공적으로 유치해 왔다(Amsterdam Physical Planning Department n.d.).

베일메르메이르

도시 남동쪽 가장자리의 배수지에 건설된 베일메르메이르는 도시개발 및 재개발이라는 눈에 띄게 다른 두 가지 개념을 결합한 것이다. 1960년대와 1970년대에 지어진 이 단지는 원래 4만 호의 주택에 10만 명을 수용할 계획이었다(Luijten 2002). 거주자들은 도심에서보다 더 넓은 주거시설을 구하는 노동계급 및 중산층 가정이 될 예정이었다. 개발 부지의 면적은 계획된 수용력에 미치지 못했지만, 많은 거대한 구조물이 하이 모더니즘high modernist 도시설계 개념에 따라 지어졌다. 베일메르메이르의 원래 건축가들은 르코르뷔지에의 영향을 많이 받았으며 근대건축국제회의Congrès Internationaux d'Architecture Moderne(CIAM)의 회의에도 적극적으로 참여한 이들이었다. "[네덜란드 설계가들의] 새로운 모더니즘 이상 속에서, 그 도시는 위생적이고 친환경적이며 널찍했고, 효율적인 시스템을 갖춰서 교통이 원활했다. 도시계획은 기능을 공간적으로 명확하게 구분하여 집합적 생활을 합리적으로 조직했다. 그 무질서한 도시는 기능적인 도시가 될 것이다"(Luijten 2002, 11). 거대한 건물들이 균일하게 펼쳐졌고, 빽빽하게 모여 있었기 때문에 조경을 위한 공간이 충분히 확보되었다. 자동차와 보행자 공간은 분리되었고, 눈에 띄지 않는 곳에 위치한 소규모 쇼핑몰은 주민들의 일상적인 필요를 충족시키기 위한 용도로만 만들어졌다. 주거지와 근무지는 인근 오피스 센터로부터 주거 지역을 차단하는 철도 경사면으로 완전히 분리되었다.

베일메르메이르가 건설되는 동안, 도시계획의 지식은 이미 변화하여 이 지역의 설계 원칙들로부터 멀어져 있었다. 모더니즘의 비유연성과 차가움에 대한 비판에 영향을 받은 계획가들은 더 토착적인 설계, 이질적인 배치, 담벼락, 유연성 등을 처방하고 있었다. 이어서 다양한 용도와 거리 생활을 천명하는 설계 개념에 따라, 사회임대주택으로만 이루어진 배타적 개발 구성에서 탈피하여 인접한 쇼핑 센터와 오피스가 더 다양하게 뒤섞여 있는 형태로 전환하는 계획이 수립되었다. 따라서 당초의 계획가들이 모두를 위한 좋은 집 제공이라는 평등주의적 이상을 구현한 물리적 설계라고 여겼던 것을 결국은 계획 기관과 표면상의 수혜자들이 거부하게 되었다.

실패 징후가 일찍이 나타나 1985년에 이 단지의 공실률은 25퍼센트나 되었다(Luijten 2002, 17). 계획된 건물 수의 약 절반만 완공되었으며 공사가 시작된 직후부터 계획을 재고해야 한다는 목소리가 대두되기 시작했다. 넓고 통풍이 잘되는 아파트로 공략하려 했던 네덜란드 중산층 사이에서 이 사업은 혐오감을 불러일으켰고, 그 결과 이 지구는 주로 소수민족, 특히 수리남 사람들의 거주지가 되었다.[11] 이 아파트는 네덜란드 정부가 제공하는 주택 급여 덕분에 임대료를 감당할 수 있게 된 대가족에게 적합하다고 알려졌다.[12] 그래서 이 지역은 건축이 매력적이지 않고, 이민자들이 지배적인 곳으로 인식되었다. 더욱이 철도역 근처에 있던 마약 시장을 일소하자 그 거래가 베일메르메이르의 열린 쉼터와 차고들로 옮겨 와, 이곳은 갈 곳이 못 되는 위험한 주택으로 악명이 높아졌다.[13]

거대한 구조물은 네덜란드 도시의 이상과 거리가 멀었다. 베일메르메이르를 건설한 애초의 취지를 이해하기 위해서는 그곳에서 줄곧 거주해 온 백인 네덜란드인과의 인터뷰를 인용할 필요가 있다.

> 네덜란드에서 이와 같은 규모와 양으로 무언가를 만든 것은 이번이 처음입니다. 그러나 전통적인 사회민주주의의 이상, 즉 그것(도시)은 화려한 엘리트를 위한 것이 아니라 대중을 위한 것이라는 사실을 염두에 둔다면, … 베일메르메이르의 개념은 매우 훌륭하고 꽤 성공적으로 실행됐다고 생각해요. 그리고 그

재개발이 초기 난관을 이겨 내고 조금 더 나아가지 않은 것은 좀 아쉽습니다.[14]

다시 말해, 베일메르메이르의 초기 구상은 소비주의적 개인주의보다는 균등한 경관이라는 체제 안에서의 평등과 집단주의라는 사회주의적 이상에 부합했다.

1980년대 후반 암스테르담 당국은 베일메르메이르가 속한 암스테르담 남동구 전체를 재건하기 시작했다. 1987년에는 주택단지 바로 옆에 대형 쇼핑센터와 오피스 건물이 문을 열었다. 이 소매 복합단지는 주거 지역에 서비스를 제공할 뿐만 아니라 베일메르메이르와 접해 있는 철도 반대편 오피스 건물들로 연결되는 관문 역할을 함으로써, 고용 중심지와의 연결고리가 되었다. 상점 위에 주택이 추가되었고, 중소기업을 위한 오피스 공간이 제공되었으며, 예술가들의 생기 넘치는 작업 공간이 건설되었다. 1992년 민관협력체의 후원 아래 많은 베일메르메이르 건물이 철거되기 시작했다. 철거된 건물은 자가 점유를 위한 저층 주택으로 교체되었고, 나머지 대형 건물은 칙칙한 콘크리트 외관을 가리기 위해 도색 작업이 이루어졌으며, 승강기가 새로 설치되었다. 원래 그곳에 거주하던 주민들은 해당 지역의 다른 임대 주택으로 이주하거나 새로 지어진 주택을 구입했다. 철거 이전의 높은 공실률은 임차인으로 머물기를 원하는 사람들에게는 충분한 공간이 있었음을 의미했다. 흑인 주민들은 처음에는 그 계획이 그곳을 백인 지역으로 만들려 한다고 저항했지만, 계획 과정이 더 포용적으로 변화하자 재개발을 지지하게 되었다. 지방 의회는 소수민족 의원 수를 늘렸고 소수민족 조직

베일메르메이르 전경에는 신축 자가 점유 건물이 자리하고, 원래 건물은 뒤쪽에 있다.(사진: Susan S. Fainstein)

들은 계획 수립 과정에서 더 중요한 역할을 맡았다(Bodaar 2006, 182). 21세기에 이르러 경제 사다리를 딛고 올라선 수리남인 주민들은 흥미롭게도 새로운 저층 구조물로 된 주택과 아파트를 구입하여 그 개발지에 머물 수 있게 된 것을 환영했다.

재설계된 사업단지에서 특히 눈에 띄는 것으로는 민족 혼합비의 유지를 들 수 있다. 이 지역의 홍보 전략은 다양성이라는 기존의 강점을 활용하여 중산층 세계주의자들cosmopolitans을 겨냥했으며, 그 다문화적 특성은 주택 구입자들에게 매력적인 요인 중 하나였다.[15] 사회주택이 많이 남아 있는 지역에서 상대적으로 비싼 주택이 갖는 매력에 대한 회의론은 근거 없는 것으로 판명되었다. 《영토》라는 책에 실린 자가 점유자들과의 인터뷰는 신규 타운하우스와 아파트가 인기를 얻은 이유를 보여 준다.

> 이제 베일메르메이르의 [원래 건물]에서 온 많은 사람이 재개발이 완료된 후 거기에서 주택을 구매하거나 임차하고 있습니다. 더 많은 중산층이 나타났어요. … 수리남의 독립은 베일메르메이르를 엄청나게 변화시켰습니다. 지금 여러분은 독립 후에 나타난 집단에서 중산층이 등장한 것을 보고 계십니다. … 그들은 [주택] 구매가 합리적이고 책임 있는 일이라고 생각합니다.(사회학자이자 주민인 인더르 마타)

> 저는 베일메르메이르가 고향처럼 편안해요. 그 재개발 계획은 훌륭할 뿐 아니라 잘 진행되고 있습니다. 아마도 많은 수리남 사람이 여기에 살고 있기 때문에 고향처럼 편안한 것 같아요.(배전반 코디네이터 제리 드라켄스타인)

> 베일메르메이르에서의 생활은 정말로 아름다웠고, 여전히 그래요. … 저는 다른 곳에 살고 싶지 않습니다. 그것은 지역뿐만 아니라 여기에 살고 있는 여러 인종과도 관련 있습니다.(주택 도장공 쥘 프랑켈)

> [신축 자가 점유 건물에 거주하는] 사람들은 서로를 동등하게 여깁니다. 괜찮은 수입이 없었다면 이 아파트를 살 수 없었을 것

> 입니다. 여기에 사는 모든 사람은 일정한 수입이 있고, 사회적 사다리 어딘가에 자리를 잡고 있죠. 우리는 당신이 가나 출신이든 앤틸리스 출신이든 상관하지 않습니다.(교사 잉그리드 퍼리크)[16]

베일메르메이르는 도시 개발에 대한 네덜란드의 특별한 접근법을 보여 준다. 그것은 문제가 있다면 합리적인 해결책을 찾아야 한다는 것이다. 초기 건설은 야심 차고 일관된 계획을 기반으로 했지만, 그 계획이 창시자들이 기대한 것과 일치하지 않는 것으로 판명되자 재검토되고 재고되었다. 처음과 달리 이제 개발은 지구별로 더 유기적으로 진행되고 있는데, 이는 계획가들이 전체 프로젝트에 단일 모델을 적용하기보다는 주민들의 참여를 허용했기 때문이다.[17] 암스테르담시, 남동구의회, 뉴암스테르담주택회사Nieuw Amsterdam Housing Corporation, 주택유산재단Patrimonium Housing Foundation이 이 프로젝트 관리를 넘겨받았고(Kwekkeboom 2002, 93), 2002년 총투자액은 16억 유로를 상회했다. 2002년 총주택 재고는 2만 1,500호로, 철거가 시작되었을 때보다 2,000호가 증가했으며 더 많은 주택이 계속 건설되었다. 암스테르담 최고의 축구팀인 아약스를 위한 경기장이 새로운 철도역 옆에 지어졌고 멀티플렉스 극장을 포함한 다른 오락 공간이 이 지역에 추가되었다. 그 목표는 이전까지 오직 거주지, 상점, 오피스로만 구성되었던 이 지역에 활기를 불어넣는 것이었다.

높은 실업률과 위기 청소년에 대한 우려로 인해 물리적 계획이 사회정책과 결합되었다. 소규모 기업에 작업 공간을 제공하기 위한 노력이 전개되었고, 다양한 사회봉사 서비스를 수용하기 위한 문

베일메르메이르에 인접한 암스테르담 남동구에 있는 아약스 경기장(사진: Susan S. Fainstein)

화·교육 센터가 설립되었다. 1996년부터 2000년까지 100개가 넘는 사회·경제적 사업에 3,630만 유로가 투자되었고, 2000년부터 2004년까지는 6,350만 유로가 추가 예산으로 책정되었다. 지역사회 조직과 소수민족 단체가 기금 배분에 참여하고 구의회에 다문화 자문 그룹이 구성되었으며, 자치구 최고 관리자의 고용은 인종적 균형을 고려하여 이루어졌다(Kwekkeboom 2002, 84-85).

2008년 기준으로 지역 활성화 사업이 완전히 성공을 거둔 것인지는 아직 명확하지 않았다.• 쇼핑센터 주변의 고밀도화와 복합용

• 2023년 현재까지도 베일메르메이르 지역의 도시재생은 더디지만 꾸준히 진행되고 있다. 고층 아파트 대수선 공사가 진행되고 있고 중산층들을 위한 자가 소유 주택들이 지

도 개발, 더 다양한 주택, 향상된 사회 프로그램 도입 등에도 불구하고 이 지역의 일부, 특히 기차역과 소매점에서 멀리 떨어진 곳은 여전히 다소 음산해 보였다. 사업지 전체로 보자면 복합용도였지만, 대부분은 주거용으로만 남았고 활동 중심지와는 거리가 멀었다. 아약스 경기장 주변 오락 지구는 경기가 진행될 때는 매우 활기찼지만 그렇지 않을 때는 인적이 드물었다. 당연하게도, 대부분의 주택이 사회적 임대 범주에 남아 있다는 점을 감안할 때 범죄와 실업은 계속 문제가 되었고, 젊은이들은 지루함을 불평했다(Shakur and Halsall 2007). 더욱이 소득이 낮은 거주자들은 임대 보조금이 있어도 대수선 공사 후 인상된 임대료를 감당할 수 없었다(Stan Majoor, 개인적인 교신, 2008년 7월 12일). 그럼에도 불구하고 이 지역은 이전 모습에 비해 상당히 개선되었으며, 다문화주의, 평등주의, 지역사회 참여 등에 대한 의지를 바탕으로 지역이 활성화되었다.

암스테르담 남부 축(자위다스)

암스테르담의 최근 개발 중 자위다스Zuidas는 세계금융센터와 카나리 워프 같은 뉴욕 및 런던의 대규모 오피스 프로젝트와 가장 유사하다. 이 지역에는 이미 많은 대형 오피스 건물이 들어서 있었지만, 서로 거의 아무 관계 없이 솟아 있었다. 건축학적으로 봤을 때

어지고 있으며, 도보 거리에 쇼핑센터가 개발되고 학생들과 여피족이 몰려들어 도시가 더 활기를 띠게 되었다. 도시환경도 청결하게 개선되었고 범죄율도 많이 낮아져 더욱 안전해졌다. 민족적으로도 매우 다양하여 전 세계 150여 개국에서 온 사람들 5만 명 정도가 거주하고 있다. 그러나 여전히 일자리가 부족하여 많은 주민들이 암스테르담 도심으로 출퇴근하고 있다.

과감한 건물이 많았지만, 그 지역 전체적으로는 일관성이 없고 보행 친화적이지도 못했다. 베일메르메이르에서와 같이 계획가들의 야망은 기존의 단일용도 지역을 개조해서 도회적이고 다기능적인 공간을 만드는 것이었다. 다차선 고속도로와 철도 선로가 해당 구역을 분할하여 보행자 통행을 차단하고 디자인의 일관성을 방해했기 때문에 이는 특히 벅찬 과제였다. 주차를 위한 층뿐만 아니라 도로와 철도 선로를 수용할 수 있는 1.2킬로미터의 터널이 해법으로 제시되었지만, 막대한 비용이 소요된다는 문제가 있었다.[18]

암스테르담 자위다스는 2007년에 이미 24만 8,600제곱미터가 건설되었거나 건설 중으로서 네덜란드에서 가장 큰 오피스 단지였다. 중앙 정부는 암스테르담이 세계적 도시로서의 기능을 두고 파리, 프랑크푸르트, 밀라노와 경쟁하는 데 이 지역이 중요한 역할을 하리라 기대했다. 자위다스는 스히폴 공항과 도심으로의 접근성이 훌륭했다. 1990년대 초 네덜란드의 두 대형 은행인 ABN-AMRO와 ING는 현대적인 오피스 공간을 찾고 있었는데, 자동차로 접근하기 용이한 입지를 원했지만 도심에 고층 건물을 지을 경우 지역사회에 야기될 수밖에 없는 논란을 피하고 싶어 했다.[19] 시 정부는 주택, 소매, 교육, 문화 시설을 포함하는 도심 정남쪽 지역에 대한 계획에 착수했지만 오피스 건물들만 지어졌다. 10년 후 지방정부는 중앙 정부의 재정적 보조를 받아 복합기능 개발이라는 비전을 실현하려 했다. 그 사업계획은 인프라를 제공하는 데 있어 과거 네덜란드의 다른 사업보다 민간 부문의 역할이 더 컸다.[20] 그 계획은 민관파트너십으로 시행될 예정이었으므로 막대한 비용이 소요되는 철도 및 고속도로 노선의 지하화는 주로 민간 부문에서 자금을 조달할 것

암스테르담 남부 축(자위다스)(사진: E. Dronkert, 출처: https://www.flickr.com/photos/31392863@N04/6897815117)

이다. 비용의 60퍼센트는 민간 참여자들이 부담하게 되며, 그 대가로 그들은 새로 조성된 공간에 대해 100만 제곱미터의 개발 권한을 받게 될 것이다. 공공 부문에는 시, 도, 중앙 정부가 포함되었다.

2008년에 기본 계획은 오피스 공간 110만 제곱미터, 아파트 110만 제곱미터, 공공시설 50만 제곱미터를 30년에 걸쳐 건설하고(Majoor 2007, 53), 암스테르담 자유대학교 캠퍼스도 포함하게 되었다. 30퍼센트에 해당하는 사회주택을 건설한다는 목표는 다른 곳에서라면 높은 것으로 받아들여지겠지만, 암스테르담에서 주택의 70퍼센트가 시장가격으로 매매되는 것은 비정상적으로 높은 비율이 될 것이다.

도시 외곽에 이러한 유형의 오피스 센터를 조성하는 것은 파리 외곽의 라데팡스 개발에서 선구적으로 시도된 추세를 따른 것이다. 오래된 유럽 도시에서는 역사적 건물을 훼손하지도 않고 강력한 시민의 반대에 부닥치지도 않으면서 도심 한복판에 현대적인 오피스 건물을 조성하기란 불가능한 일이다. 경제 중심지를 도심의 핵 밖으로 옮기기로 한 결정은 암스테르담 구도심의 성격을 바꾸었고, 결과적으로 그곳은 오락, 관광, 소규모 비즈니스 기능으로 전환되었으며 생산, 금융, 비즈니스 서비스의 주요 중심지에서 멀어지게 되었다.

이 제안은 글을 쓰는 이 시점에 입찰 중이며 실제로 자금을 조달받을지 여부는 의문으로 남아 있다.• 암스테르담은 오피스 공간의 과잉 공급으로 고통받고 있으며, 은행 통합은 금융 기관의 입주를 불확실하게 할 수 있다. 민간 부문은 어떠한 재정적 수익도 창출하지 않는 공공 공간 및 시설에 기여할 것을 요구받았는데, 이는 개발업자들이 감당하기에 너무 부담스러운 것일지 모른다. 스트랫퍼드 시티에서와 같이 이 부지는 고속철도를 위한 도심 외부의 주요 역사를 제공할 것으로 예상되었다(4장 참조). 그러나 또한 스트랫퍼드 시티에서와 마찬가지로 그것이 실제로 어떻게 될지는 아직 모른다. 초기 단계에서 이 프로젝트는 '새로운 도회성'을 창조하려는 계획가의 야망을 충족시킬 조짐이 거의 보이지 않았다. "[지금까지] 자위

• 2008년 국제금융위기 때문에 민간 기업들의 참여가 불투명해지고 사업의 재무적 타당성에 대한 회의가 커지자 토지 가격도 하락하였다. 이에 따라 2012년에는 당초 고속도로와 철도 모두 지하화하려던 계획을 수정하여, 고속도로만 지하화하고 철도역은 지상에 둔 채 보수만 하기로 했다. 전반적으로 사업의 규모가 축소되어 더디게 개발이 진행되고 있다.

다스는 강력한 도회적 분위기를 불러일으키지 못했다. 자위다스의 도시적 활력을 돋보이게 할 중요한 (공공) 투자도 이루어지지 않았다. 현재 사람들은 자위다스를 도회적 장소나 **잠재적인** 도회적 장소로 간주하지 않는다. … 이러한 인식이 바뀔 수 있는지는 의심스럽다"(Majoor 2008, 118).

스트랫퍼드시티와 마찬가지로 암스테르담 자위다스는 많은 반대에 부딪치지 않았다(Majoor 2007). 여러 차례 공청회를 열어서 계획을 논의했으며, 그 계획의 복합용도 개념에는 대중적 정서를 반영했다. 하지만 이 프로젝트는 스트랫퍼드의 경우와 같은 이유, 즉 애초부터 거기에 살던 사람이 없었다는 이유 때문에 사람들의 관심을 끌지 못했다. 이 토지는 주로 스포츠클럽이 있던 신개발 부지였으며, 그 클럽에는 대체 부지가 주어졌다. 스트랫퍼드와 암스테르담 자위다스 모두 프로젝트가 사람들의 삶에 직접적으로 영향을 주지 않고 향후 그 부지에 거주할 사람이 아직 정해지지 않은 경우에는 시민들의 참여를 확보하기 어렵다는 점을 보여 주었다.

암스테르담은 정의로운 도시인가?

암스테르담은 다양성, 민주주의, 형평성 측면에서 이 책에서 평가한 세 도시 중 가장 강한 도시다. 다양성과 관련하여 네덜란드 내에서 소수집단 정책에 대해 상당한 논쟁(기둥화의 일반 원칙 내에서 차이를 용인하는 것과 적극적인 동화 노력 중 무엇이 더 나은 접근인지)이 있었다. 두 번의 암살, 즉 영화감독 테오 반 고흐의 한 무슬림에 의한 암살과 우익 정치인 핌 포르타윈의 암살은 억제되어 있던 인종적 적대감이 표면으로 떠오르게 했다.[21] 그러나 분리주의 강화에 대한 두려움에도 불구하고 사코 뮈스테르드와 동료들의 최근 분석은 암스테르담이 이민자 집단을 포용하는 데 성공했다는 것을 보여 준다. 그들은 두 개의 가장 큰 이민자 그룹인 모로코인과 터키인이 공간적으로 더욱 통합되고 있고, 아울러 그들의 교육적 성과와 노동 시장 참여가 향상되었음을 발견했다(Musterd and de Vos 2007, 351). 사코 뮈스테르드와 빔 오스텐도르프는 다음과 같이 결론짓는다.

> 1998년에서 2004년 사이 로테르담의 인종적 분리 수준은 낮아졌고(터키인은 50에서 44로, 모로코인은 45에서 40으로, 수리남인은 25에서 21로[상이 지수[●]로 측정했으며, 100은 완전한 분리를 나타냄]), [암스테르담에서는] 로테르담에 비해 약간 더 낮았다. … 따라서 학술 연구의 증거는 정치적 논란을 지지하지 않는다. 이것은 사회적 혼합을 만들고자 하는 [국가의 도시] 정책의 주요 목표가 대체로 필요하지 않다는 것을 나타낸다. 왜냐하면 네덜란드 사회 복지 제도에서는 근린의 사회적 혼합이 이미 현실이기 때문이다. 그 장관은 … 존재하지도 않는 … 문제를 두려워한다.(Musterd and Ostendorf 2008, 87-88)

민주주의와 관련해서 암스테르담은 거버넌스를 자치구 수준으

● 상이 지수(index of dissimilarity)는 어떤 지역에서 두 인구 집단의 공간적 분포가 얼마나 상이한지를 나타내는 척도로, 상이 지수가 0에 가까울수록 해당 지역에서 두 인구 집단의 구성 비율이 유사함을 나타낸다.

로 분권화하고 도시계획에 대한 주민의 참여를 장려하는 데 상당한 의지를 보이고 있다. 자치구는 뉴욕의 커뮤니티 지구district 또는 런던의 자치구보다 훨씬 작지만[22] 계획, 용도지역제, 공공 서비스, 문화 활동 등에 대한 책임과 함께 예산에 대한 권한을 보유하고 있으며, 선출된 의원들이 통치한다. 레온 데번에 따르면, 자치구들은 정책을 개발할 충분한 재정적 수단을 가지고 있고 "근린의 이해관계를 확실하게 대표"하므로 "근린에 좋은 것과 중심 도시에 중요한 것" 사이에 갈등이 발생한다.[23] 반면 저항 운동의 침체는 변혁 세력이 약화되었거나 포섭되었음을 의미하는 것일 수 있다.

불의injustice의 주된 원인인 가용 주택의 절대 부족은 모든 인구 집단에 영향을 미친다. 암스테르담에서 사회주택은 계속해서 대다수 주민을 보호하고 있으며 임대 보조금은 사람들이 거주할 주택을 확보할 수 있도록 보장한다. 암스테르담의 낮은 임대료 수준(증가하고 있긴 하지만)은 계급에 따른 차별을 완화시키며, 기둥화와 함께 근린 내 소득 다양성에도 기여한다. 그러나 사회주택으로 유지되는 주택의 비율이 (느리게) 감소하고 부유한 자가 소유주들이 계속 이주한다면 젠트리피케이션은 궁극적으로 더 심각한 위협이 될 수도 있다.

암스테르담의 소득 분배 수치는 확인할 수 없지만 네덜란드 전체 데이터는 지니 계수가 0.27로 덴마크의 0.23, OECD 국가 평균 0.32, 영국의 0.33, 미국의 0.38과 대조를 이룬다(OECD 2008, 25).[24] 이 척도에 따르면 네덜란드는 OECD 30개 국가 중 9위를 차지하지만, 인구의 최하위 십분위로 유입되는 소득의 양에 있어 네덜란드를 능가하는 곳은 룩셈부르크와 노르웨이뿐이며 노르웨이의 수치는 극히 미미하게 큰 정도다(OECD 2008, 37). 이러한 연구는 비용 구조가 아닌 개인 소득 흐름을 측정하기 때문에, 불평등을 비교할 때 낮은 주택 비용이 일반 복지에 기여하는 부분은 대개 누락된다. 따라서 암스테르담의 가구 대다수가 여전히 사회주택에 살고 있다는 사실은 처분 가능 소득에서 주택 비용을 뺀 금액이 지니 계수로 나타내는 것보다 훨씬 클 수 있음을 의미한다.[25] 그러나 임대료의 지속적인 상승은 이 요인을 퇴색시킬 것이다.

다양성, 민주주의, 형평성의 세 가지 기준과 관련하여 암스테르담은 여전히 모범적이다. 사회정책은 사람들이 그 아래로는 내려갈 수 없도록 하한선을 확립하고, 부유한 계급의 사람들이 많이 있음에도 뉴욕과 런던에서 분명히 나타나는 부의 초과 징후는 거의 찾아 볼 수 없다. 민주적 참여가 장려되고, 의사 결정 권한과 자원 모두 충분히 분산되므로 그 참여는 영향력을 가진다. 암스테르담의 인구는 다양하며, 그 다양성은 대다수 동네와 공공장소에서 쉽게 확인할 수 있다. 암스테르담이 이상적인 도시가 아닐 수도 있고 과거보다는 평등하지 않지만, 여전히 다른 도시들이 동경할 만한 모델이다.

결론:
정의로운 도시를 향해

이 책의 서두에서 나는 논의의 기초를 이루는 다음 질문들을 제시한 바 있다.

1. 부유한 서구 세계에서 정의로운 도시가 갖추어야 할 요건들은 무엇인가?
2. 뉴욕, 런던, 암스테르담으로 대표되는 서양 도시의 최근 역사에서 정의로운 도시의 요건들이 어느 정도 실현되었는가?
3. 이들 도시의 최근 역사를 형성한 경제 및 사회 세력, 정치, 계획, 그리고 정책은 무엇인가?
4. 사회 정의를 증진하기 위한 지역 차원의 전략에는 어떤 것이 있으며, 사회 정의를 실현할 수 있는 제도와 사회운동은 무엇인가?

첫 번째 질문과 관련하여 나는 형평성, 민주주의, 다양성이 도시의 정의를 구성하는 세 가지 주요 요건이라고 앞서 주장했다. 그러나 이러한 기준들은 때때로 서로 충돌할 수 있다. 3-5장에서 나는 이 세 가지 기준을 바탕으로 뉴욕, 런던, 암스테르담에 대한 평가를 제시하고 세 번째 질문을 부분적으로 다루었다. 이 장에서는 이들 도시의 역사를 형성한 세력에 대해 논의한 다음 이런 다양한 경험으로부터 광범위하게 적용 가능한 정책 규범을 추출하고자 한다. 형평성, 다양성, 참여라는 광범위한 원칙은 상황에 따라 다양하게 해석될 수 있다고 생각하지만, 이 세 가지 지배적 가치와 구체적 행동을 매개하는 일반적 지침은 여전히 존재한다. 나의 접근은《정의의 맥락》에서 레이너 포스트가 제시한 다음 주장에 부합한다. "일반적인 정당화의 원칙은 맥락-뛰어넘기context-transcending인데, 이는 개별적 또는 집합적 자기 결정의 맥락을 무시한다는 의미가 아니라, 자기 결정이 '반복적으로' 이루어지도록 하는 최소한의 기준을 설정한다는 의미이다"(Forst 2002, 238).

포스트의 주장은 임계 수준의 역량, 즉 "스스로의 삶을 만들어 나가는 존엄하고 자유로운 인간으로 살 수 있는 잠재력"이 존재한다는 마사 누스바움의 주장(Nussbaum 2000, 6)과 유사하다. 이 수준 이하로 내려가면 정의가 희생되므로, 정부는 역량이 그 수준에 다다를 수 있도록 사회적 기반을 제공할 책무가 있다. 이와 유사한 맥락에서 아이리스 매리언 영은 억압의 여러 형태를 나열한 뒤 정의는 그러한 억압으로부터 자유로운 상태라고 연역해 낸다(Young 1990, 2장). 다시 말해, 최소한도 이상의 억압으로부터 자유로운 상태를 확보하는 것이 정의를 구성한다고 가정하는 것이다. 누스바움과 영은 모두 정책 평가 기준을 지적하고 있지만 어떤 정책이 원하는 결과를 가져올 것인지까지는 나아가지 못한다. 나는 최소한의 기준만을 제시하는 대신 형평성, 다양성, 민주주의라는 세 가지 가치를 극대화할 수 있는 일련의 규범들을 제시하여 이를 바탕으로 정책의 방향을 설정하거나 정책을 평가하고자 한다. 이 기준들만으로는 한 가지 가치가 얼마만큼 있어야 정의의 기준을 충족시킬 수 있는지 알 수 없고, [가치들 간의] 어떤 타협이 허용되는지도 알 수 없다. 따라서 나는 더 나아가 지역의 의사 결정권자가 시행할 수 있는 정책 중에서 세 가지 기준으로 측정되는 정의를 증진할 수 있는 정책이 무엇인지 파악하고자 한다. 이를 통해 상대적으로 취약한 사회 집단에 도움이 되는 프로그램들을 구체화하고, 정책 결정권자들이 특정한 전략들을 선택할 때 일종의 정의영향평가서justice impact statement를 작성하도록 요청하고자 한다.

정책의 맥락

세 도시에서 나타난 정의에 대한 요구는 대공황 당시 채택된 위기극복 조치들과 19세기 급진주의 운동으로까지 거슬러 올라갈 수 있다. 제2차 세계대전 이후에는 저소득층 가정의 요구에 부응해 사회주택을 건설하고 관련 기관을 신설하기 위한 많은 노력이 이루어졌다. 전쟁 후부터 1975년까지 기간은 흔히 '포드주의'라는 용어 한마디로 특징지어지며, 이는 서구의 도시 경제가 공장 생산에 의해 지배되었던 시기이다.[1] 포드주의 시대의 시작 연대는 정확하지 않고 국가마다 다를지라도, 케인스주의적 복지국가의 성장과 더불어 전후 시대가 포드주의의 개화기라는 점에 대해서는 일반적인 합의가 이루어져 있다. 당대 도시 정치의 맥락은 상대적으로 동질적인 사회와 강력한 노동조합이었다.[2] 서유럽에서는 말할 것도 없고 미국에서 중앙 정부는 지역의 복지 및 개발 프로그램에 자금을 조달하고 방향성을 제시하는 데 중요한 역할을 했다.

프로그램 채택에 작용하는 힘은 지역마다 달랐지만, 모두 국가 요인 및 지역 요인과 관련되어 있었다. 아래로부터의 압력과 정치-관료적 수용이 더해져 잠재적 다수에 혜택을 제공하는 광범위한 프로그램들이 채택되었다. 도시가 국가 정책의 초점이 아니었음에도 불구하고, 주택뿐만 아니라 건강과 복지를 위한 많은 사회 프로그램이 도시 인구에 주요한 영향을 미쳤다. 시다 스코치폴은 전후 기간에 채택된 재분배 정책을 설명하면서 미국 재향군인회의 퇴역군인 프로그램 추진 사례를 인용한다(Skocpol 2003). 그는 재향군인회가 일반적으로 우파적 성향을 띰에도 불구하고, 그 퇴역 군인 프로그램들은 다수결주의의 원칙에 따라 더 큰 사회 정의가 달성된 정책의 모범이라고 주장한다. 전후 유럽에도 사회복지 프로그램을 촉구하는 유사한 운동이 있었다. 그 운동의 핵심 구성원은 좌파 정당들과 노조였지만, 보수적인 기독교 민주주의 정당들도 해당 사회 프로그램을 지지했으며, 관료적 위원회가 종종 정책 아이디어를 제공하기도 했다.

사회 프로그램의 다수결주의적 특성에도 불구하고, 또는 어쩌면 그 특성으로 인해 전후 시대에는 저소득층 사회를 짓밟는 재개발 정책도 나타났다. 미국의 경우 그러한 정책으로 인해 교외화와 그에 따른 고도의 주거지 분리가 이루어졌다. 다시 말해, 재분배 조치를 지지했던 연합 세력은 진보적 변화뿐만 아니라 퇴행적 변화도 가져왔다. 그 대표적 사례로 스코치폴이 인용한 제대군인원호법GI Bill은 많은 사람이 주택과 교육에 접근할 수 있도록 했지만, 동시에 흑인을 주택 및 교육 혜택으로부터 암묵적 또는 명시적으로 배제했다. 보수적인 공화당 상원의원 로버트 태프트가 제안한 1949년 주택법은 미국에 공공주택 프로그램을 도입했지만 도심의 기업 측 이익집단에는 이익이 되고 노동계급 공동체에는 해를 끼치는 도시 재개발을 초래했다. 스코치폴은 대중이 점점 더 파편화되고 있으며 대중의 대변자들은 당파적 이익집단의 관심사에 대해서만 목소리를 내기 때문에 광범위한 혜택을 지닌 재분배 프로그램이 제대로 이루어지지 못했다고 비판한다(Skocpol 2003). 그러나 그러한 광범위한 재분배 프로그램은 행정부의 관심을 받지 못하거나 보류되는 경우가 많았으며, 일선 관료들은 노동계급과 가난한 사람들을 매우 분노케 하는 방식으로 그들의 삶을 방해했다(Lipsky 1980). 평등주의적 목표에도 불구하고 사회복지 프로그램을 관리하는 공공 관료들은 1960년대와 1970년대 미국과 서유럽에서 좌파 진영의 반대 운동을 불러일으켰다. 카스텔스(Castells 1977)가 주장하듯이 자본주의적 고용주가 아닌 도시의 관료들이 형평성과 인정을 촉구하는 운동의 표적이 되었다.

사회복지 프로그램과 그로 인해 영향을 받는 인구가 모두 대도시권에 집중되어 있었기 때문에 공공 프로그램의 질과 실행 과정에서 인지된 차별에 대한 저항 역시 주로 도시에서 발생했다. 도시는 인종 및 민족 집단 간 갈등이 벌어지는 무대가 되었으며 성적 자유를 주장하는 운동의 발상지였다.[3] 1960년대와 1970년대 초반의 봉기는 종종 계급을 넘어 집단 정체성(흑인, 동성애자)이나 이데올로기(페미니스트, 환경주의자), 또는 그 둘 모두에 기반을 둔 이해관계에서 비롯되었다. 그 봉기들은 특히 고용 관행이나 주택 건설 자금 등 측면에서 구체적 혜택을 얻어 내는 데는 성공했지만, 상대적으로 협소한 각 봉기의 지지 기반으로 인해 요구사항의 보편적 적용 가능성이 부족했으므로 정치적 다수로부터 많은 지지를 얻지는 못했다. 신자유주의가 부상하고 공산주의 위협이 종식되자, 1975년 이전 시대의 광범위한 재분배 목표와 시위자들이 요구한 다소 제한적인 프로그램들을 모두 추진하라는 정부에 대한 압력이 완화되었다. 그리고 이러한 사회복지 프로그램들의 철회가 정당성의 위기를 초래할 것이라는 이론가들의 예상과는 달리, 보수적이고 시장 지향적인 정책 접근이 상대적 묵인 속에 승리했다.[4]

지금까지 1975년의 재정 위기 및 이윤율 폭락과 2007-2009년의 국제 금융위기 사이의 기간에 대해 많은 연구가 이루어졌다. 지금껏 작동해 왔던 포드주의 체계는 다양한 요인으로 인해 불안정해졌으며,[5] 경제 구조 내 산업 자본의 고도화와 비서구 제조업 지역의 증가로 인한 노동 수요 감소는 대량 생산 산업 내부에 형성된 노동계급의 단결을 깨뜨렸다.[6] 흑인들이 미국 남부에서 북부 도시로 이주하고, 전 세계 경제 및 정치 난민들이 부유한 국가로 이주하면서 일자리 경쟁이 심화되었다. 노조 조합원 수가 감소하고, 노조에 기반을 둔 정당의 정치적 영향력이 감소했으며, 유럽 좌파 정당과 미국 민주당 지지자들은 새로운 목표와 사회적 구성을 가지게 되었다.[7] 통신과 전산화 분야의 기술적 혁신이 자본의 빠른 이동과 경제 부문의 세계화를 초래하여, 모든 지역이 갑작스러운 투자 철수에 점점 더 취약해졌다. 시민의 요구에 제대로 부응하지 못하는 정부 관료 조직에 대한 반항과 함께 중산층 사이에서 개인주의와 소비주의가 두드러지면서 일부 대중은 규제 완화와 시장 프로세스에 대한 의존을 선호하는 이데올로기를 받아들였다. 1960년대 후반부터 1970년대에 걸쳐 성장한 도시의 정치 운동은 보수파의 공격을 받아 시들해졌다.[8]

이 모든 힘 속에서 도시계획 및 정책은 민관파트너십이라는 수단을 통해 오로지 성장 촉진만을 더욱 지향하게 되었다. 이는 이 책에서 제시한 세 가지 사례 연구에서 살펴본 바와 같다. 그 세 도시는 제니퍼 로빈슨이 말하는 의미의 "보통도시ordinary cities"(Robinson 2006)는 아니다. 다시 말해, 세 도시는 경제적 중요성과 글로벌 연결성 측면에서 개발도상국 도시들과 확실히 다를 뿐 아니라 자국의 여느 도시들과도 다르다. 하지만 해당 도시들에 도입된 사업들과 그를 둘러싼 갈등은 매우 전형적이다. 세 사례 사이의 편차는 현존하는 국제 세력들과 국내 정치 구조 속에서 우리가 어느 정도까지 더 정의로운 도시를 추구할 수 있을지를 가늠케 한다.

계획 및 정책을 위한 지침적 원칙들

현대 세계 자본주의 체제 내의 도시에서 유의미한 정의를 달성할 수 있다는 주장에는 다음과 같은 두 가지 반응이 뒤따른다. 첫 번째는 체제 내에 있는 한 정의를 달성하는 것은 불가능하다는 것이고, 두 번째는 비개량주의적 개혁에 대한 압박을 통해 그 체제를 정의의 길로 이끌 점진적인 변화가 이뤄질 수 있다는 것이다. 첫 번째 입장을 취하는 데이비드 하비는 "기존 자본주의 체제의 권리와 자유 안에서 행동하는 것은 … 부당한 시스템의 한계 속에서 최악의 결과를 완화하는 것에 그칠 뿐"이라고 주장한다(Harvey 2009, 46). 나는 정치적 동원에 의한 개혁이 충분히 중대한 변화를 가져올 수 있다고 본다. 이 두 견해가 완전히 양립할 수 없는 것은 아니다. '도시에 대한 권리 연맹'과 '새로운 경제를 위한 로스앤젤레스 연맹' 그리고 반세계화 시위에서 표현된 요구들은 완전한 혁명보다는 온건한 방식으로 세계 자본주의 체제를 재구성하려는 노력을 나타낸다. 하비 자신은 참여 예산제가 사실상 자본주의 체제 안에서 등장한 집합적 거버넌스 형태에 불과하다고 보았다(Harvey 2009, 48-49). 동시에 그는 "정의로운 도시는 항상 치열한 갈등 속에서만 존재한다."고 주장한다(Harvey 2009, 47). 하지만 과연 민주적 참여가 치열한 갈등과 양립할 수 있는지, 그리고 대부분의 사람이 끊임없이 전투를 치르며 살기를 원하는 것이 맞는지 의심할 수밖에 없다. 하비는 사회학자인 로버트 파크를 인용하여 도시는 인류가 "간절한 욕망을 좇아" 만들어 낸 가장 성공적인 시도라고 한다(Harvey 2009, 45). 하지만 끝날 줄 모르는 치열한 갈등이 진정 대부분의 사람이 바라는 것인가? 정의에 더욱 가까운 도시를 위한 원칙을 마련하는 것이 나의 목표이다. 그 원칙의 지지자들은 쉽지 않은 갈등을 마주할 수밖에 없겠지만, 이를 실현하기 위해 반드시 혁명적인 변화가 필요한 것은 아니다.

서유럽에서의 보편적 의료 제공의 발전에 대한 한 분석은 경로의존성의 결과로서 그것이 다양한 형태를 취하게 되었다고 주장한다. "[국가 시스템] 각각이 판이하게 다른 형태를 취하는 것은 이데올로기 때문은 아니며, 각 국가는 불완전하고 비정상적이며 어수선할지라도 자기 자신의 역사를 딛고 서 있다"(Gawande 2009, 30). 마찬가지로 주택 공급과 지역경제 개발에 대한 정부 개입 및 비영리 활동의 형태 역시 도시와 국가의 역사적 발전 경로에 따라 다를 것이다. 그럼에도 불구하고 우리는 주택, 경제개발, 공공장소에 대한 접근성 등 측면에서 형평성을 높이자는 공동의 목표를 향한 운동을 상상할 수 있다. 다음 절에서는 도시의 사회 정의에 도움이 되는 정책 유형을 살펴보되, 이를 달성할 구체적인 제도적 형태나 법적 요건을 언급하지는 않을 것이다.

도시의 정의正義를 정의定意하는 일반적 기준으로부터 도출한 구체적 정책들을 열거한 이 책의 목록은 마사 누스바움이 제시한 역량[9]보다 더 상황 의존적이고 상세하다.[10] 이 목록은 민주적·평등주의적 규범을 채택한 역사를 지녔을 뿐만 아니라 현재도 그러한 규범들을 지켜내고자 하는 의지를 지닌 사회를 가정한다. 물론 현실에서는 그 이상을 완전하게 달성할 수 없을지라도 말이다. 다음에 제시된 목록은 지역 수준에서 수행되는 계획 및 정책에 적용되는 것으로, 정의를 달성하기 위한 지역의 노력이 국가 정책에 의해 어떠한 영향을 받든 관계없이, 지역정부는 여전히 정의에 유리한 결정을 내릴 권한을 가지고 있다.[11]

형평성 증진을 위해

❶ 신규 주택 개발은 모든 사람에게 양질의 주택과 적절한 생활환경을 제공하는 것을 목표로, 중위 소득 미만의 가구를 위한 주택을 제공해야 한다.

(그러나 주택과 관련하여 가장 골치 아픈 문제 중 하나는 좋은 이웃이 될 사람들에 대한 접근을 제한하는 임차인 선택권을 어느 정도까지 허용해야 할 것인가이다. 이것은 형평성과 민주주의의 기준이 서로 상충되는 영역이다. 형평성과 다양성이 민주적 결정과 대립하게 만드는 또 다른 문제는 주택 가용성 위기가 주택을 더 높은 밀도로 건축해야 한다는 압력으로 이어지기 때문에 발생한다. 노동당 집권기 런던에서 그랬던 것처럼 상당한 물량의 저렴한 주택을 제공해야 할 의무가 존재할 때, 고밀화는 형평성뿐만 아니라 다양성도 향상시킬 것이다. 하지만 고밀화 방안은 인근 지역의 강력한 반대에 부딪히게 마련이다.)

❷ 저렴하게 개발된 주택은 저렴한 주택으로 남아 있거나 하나를 없애면 다른 하나를 제공하는 일대일 대체 조건을 만족해야 한다.

(최근까지 미국 법률은 철거된 공공주택의 일대일 대체를 요구했으나, 이 조항은 삭제되었다.)

❸ 예외적인 상황을 제외하고는 경제개발 또는 지역사회의 균형을 달성하기 위해 일반 가구나 사업체가 타의에 의해 이전되어서는 안 된다. 공공시설 건설, 주택 품질 향상, 추가적 인구 수용을 위한 밀도 증가 등의 이유로 이전이 필요한 경우, 이주하는 사람들이 임차인이든 소유주든 상관없이, 그리고 원래 위치의 시장 가치와 무관하게, 그들이 동일한 주거 또는 사업장을 점유할 수 있는 충분한 수단이 제공되어야 적절한 보상이라 할 수 있다. 근린의 재건은 점진적으로 수행하여 동일한 위치에 머물고자 하는 이주 가구들이 근처에서 임시 공간을 찾을 수 있도록 해야 한다.

❹ 경제개발 프로그램은 대기업보다 현지에 뿌리를 둔 소규모

업체와 직원의 이익을 더 우선시해야 한다. 새로 상업적 개발을 할 경우 공공 공간을 마련해야 하며, 가능하면 독립 협동조합 소유 업체들의 생존이 용이하도록 해야 한다.

❺ 초대형 프로젝트에 대해서는 면밀한 조사를 실시해야 하고, 일자리와 공공 편의시설 제공, 생활임금 보장 등을 통해 저소득층에 직접적인 혜택을 제공해야 하며, 공적 보조금이 투입된 경우 이윤 배분에도 공적 참여를 보장해야 한다. 가능하다면, 그 프로젝트는 여러 개발업자와 함께 점진적으로 개발해야 한다.

❻ 저소득층은 대중교통에 대한 의존도가 높기 때문에 도시 내 대중교통(통근 철도 제외) 요금을 낮게 유지해야 한다. 지방정부는 자동차 통행료와 세금을 징수하여 그 수입을 대중교통 지원에 배분할 수 있는 권한을 가지고 있다. 자동차로 통근하는 것 외에 선택의 여지가 없는 저소득층은 환급을 받아야 한다.

❼ 계획가는 평등주의적 해결책을 촉구하고 부유한 사람들에게 불균형적으로 많은 이익이 돌아가는 방안이 채택되지 않도록 심의 과정에서 적극적인 역할을 해야 한다.

형평성을 증진하는 데 필요한 이와 같은 지침을 통해 이 책에서 다룬 세 도시의 프로그램에서 발생하는 가장 시급한 문제들에 대처할 수 있다. 저렴한 주택 공급을 늘리는 것이 가장 시급한 요구임에도 불구하고, 적어도 2008-2009년의 경제위기 때까지 이 세 도시는 저소득층을 위해서는 제한된 수량의 주택만을 제공하는 초대형 프로젝트를 추진했다(Fainstein 2008). 이러한 프로젝트 가운데 뉴욕의 배터리파크시티, 런던의 스트랫퍼드시티, 암스테르담의 웨스턴가든시티 등 많은 수가 고품질의 신규 주택 공급을 목표로 하고 더 높은 소득계층을 겨냥한다. 이 글을 쓰는 시점에는 자금조달 문제로 인해 주택 및 상업 개발 프로젝트들의 완전한 실현이 지연되고 있다. 신용 시장의 위축에도 불구하고 스포츠 시설(뉴욕의 양키-메츠-제트 경기장과 런던의 올림픽 경기장)만큼은 계속 건설되어 왔다. 신용 시장 위축 때문에 세 도시는 심각한 주택난과 주택 지불능력 위기에 직면해 있고, 미국과 영국에서는 모기지 압류foreclosures(영국 영어로는 repossessions)가 급속히 확산되고 있다. 저렴한 주택의 재고를 확대하려는 의지는 세 국가 중 미국이 가장 낮지만, 네덜란드조차 주택을 신규로 건설하기보다는 주택 수요자들에게 보조금을 지불하는 방식의 비중을 확대했다.

다양성 증진을 위해

❶ 다양성을 확보하기 위해 이주를 요구해서는 안 되지만, 거주지 분리를 조장하는 새로운 도시를 구축해서도 안 된다.

❷ 용도지역제는 차별적 목적으로 사용되어서는 안 되며 포용을 증진해야 한다.

❸ 구역 간 경계를 자유롭게 통과할 수 있어야 한다.

❹ 접근성이 좋고 다양한 공공 공간이 충분히 있어야 한다. 공공 공간이 민간에 의해 제공되는 경우, 그 공간 내의 정치적 발언을 금지해서는 안 된다. 동시에, 서로 부딪치는 생활양식을 가진 집단이 동일한 장소에 위치하도록 해서는 안 된다.

❺ 영향을 받는 인구가 원하는 범위 내에서 실용적으로 가능한

한 토지 이용은 혼합적이어야 한다.

❻ 공공기관은 주택, 교육, 고용 기회 등에 접근하는 데 있어 역사적으로 차별을 겪어 온 집단을 지원해야 한다.

내가 다양성이라고 부르는 것을 '코스모폴리타니즘cosmopolitanism'이라는 용어로 표현하는 콰메 앤서니 아피아는 그 개념에 대한 두 가지 흐름을 구분한다(Appiah 2006, xv). (1) 우리는 혈연과 국적으로 연결된 사람들뿐 아니라 다른 사람들에 대해서도 의무를 가진다. (2) 다른 사람들에게 의미를 부여하는 실천과 신념에 관심을 갖는 것을 포함하여, 우리는 그들의 삶의 가치를 진지하게 받아들인다(즉, 다른 철학자들의 용어로 표현하자면, 우리는 그들은 인정recognition한다).[12] 다양성 존중과 관련된 이 지침들을 준수하기 위해서 잘 지낼 수 없는 사람들이 서로 옆집에 살 필요는 없다. 사실 사람들은 자신의 생활방식을 존중하지 않는 다른 사람들로부터 스스로를 보호할 권리를 가져야 한다. 중요한 것은 사람들이 성별, 민족, 또는 노숙 등과 같은 귀속적 특성에 따라 차별받거나 배제되지 않아야 한다는 것이다.

민주주의 증진을 위해

❶ 의사 결정 과정에 직접 참여할 수 없는 집단들은 옹호자가 대변해야 한다.

❷ 해당 지역이 기개발지인 경우, 개발 계획은 대상 인구와 협의되어야 한다. 그러나 기존 인구가 그 지역의 미래에 대한 유일한 결정자가 되어서는 안 되며, 도시 전체에 대해서도 고려

해야 한다.

❸ 아직 사람이 살지 않거나 인구가 적은 지역을 계획할 때는 영향을 받게 될 지역 밖에 살고 있는 집단의 대표들을 포함한 광범위한 협의가 있어야 한다.

참여를 원하지 않는 사람들까지 적극 참여할 것을 기대할 필요는 없다. 의사 결정에서 포용의 목적은 참여 자체가 아니라 이해관계가 공정하게 대표되도록 하는 것이어야 한다. 정의가 목표라면 민주주의에 대한 요구는 주로 도구적이다. 민주주의가 없다면 힘이 약한 사람들이 박대받을 수 있기 때문이다. 민주주의 이론은 민주주의를 그 자체로서 선으로 간주한다. 그것은 시민권의 표현일 뿐만 아니라 사람들이 스스로를 교육하고 자신의 이익을 이해하는 수단이다. 나의 목적은 논의를 선the good이 아닌 정의의 성취로 제한하여 민주주의보다 형평성을 더 우선시하는 것이다.

국가와 시장

앞서 제시한 지침은 자유민주주의적 정치 전통의 맥락을 가정할 뿐만 아니라 역사적으로 시장이 자원 할당에 지배적 역할을 해 온 사회를 반영한다. 그 정책 지침들은 정부가 주택 또는 사업장과 같은 기능을 인수할 것을 요구하지 않는다. 그럼에도 불구하고 이 정책들은 정부가 규제를 통해 상당한 개입을 해야 하며 공적 소유도 어느 정도 높여야 한다고 주장한다. 따라서 저렴한 주택의 개발은 정부 부문, 영리 부문, 비영리 부문을 통해 이루어질 수 있지만 관대한 공적 보조금 및 공적 개입에 의존할 것이다. 마찬가지로, 공공 공간은 정부 또는 개인 소유일 수 있지만, 후자의 경우 상당한 제약을 받을 것이다.

이러한 정책 지침을 염두에 두고 국가에 더 큰 역할을 부여하되 시장에 의해 조정되는 체계를 구상할 수 있을까? 앤드루 세이어와 리처드 워커는 표준 자본주의 모델보다 더 융통성 있는 사회적 시장경제에 대한 한 가지 비전을 제안한다.

> [경제 조정 문제에 대한] 고전적인 해결책은 기업과 시장을 통한 것이었다. 자본가는 소유권과 그것이 부여하는 힘에 의해 기업의 내부 조직을 통제하는 반면, 가격 메커니즘은 많은 기업 간의 관계를 조정한다. … 그러나 경제 통합 문제는 기업과 시장의 단순한 이중성에 의해 완전히 규명되지 않는다. 이 외에 많은 조직의 유형이 존재하며 … 설득, 호혜, 강탈, 지시적 계획 등 거래와 계층구조 외에도 몇 가지 통합 수단이 이런 다양한 제도적 프레임 내에서 작동한다.(Sayer and Walker 1992, 6)

이러한 추론에 따르면 여러 형태의 경제 조직을 인정할 필요가 있고, "[어떤 특정 방식의] 통합도 조정되는 활동들(교육, 전기, 음식, 도서, 방송, 육아, 휴일, 혹은 그 무엇이든)의 맥락과 성격에 관계없이 전적으로 지지되거나 비난받을 수는 없다"(Sayer and Walker 1992, 269). 그 경제 조직들의 논거는 고용, 공공 공간, 주택, 기타 사회적으로 생산된 재화와 서비스 등에 대한 접근의 공정성을 높이기 위한 점진적 접근법을 가리킨다. 그 시스템이 작동하기 위해서는 여러 가지 촉진적인 시장 기반의 장치가 도입되어야 한다. 이는 기회가 생겨날 때마다 이를 포착하고, 보다 정의로운 분배를 끊임없이 추진하는 것을 의미한다.

공적 소유를 어디까지 인정할지와 관련해서는 국가적 맥락이 중요하다. 미국 내 도시 프로그램에 대한 국가 보조금은 민간 계획을 지원하는 쪽으로 완전히 전환되었다. 이를 뒤집는 것은 국가 차원에서 이루어져야 하므로 지역 결정 권한을 크게 벗어난다. 유럽 역시 민관파트너십과 주택 민영화를 지향하게 되었지만, 정부 규제와 정부 소유는 여전히 미국에서 보다 더 두드러지며 공적 소유는 더 많은 지지를 받고 있다. 원칙적으로 공적 보조금을 통해 대규모 프로젝트를 진행할 수 있게 되는 경우에는 공공이 그 이익을 공유해야 한다.

중소기업 개발에 대한 정부의 지분 참여도 가능하다. 1970년대 켄 리빙스턴의 지도 아래 대런던의회Greater London Council는 빈곤 지역의 중소기업을 지원하는 대런던기업위원회Greater London Enterprise Board(GLEB)를 설립했다. 이 기구는 대출 기관, 금융 기관과 차입자 사이의 중개자, 사업장을 제공하는 건물주, 컨설팅 서비스 등의 역할을 맡아 운영되었다(Fainstein 2001a, 91-92). 정부의 지원 없이도 계속될 수 있을 만큼 충분히 성공적이었고, 국가가 만든 기관은 효율적으로 운영될 수 없다는 전제를 무색케 했다.[13]

유럽과 미국의 지방정부는 모두 정부의 지원에 대한 대가로 프로젝트의 구성 요소로 공공 편익을 제공하는 민간 개발업자와의 거래에 전적으로 의존하기보다 비영리 부문에 자원을 투입할 수 있는 권한이 있다. 확실한 자금 조달과 장기 존속에 대한 보장이 모두 필요한 비영리단체에 대한 의존도가 높아지면 책임 부분에서 다소 손실이 있겠지만 정부가 직접 운영하는 프로그램보다 덜 관료적인 공공-민간 혼성체public-private hybrid가 생성될 것이다. 유럽 주택협회와 미국 지역사회개발회사community development corporations (CDC)는 모두 주택 건설을 위해 자선 기관과 공적 보조금을 함께 사용하고, 지역사회개발회사의 경우 벤처 기업들도 지원한다. 이 책에 설명된 세 도시 모두에서, 공적 자금을 사용하는 자치적 비정부기구(NGO)는 주택 및 사회복지 정책을 구현하는 데 실질적 책임을 가진다. 그러나 유행기에는 그와 같은 기구가 너무 많아 시장에서 밀려나는 경향이 있다. 암스테르담에서처럼 토지은행을 이용하면 그 문제를 완화할 수 있다. 정부가 토지 사용을 계획하고 토지를 풀어주면 민간 및 비영리 부문에서 토지를 실제로 개발한다.

NGO는 예측할 수 없는 자금 조달 문제에 자주 직면하고 특정 사업과 상관없이 고용을 유지해야 하는 직원들에 대한 지원을 얻는 데 어려움을 겪는다. 이러한 문제는 주택신탁기금housing trust funds 설립, 채권풀loan pools 사용, 지분을 보유한 상업 기업의 수익 재활용 등의 방법으로 대처할 수 있다. 대런던기업위원회 모델과 일부 미국의 지역사회경제개발회사의 활동은 가능한 여러 사례를 제공한다. 목표는 가능한 한 점진적으로, 시장 분배로 인한 불의로부터 인구 대부분의 안녕에 직접적으로 영향을 미치는 중요 영역을 보호하는 것이다.[14]

정의로운 정책의 발전 요인들

신자유주의에 반대하는 단체들은 대부분 더 큰 민주주의를 요구한다. 그러나 현실주의는 더 광범위한 참여보다는 더 나은 대의제를 요구한다. 제인 맨스브리지는 대의제의 '제재sanctions' 모델과 '선택selection' 모델을 구분한다(Mansbridge 2009). 전자의 경우 대표자에게는 단순히 책임이 주어질 뿐 선거구를 적절하게 대표하지 못하면 해임될 수 있다. 후자의 경우 대표자는 "[유권자들이] 원하는 것을 행할 스스로의 동기와 외생적인 이유를 이미 가지고 있다"(Mansbridge 2009, 369). 그녀는 선택 모델을 사용하면 지역사회가 지속적으로 참여해야 할 필요성을 덜어 주는 동시에 의견 개진도 가능하다고 주장한다.

> 민주적 정치의 대의제를 주인-대리인의 문제로 본다면, 대표자의 정립된 방향과 정책이 대체로 유권자가 바라는 것이고 그 대표자가 유능하고 정직하다는 확실한 평판을 가지고 있을 때, 유권자는 합리적으로 선택 모델을 채택함으로써 감시 및 제재의 수고를 덜 수 있다. 선택 모델에서 유권자에 대한 대표자의 책임은 일반적으로 감시 및 제재를 기반으로 한 것보다는 **서사적**이고 **숙의적인** 형태를 취한다. **서사적**이고 **숙의적인 책임**에 따라 대표자는 자신의 행위에 대한 이유를 설명하고, 특히 유권자의 선호에서 벗어나는 경우 (이상적으로는) 유권자와 양방향으로 의사소통한다. (Mansbridge 2009, 369-370)

맨스브리지의 주장은 선출된 대표가 유권자의 요구에 부응하도록 하는 문제만을 다룬다. 그러나 여기서 우리의 관심은 선출되지 않은 정책 입안자들, 즉 국가 관료 조직을 위해 일하는 사람들과 시민사회 내 지역사회 그룹을 옹호하는 사람들까지를 모두 포괄한다. 두 경우 모두 행위자들이 정의로운 정책을 증진하고 그들이 대표하는 집단의 지속적인 감시와 행동주의activism 없이도 이를 지속하도록 할 필요가 있다.

세 도시의 개발을 위한 최근 정책을 설명하면서, 다양한 정책을 통해 드러나는 형평성에 대한 암스테르담의 의지는 점차 약해지고 있음에도 불구하고 다른 도시에 비해 강하다는 점을 보인 바 있다. 사회민주주의 정신이 여전히 어느 정도 우세한 런던에서는 뉴욕에서보다 개발업자들에게 더 많은 것을 요구한다. 주택에 대한 정부의 직접적인 기여도 역시 런던과 암스테르담이 뉴욕보다 더 높은데, 이는 저렴한 주택 개발 자금 조달에 중앙 정부가 훨씬 더 큰 역할을 하기 때문이다. 그러나 이 두 도시에서도 많은 부분이 시장이 주도하는 프로젝트 부문의 수익성에 크게 좌우된다. 민간 개발업자는 오직 세 가지 형태의 건설을 통해서만 큰 수익을 창출할 수 있다. 바로 고급 주택과 호텔, 대형 오피스 타워 그리고 쇼핑몰이다. 이윤 중심의 부동산 투자로 인한 이익이 사회 전반에 퍼지는 정도는 공공 편익에 대한 정부의 의지에 달려 있다. 사회복지가 다소 위축되기는 했으나 여전히 살아 있는 네덜란드의 경우 이 의지 정도가 가장 크고, 주택과 사회복지에 대한 국가적 지출의 규모가 작기 때문에 저소득층이 새로운 개발에서 이득을 얻기 위해서는 거의 전적으로 낙수효과에 의존해야 하는 미국의 경우 가장 작다.

반면, 미국의 도시는 더 융통성 있게 이민자를 수용했으며 일부 반이민 정서에도 불구하고 많은 도시 정부는 이민자들이 지역경제를 활성화한다고 여겼다. 여러 국가에서 다수 집단이 '타자'를 용인하는 정도는 일반화하기 어렵고, 각 국가 안에도 다양한 태도가 존재한다. 그럼에도 불구하고 미국의 도시들은 확실히 매우 다양해졌으며 다문화주의는 진심이든 아니든 전국 학교 시스템과 공적 모임에서 공표되는 공식 원칙이 되었다.

이 글을 쓰는 시점에서 도시 정책의 미래는 매우 불확실하다. 지난 수십 년 동안 도시 구조와 계획의 강조 사항에 상당한 변화가 있었다. 전후 정책들에는 주택의 대량 공급, 오피스 및 대규모 소매점 개발 장려, 자동차 의존, 분리된 토지 이용 등의 포드주의 전략이 반영된 반면 포스트포드주의 시대에는 관광 진흥, 문화적 고유성의 영리적 개발, 젠트리피케이션, 도시 공간의 상품화 등을 향한 움직임이 나타났다(Hoffman, Fainstein and Judd 2003). 정책 결정에 참여하는 집단의 범위는 넓어졌지만, 실제로 비기업적 이해관계가 얼마나 우세했을지는 의심스러우며 장소에 따른 편차도 매우 크다. 형평성과 다양성을 극대화하는 관점에서 이러한 변화는 양면성을 지녀 왔다. 한편으로 균질성은 계획의 판테온에서 중요한 위치를 잃고, 소수민족 공동체가 도시의 매력을 더하는 것으로 간주되었다. 젠트리피케이션으로 인해 근린은 일시적으로라도 더 다양해졌으며, 공간의 상품화는 도시를 더 매력적으로 만들었다. 그러나 다른 한편으로 소수민족 동네는 관광객의 시선을 받게 되었고(Urry 2002), 이주 노동자들은 착취당하곤 했으며, 도시 공간의 분화는 점점 더 인위적으로 변해 갔다. 관광 및 소비자 서비스업이 제조업을 대신

하여 진입하기 쉬운 고용을 제공함으로써 노조화된 산업적 노동에 따른 급여 수준과 혜택이 사라졌다.

이러한 도시 기능의 전반적인 전환은 현재 위기에 처한 소비자 중심 경제에 의존한다. 신용 시장 붕괴, 실업률 급증, 재량소득 감소, 지방정부의 예산 위기 등으로 특징지어지는 2008-2009년의 경제적 자유낙하로 인해 도시의 경제 기반은 크게 흔들리는 중이다. 지난 수십 년 동안 지배적이었던 투자 유형은 도심 내 특정 서비스업 재집중화와 도시 라이프 스타일에 대한 부유층의 수요 증가를 전제로 했다. 이 가운데 어느 것에도 더 이상 의존할 수는 없다. 이러한 두려움을 바탕으로, 앞서 간략히 서술한 정책 지침들을 달성하기 위한 몇 가지 일반적인 전략을 제시함으로써 결론을 맺도록 하겠다.

전략들

계획가와 정책 분석가는 공공 관료 조직, 민간 영리 컨설팅 회사, 비영리 조직 등에서 일한다. 그들은 스스로 정책을 실행할 수 있는 권력이 부족하므로 목표를 추구하는 데 있어 그들의 정치적 주인masters과 고객의 제약을 받는다. 그럼에도 불구하고 그들은 정책을 형성할 수 있도록 하는 한 가지 중요한 이점을 가진다. 막스 베버는 관료가 정보에 대한 통제권을 사용하여 정치적 상급자를 자신의 의지대로 이끌 수 있다고 말한다(Weber 1958, 232). "정상적인 상황에서 충분히 발달된 관료 조직의 권력 지위power position는 항상 압도적이다. '정치적 주인'은 행정 관리층에 있는 훈련받은 공무원을 마주함으로써 자신이 '전문가'와 대비되는 '딜레탕트dilettante'•의 위치에 있음을 알게 된다." 많은 계획 및 정책 개발에는 데이터 수집 및 집계를 비롯해 데이터 표현 방법의 선택이 포함된다. 전문가들은 편익/비용 비율뿐만 아니라 누가 혜택을 받고 누가 비용을 부담하는지에 대한 분석을 제시하는 만큼 토론의 방향을 형평성에 관한 것으로 전환할 수 있다.

그러나 이를 위해서는 어느 정도 정치적 기반의 지원이 필요하다. 이 점에서 시민 행동주의citizen activism가 중요하다. 이는 시민들이 숙의 과정에서 항상, 또는 대부분의 경우 정의를 가치 위계 꼭대기에 두기 때문이 아니라, 누가 무엇을 얻는지에 관심이 있기 때문이다. 정의로운 도시에 관한 나의 강의에 대해 제임스 스로그모턴은 다음과 같이 썼다.

> 선출직 공무원으로서의 제 경험을 비춰 볼 때, 어떤 도시의 계획가도 단순히 말로만 그들의 목적이 정의로운 도시를 만드는 것이라고 선언할 수는 없(고 선언해서도 안 된)다고 생각합니다. 대의민주주의 맥락에서는 그들이 정의로운 도시의 비전을 상상하고, 표현하고, 추구하고, 실현할 권한을 위임받아야 합니다. 이것은 변화를 위해서 동원된 유권자들이 압력을 가해야 함을 의미합니다. (개인적 교신, 2006년 1월 28일)

• 무슨 일을 취미 삼아 하는 사람을 말한다.

실제 정치 측면에서 스로그모턴의 주장은 완전히 옳다. 동원된 유권자와 협조적인 공무원이 없으면 정의를 위한 어떤 처방도 실행되지 않는다. 그러나 권한 부여 여부와 관계없이 정의는 지속적으로 지향해야 할 목표이자 결정들을 평가할 때 사용할 기준이다. 경제적 경쟁력을 최우선 과제로 삼고 정의 문제를 거의 또는 전혀 고려하지 않는 개발업자와 정치인의 지도를 따르기는 너무나 쉽다.

계획에 대한 공공 참여 제도는 잘 구축된 경우 바람직한 결과를 가져올 수 있다. 한 가지 모델은 미니애폴리스 근린재활성화프로그램NRP(2장 참조)으로, 부유한 지역을 포함하여 그 도시의 모든 지역이 각 지역사회에 지출할 수 있는 금액을 지급받았다. 그러나 이는 지역 유형에 따라 배분되었으므로 가난한 지역이 잘사는 지역보다 훨씬 더 많은 금액을 받았다. 그 프로그램의 성격은 재분배적이었지만 모든 사람이 무언가를 받는다는 사실 때문에 정치적으로 실행 가능하게 되었다. 계획 과정을 감독하는 지역 조직들은 계획 수립 작업에 있어 포용적이어야 했으므로 다양성과 민주주의에 대한 의무를 모두 이행했다. 많은 지역에서 주택 소유자들이 그 과정을 지배하여 결과가 불균등했음에도 불구하고, 그 프로그램은 도심 개발에서 지역사회 개선으로 자금을 돌리는 데 성공했고, 여러 지역에서 중·저소득 주민들을 향한 주택, 사회 서비스, 공공시설 개선 등에 기여했다.[15] 취약계층에 유리한 지역사회의 변화를 가져오는 데 있어 뉴욕 지역사회계획위원회의 자원 동원 시스템은 상대적으로 덜 성공적이다. 해당 위원회는 자문 권한을 가질 뿐이고 그 위원을 임명하는 것은 지역사회 단체가 아닌 자치구boroughs 구청장과 시의회이며 배분할 재원도 보유하고 있지 않기 때문이다(Marcuse

1987). 암스테르담의 지방정부는 뉴욕의 지역사회 지구districts나 런던의 자치구보다 훨씬 작은 지역을 관리하지만 런던의 지방 당국과 유사한 계획 및 예산 권한을 가진다. 따라서 런던이나 암스테르담에는 미니애폴리스의 실험에 필적하는 근린 계획 기구가 없음에도 그들의 계획 및 배분 권한은 뉴욕보다 훨씬 더 분권화되어 있고 상당한 권한을 가지며 비엘리트의 이해관계가 계획 과정에 영향을 미치도록 할 수 있다.

승인된 참여 방식 외에도 시위 운동의 역할 역시 보다 공평한 정책에 필수적이다. 아래로부터의 압력이 없다면 공식적 참여 기구는 포섭될 가능성이 높다. 정부는 아래로부터의 위협이 있을 때 대중의 이익에 더 민감해진다. 이 글을 쓰는 지금 미국과 서유럽의 경제는 대공황 이후 가장 심각한 위기에 직면해 있다. 이는 세계 몇몇 지역에서 시위를 촉발시켰고 어떤 경우에는 폭동이 일어나기도 했지만, 지금까지 이러한 소동은 상당히 제한적이었다. 침묵 상태가 계속될지 여부를 예측하기란 불가능하다. 현 상황이 더 악화될지 여부와 위기를 해석하는 이념적 틀에 많은 것이 달라질 것이다. 역사를 대략 살펴보면 위기는 진보적 운동으로 이어질 수도, 퇴행적 운동으로 이어질 수도 있다. 제1차 세계대전과 대공황은 미국과 유럽의 많은 지역에서 사회개혁을 야기했지만, 다른 한편으로는 파시즘, 나치즘, 스탈린주의, 그리고 자유민주주의 내 우익 운동도 일으켰다.

20세기 후반부터 새천년으로 접어든 기간에는 문화적 정체성에 대한 강조가 대두되었으나 현재는 경제적 분열과, 경제 붕괴를 일으키는 자본주의 금융 기관의 역할이 주목을 받게 되었다. 산업과 금융의 운영권자가 받는 엄청난 소득에 대한 부정적 인식이 오랫동안 잠잠했던 미국에서조차 계급적 분노가 노골적으로 표출되고 있다. 《뉴욕타임스》에 언급된 바와 같이, "금융 회사 임원의 막대한 연봉을 연방 세금으로 지원하는 것에 대해 대중의 분노가 높아지고 있다"(Andrews and Bajaj 2009). 계급적 이해관계에 대한 대중의 의식이 높아지고, 정부가 금융 기관의 소유권 지분을 인수한 결과 기업의 의사 결정이 정치화되면서 시장이 지배하는 사적 영역에서 경제적 격차가 제거되었다.

리처드 포글송은 계획에 관한 자본주의-민주주의 모순이 다음과 같은 경우에 발생한다고 본다.

> 한편으로는 자본주의 유지 조건을 창출하기 위해 도시 공간의 통제를 사회화할 필요가 있지만, 다른 한편으로 도시 토지의 통제를 진정으로 사회화하거나 민주화하는 것은 자본에 대한 위험이 된다. 시장 시스템이 자본주의를 유지할 수 있는 건조 환경•을 조성할 수 없는 경우, 국가 기관, 특히 형식상으로 민주적인 국가 기관에 의존하는 것은 완전히 새로운 문제들을 야기한다. 그중 적잖은 문제는 인구가 더 많은 비소유자 집단이 토지 부동산에 대한 통제권을 너무 많이 갖게 된다는 것이다. (Foglesong 1986, 23)

• 건조 환경(built environment)은 자연 환경과 대비되는 개념으로서 건축물, 도로, 철도, 시설물, 공원, 광장 등 인공적으로 만들어진 환경을 가리킨다.

저당권을 소유한 금융 기관에 대한 미국 정부의 개입과 이산화탄소 배출을 줄이기 위한 연방·주·지방 등 모든 정부 수준의 압력은 포글송이 설명하는 모순된 상황을 정확하게 만들어 낸다. 민간 부문은 주택담보대출 위기에 스스로 대응하거나 온실가스 배출을 제한할 수 없기 때문에, 이러한 일은 국가에 의지할 수밖에 없다. 그러나 국가가 개입하면 투자자들의 재량권을 제한하고 정책 결정 과정에서 정의의 문제를 제기하려는 비자본가들의 이해관계가 작용하게 된다.

결론적으로 대도시 수준에서 달성할 수 있는 것에는 명백한 한계가 있다. 그러나 정의에 대한 관심은 적어도 도시 체제가 주민들을 비자발적으로 이주시키고, 공동체를 파괴하며, 일반적 편익을 거의 제공하지 않는 값비싼 대규모 프로젝트에 자원을 투입하는 것을 막을 수 있다. 좀 더 적극적으로는, 정부 수입의 공평한 분배를 촉진하고, 활기차고 다양하며 접근 가능한 공공 영역을 생성하고, 현재 배제된 집단에게 지역 의사 결정이 더욱 개방적이고 투명하게 이루어지도록 하는 정책들로 이어질 수도 있다. 정책 형성을 둘러싼 담론이 단순히 경쟁력에 대한 기여보다 의사 결정의 정의로움에 초점을 맞춘다면 더 많은 성과를 거둘 것이다. 담론과 결과는 분명히 연결되어 있지만, 결과가 정의로우려면 비단 담론이 수행되는 과정이 아닌 그 실체적 내용이 중요하다.

주

서론: 도시 정의 이론을 향하여

1 '도시(city)', '대도시권 지역(metropolitan area)', '도시지역(urban area)'이라는 용어는 규모 문제가 논의되는 경우를 제외하고 이 책에서 대부분 같은 의미로 사용된다. 위 용어는 모두 관할권 경계선으로 나눠질 수 있는 연속된 도시 지역을 의미한다. 그러나 대도시권 공간 구분에 대한 논의에서와 같이 경우에 따라서는 '근린(neighborhood)', '도시', '대도시권 지역'을 분석적으로 구분한다.

2 나는 오피스 개발을 촉진하기 위해 뉴욕과 런던에서 사용된 유인책들을 설명한 바 있다(Fainstein 2001a). 버나드 프리든과 린 샤갈린은 도시 부흥(downtown revival)의 한 방법으로 활기찬 소매업의 창출을 기록한다(Frieden and Sagalyn 1989). 마크 로젠트롭은 많은 연구자와 같이 주 정부와 지방정부가 스포츠 시설에 쏟아 부은 막대한 액수를 제시하고 비판한다(Rosentraub 1999). 데니스 주드는 모든 시장(市長)이 방문객을 유치하는 데 중요하다고 여기는 컨벤션센터 및 경기장과 같은 구조물을 지칭하기 위해 '관광객 특별구역(tourist bubble)'이라는 용어를 사용한다(Judd 1999). 마이클 포터는 도심 부흥의 핵심으로 관련 산업의 클러스터링을 장려한다(Porter 1998). 리처드 플로리다는 '창조계급'을 도시재생의 중심 요소로 제시한다(Florida 2002). 앤 마커슨과 엘리자베스 커리드는 경제발전을 촉진하는 데 문화의 중요성을 지적한다(Markusen 2006; Currid 2007).

3 저자와의 인터뷰, 2008년 7월 26일.

4 특히 Jacobs(1961); Gans(1968); Mollenkopf(1983); Faistein and Faistein(1986); Logan and Molotch(1987); Stone(1989); Kohn(2004); Squires(1989); Dreier, Mollenkopf and Swanstrom(2001) 참고.

5 아이리스 매리언 영은 사람들이 집단 정체성의 결과로 경험한 다섯 가지 형태의 억압 목록을 제공한다. 착취, 주변화, 무권한, 문화 제국주의, 체계적인 폭력이 그것이다(Young 1990).

6 이후에 논의되는 바와 같이, 의사소통적 합리성과 숙의민주주의의 지지자들은 진정한 민주주의적 과정이 정의로운 결과를 가져올 것이라고 기대한다. 따라서 그들은 정책 내용이나 바람직한 도시의 성격보다는 참여 과정과 협상 방법에 초점을 맞춘다(Fainstein 2005a).

7 비록 대부분의 도시계획 학자는 보다 넓은 이론적 맥락에서 정책적 권고를 하지 않았지만, 몇몇 학자는 진보적인 제도와 정책을 구체화했다(Clavel 1986; Mier and Alpern 1993 참고). 루스 핀처와 커트 아이브슨이 그러한 시도를 했고(Fincher and Iveson 1988), 케빈 린치는 정의를 포함한 도시 디자인에 관한 논쟁을 전개했다(Lynch 1981). 내가 앤 마커슨과 공동 집필한 *North Carolina Law Review*의 1993년 논문에서는 사회 정의를 증진할 특정 도시 프로그램을 구체화하고자 했다. 레오니 샌더콕은 《코스모폴리스를 향해》(1998)와 《코스모폴리스 II》(2003)에서 차이에 반응하는 도시의 특성을 설명하고자 했다. 숙의민주주의의 실체적 내용을 제시하고자 한 에이미 거트만과 데니스 톰프슨은 도시 문제와 교차하는 보건 및 소득과 같은 특정 정책 분야에 숙의민주주의 원칙을 적용하지만 도시적인 관점을 명백히게 취하지는 않는다(Gutmann and Thompson 1996).

8 지난 40년 동안 개발된 지배적인 도식으로는 공정성으로서의 정의에 대한 존 롤스의 개념(Rawls 1971), 이상적인 발언 상황에 대한 위르겐 하버마스의 묘사(Habermas 1986-89), 공동체주의(특히 Sandel 1996; Walzer 1984), 마사 누스바움(Nussbaum 2000) 및 아마르티아 센(Sen 1992)의 역량 접근 방식이 있다(자세한 내용은 2장 참고).

9 분석철학 내에서 가치를 논의할 수 없었기 때문에 정의의 의미에 대한 연구는 주류 철학에서 밀려났다(Putnam 2002 참고). 메이브 쿡은 가치 지향 철학으로의 복귀를 요구하면서 "좋은 사회에 대한 다소 확정적이고 지침적인 견해" 없이는 비판적 사회사상이 불가능할 것이라고 주장한다(Cooke 2006, 3). 다시 말해 논리실증주의는 사회 개혁가들에게 아무런 지침도 남겨 두지 않았다.

10 아이리스 매리언 영의 저작은 대표적인 예외다.

11 개인적인 교신, 2006년 5월 9일. 유사하게 톰 스프라겐스는 "정의의 미덕이 정치제도의 중심이 된다는 것과 별개로, 대부분의 시민이 궁극적으로 관심을 가지는 것은 양심의 나침반이 '좋은 삶'이라고 가리키는 삶을 영위할 수 있는 능력이다."(Spragens 2003, 601)라고 주장한다. 페터 마르쿠제는 또한 정의의 개념만으로는 충분하지 않다고 주장한다. "바람직한 도시는 … 분배 형평성만 있는 도시가 아니라 모두를 위한 인간 능력의 완전한 개발을 지원하는 도시여야 한다. 이것은 정의 계획(Justice Planning) 이상의 것을 요구한다"(Marcuse 2009, 91).

12 앙리 르페브르의 도시에 대한 권리에 관한 주장은 정의 너머로 확장된다(Lefebvre 1991[1974]). 도시에 대한 권리는 2008년 6월 미국의 20개 도시 조직을 포괄하는 도시 기반 사회운동인 '도시에 대한 권리 연맹(Right to the City Alliance)'의 동원 구호가 되었다. 해당 단체는 "주거, 사회 임금, 공공 공간 및 문화에 대한 우리의 다양한 투쟁을 포괄하기 위한 공통의 틀과 접근 방식을 개발하는 것"을 목표로 제시한다(http://www.idealist.org/en/org/161513-236).

13 도시학자들이 도시 개발을 평가하기 위한 적절한 기준에 관한 윤리 이론들을 정식화하기 시작했고(특히 Sennett 1990; Forester 1993; Sayer and Storper 1997; Low and Gleeson 1998; Healey 2006; Meagher 2008; Purcell 2008 참고), 일부 정치 이론가와 철학자 등도 도시 문제에 직간접적으로 관심을 가졌다(특히 Fischer 2000; Hajer and Reijndorp 2001; Mouffe 2000; Mansbridge 1990a; Nussbaum 2000; Young 1990, 2000). 도시의 정의에 관한 컬럼비아 대학의 한 학술대회에서 처음 발표된 논문으로 구성된 책 《정의로운 도시를 찾아서》(Marcuse et al. 2009)는 추상적 분석과 응용 분석을 함께 다룬다.

14 특히 Fainstein(2001a, 1997); Fainstein, Gordon and Harloe(1992); Fainstein and Fainstein(1978) 참고.

15 존 로건과 토드 스완스트롬은 도시 간의 차이가 어느 정도의 지역 자치에서 비롯된다는 것을 입증하기 위해 여러 연구를 수집했다(Logan and Swanstrom 1990). 제임스 디필리피스는 대부분의 산업에서 노사 관계가 지역에 뿌리를 두고 있으며 지역 수준에서 규제를 받기 쉽다는 것을 보여 준다(James DeFilippis 2009).

16 피셔는 내가 효율성을 제외하고 평등, 다양성, 그리고 민주주의의 세 가지 가치에 초점을 맞추고 있다고 다음과 같이 비판한다. "목록에서 누락된 것은 … 이론과 실천의 연속선상의 반대쪽 끝에서 작용하는 효율성의 가치다. 효율적인 조치에 대한 관심 없이는 해결할 수 있는 문제가 거의 없다"(Fischer 2009, 61).

17 웬디 브라운은 자유주의적 관용이 실제로 구조적 차이를 탈정치화하고 결과적으로 문화 제국주의를 대표한다고 주장한다(Brown 2006). 그녀의 주장은 서구 자유주의 전통에 근거한 정의에 대한 대부분의 요구가 그것이 만들어지는 맥락을 넘어서지 않고 문화적 우월감을 기반으로 한다는 것을 시사한다. 어니스트 겔너는 전통적인 사회과학에 대한 포스트모더니즘의 반감을 제기하며 "전통적인 사회과학이 열망하거나 소환하는 객관주의가 … [실제로는] 지배받는 사람들을 제약해서 복종을 수용하도록 하는, 사람들에 대한 비전을 은밀하게 강요하는 수단은 아니었는지 의문을 제기한다. [포스트모더니스트들이 말하는] 그 잘못이 기존 질서를 승인하면서 어떤 **특정** 비전

을 그 질서의 희생자들에게 강요하는 것인지, 아니면 객관성이라는 그 이상을 강요하는 것 자체가 주된 죄인지는 완전히 명확하지 않다. 객관주의에 대한 열망이 그 자체로서 근본적인 죄가 되는가?"(Gellner 1992, 27) 아니면 자신의 비전이 우세하도록 하는 것이 도덕적으로 옳지 못한 것인가?

18 이 두 가지 근거는 많은 가능성 중에서 선택된 것이지만 현재 가장 영향력 있는 것으로 보인다.

19 그는 정의로운 계획 및 정책 실무 관리를 위한 아이리스 매리언 영의 여섯 가지 제안에서 이를 도출해 냈는데, 그 제안은 다음과 같은 '일상적인 의미'를 포괄한다. 간단히 말해, 그것은 노동력 착취 금지, 사회 집단의 주변화 방지, 억압받는 집단의 정치적 권력에 대한 접근과 자기표현, 문화 제국주의 제거, 인도적인 형태의 사회 통제, 사회 프로젝트의 불리한 생태적 영향 완화 등이다(Harvey 2002, 400-401).

20 다소 특별한 수사학적 표현으로, 경제학자들은 다른 사람들이 비용을 부담해야 하는 위험을 무릅쓰거나 혜택을 받는 개인이나 집단에 의한 비효율성을 '도덕적 해이'라고 부른다. 자주 사용되는 한 가지 예는 보험 가입자가 의료시설을 남용하는 것이다. 이 개념은 비경제학자들이 보기에 더 큰 도덕적 해이를 보이는 것으로 간주할 수 있는 노동 착취 또는 다른 형태의 불의에는 결코 적용되지 않는다. 대개는 도덕성에 대한 고려를 전적으로 회피하는 학문 분야에서 이러한 정식화가 있다는 것이 흥미롭다.

21 달리 명시하지 않는 한, 굵은 글씨는 원문의 강조 표시를 따른다.

22 이는 힐러리 퍼트넘의 하버마스주의 의사소통 행동 규범에 대한 요약이다(Hilary Putnam 2002, 113).

23 프랭크 피셔는 그의 목록에 정치적 자유를 포함한다. 이 가치는 민주 사회에 스며들지만 그가 지명한 다른 가치보다 훨씬 덜 보편적으로 지지받는다.

24 누스바움의 역량 이론은 나중에 논의될 것이다. 여기서 중요한 점은 그녀가 순전히 보편적인 도덕적 입장을 취하지 않고 가치에 대한 합의의 중요성을 인식한다는 것이다.

25 원래의 정식화는 Rawls(1971)에 포함되어 있다. 원본이 출판된 이후 나온 반응의 일부를 고려한 수정 및 편집된 버전은 Rawls(2001) 참고.

26 정책 분석에서의 규범적 판단의 다양한 수준에 관한 주장은 Fischer(1980)를 참고하라. 정의로운 도시의 개념은 사회적 구성물로서 담론에서 비롯되었지만, 특정 정책이 정의를 촉진하는지 여부를 고려하여 다양한 수준의 분석을 통해 개발되었다(Fischer 1980; 2003 참고). 목표는 단순히 선호로서 '발견'되기 위해 존재하는 것은 아니지만, 마주칠 때마다 임시방편으로 재개발되는 것도 아니다(Lindblom 1990; Giddens 1990).

27 제시될 몇 가지 주장은 개발도상국에도 적용될 수는 있지만, 나는 개발도상국의 도시를 논의할 수 있는 입장에 있다고 생각하지 않는다.

28 앤서니 기든스와 마누엘 카스텔스는 둘 다 구조적 변화의 기초가 계급에 기반을 둔 정당보다는 환경주의와 페미니즘과 같은 광범위한 기반의 사회운동에 있는 것으로 본다(Giddens 1990; Castells 2000a).

29 나는 가장 평등한 도시 지역이 매우 적극적인 복지 제도를 가진 나라에 존재하며, 도시 정부는 자체 수입 기반에 덜 의존할 때 더 많은 재분배 정책을 선택할 수 있다고 주장한다(Fainstein 2001b). 폴 피터슨은 높은 과세로 복지 정책을 지원하면 자본 투자를 몰아내기 때문에 지방이 재분배 정책을 감당할 수 없다고 주장한다(Peterson 1981).

30 이 용어는 Gorz(1967)에서 처음 쓰였다.

31 마르크스주의적 비판은 정의를 추구하는 계획가들에게 기회를 거의 남겨 두지 않는다. 왜냐하면 피터 홀의 말처럼 그들은 "자본주의 진화의 경로를 1밀리미터나 1밀리초 이상 바꾸기를 바랄 리 없기 때문이다. … 마르크스의 논리는 이상하게도 정적(靜寂)주의적(quietist)이다. 그것은 계획가가 계획에서 물러나 학문적 상아탑으로 완전히 철수해야 한다고 말한다"(Hall 2002, 371). 또한 Fainstein and Fainstein(1979)을 참고하라.

32 Cooke(2006, 3장); Fraser(1997); Fung(2005).

33 의사소통적 합리성 계획이론가들의 관심은 도시계획을 담당하는 공무원에게 있지만, 그들은 도시에 대한 실제 정책의 장점을 논의하지 않고 대신 계획가, 정치인, 그리고 이해 관계자의 상호 작용에 머무른다. 계획 대상으로서 도시의 실종에 대한 논의는 Fainstein(2005b)과 Beauregard(1990)를 참고하라.

34 마찬가지로 메이브 쿡은 "자율적으로 사고하고 행동하는 인간에 의해 실현될 수 있는 현존하는 역사적 실재 내에서의 해방적 잠재력"을 찾는 유토피아주의를 지지한다(Cooke 2006, 162). 그녀는 이것을 한편으로는 상세한 유토피아적 비전에 관한 추상적인 궁극 원인론(finalism)과, 다른 한편으로는 역사적 필연성에 대한 마르크스주의적 개념과 대비한다. 데이비드 하비 역시 변증법적 유토피아주의를 요구하면서 공간적 형태의 유토피아주의를 거부한다(Harvey 2009).

01 정의 문제에 대한 철학적 접근

1 특히 Healey(2006), Fischer and Forester(1993), Forester(1999), Innes(1995) 참고.

2 합의 또는 상호 이해에 대한 기대로 모든 현대 민주주의 이론가를 특징지을 수 있는 것은 아니다. 따라서 아이리스 매리언 영은 해결할 수 없는 이해관계의 상충을 예상한다(Young 2000). 샹탈 무프는 '경합적 민주주의(agonistic democracy)' 이론을 개발했는데, 거기에서 유일한 합의는 기본적 민주주의 제도 수용에 관한 것이다(Mouffe 2000, 2005). 마크 퍼셀의 '급진적 다원주의' 버전의 민주주의도 마찬가지로 충돌하는 자기중심주의적 이해관계가 계속될 것으로 예상한다(Purcell 2008). 패치 힐리 자신은 논쟁적 과정의 결과가 "해방적이고 창의적일 수 있지만 억압적일 수도 있다"라고 썼다(Healey 2003, 114).

3 새뮤얼 프리먼은 숙의민주주의의 계율을 다음과 같이 요약한다. "정치적 관계의 이상으로 간주되는 숙의민주주의는 정치 주체들 또는 그 대표가 (a) 집단적으로 숙의하고 투표하는 것을 지향하고, (b) 정보에 입각하여 대상을 진실하게 판단하며, (c) 그 판단 대상은 시민의 공동선에 노움이 되는 조치들이다. (d) 정치 주체들은 서로를 정치적으로 자유롭고 시민적 생활에 동등한 참여자인 민주적 시민으로 간주한다. (e) 헌법적 권리 배경과 **다목적 사회적 수단**은 시민들이 공적 생활에 참여할 기회를 이용할 수 있도록 한다. (f) 시민들은 선에 대해 스스로 자유롭게 결정한 대로 이해한다는 점에서 개별적으로 자유롭고, 이러한 선의 개념은 정치적 목적과 무관하더라도 공개적으로 정당한 것으로 간주된다. 또한 (g) 자유 시민은 선에 대한 다양하고 서로 다른 개념을 가지는데, 이는 기본권에 의해 헌법으로 보호된다. 이러한 다양성 때문에 (h) 시민들은 그들의 공적인 정치적 숙의 과정에서 공적인 이유(모든 합리적인 시민이 민주적 시민으로서 받아들일 수 있는 고려사항들)를 들고, 자신의 특정한 도덕적·종교적·철학적 견해에 특유하며 공적인 이유와 양립할 수 없는 이유에 기초한 공적 주장을 지양할 의무를 인정한다. (i) 이러한 이유들이 공적인 이유는 그것들이 시민의 공동 이익과 관련 있고 어떤 점에서는 그 공동 이익을 진전시키기 때문이다. (j) 시민들의 공동 이익 중 근본적인 것은 자유, 독립, 그리고 평등한 시민적 지위다"(Freeman 2000, 382, 강조 추가). '다목적 사회적 수단'은 상대적 평등의 배경 조건을 의미한다. 마찬가지로 브루스 애커먼은 물질적 평등을 "자유로운 정치적 대화"의 전제 조건으로 특정한다(Ackerman 1980, 28). 특히 Dryzek(1990)과 Gutmann and Thompson(1996)도 참고하라.

4 의사소통적 계획이론(Albrechts and Mandelbaum 2005 참고) 내 한 흐름을 구성하는 네트워크 이론에 대한 비판에서 프랑크 물라에르트와 케이티 캐버렛은 다음과 같

이 설명한다. "제도 형성에서 대인 관계와 신뢰의 역할을 지나치게 강조하면 구조와 제도의 역할을 이해하기 어렵고, 네트워크가 사회 조직의 한 이상적 형태로서 다뤄질 위험이 있다"(Moulaert and Cabaret 2006, 60). 마크 퍼셀은 다음과 같이 주장한다. "신자유주의 프로젝트가 요구하는 것은, '민주적인 것'으로 널리 받아들여지지만 기존 권력 관계에 근본적으로 도전하지 않는 (또는 할 수 없는) 의사 결정 관행이다. 의사소통적 계획은 의사소통 행위에 뿌리를 두고 있는 한, 단지 그러한 의사 결정의 실천일 뿐이다"(Purcell 2009, 141). 즉 의사소통적 계획은 기존 구조와 관련하여 본질적으로 보수적이다.

5 아이리스 매리언 영 자신은 사회운동에 기반하여 민주주의에 접근할 것을 요구하는데, 이 경우 저항과 시민 불복종이 그 참여 방법으로 받아들여진다(Young 2000).

6 과정에 대한 지나친 강조, 합의 이행 문제에 대한 경시, 오렌 이프태철이 "계획의 어두운 측면"이라고 부르는 것에 대한 간과와 관련된 의사소통적 계획이론에 대한 비판은, Fainstein(2000), H. Campbell(2006), Watson(2006), 그리고 Yiftachel(1999)을 참고하라.

7 존 스튜어트 밀은 "우세한 의견 및 감정의 폭정"을 두려워했다(Mill 1951, 89).

8 로버트 폴 울프, 베링턴 무어, 허버트 마르쿠제는 자본주의적 헤게모니의 결과로서 관용, 즉 사상의 자유로운 구사를 허용하는 것이 주류 외부의 모든 담론을 주변화하는 억압적인 결과를 가져올 수 있다고 주장한다(Wolff, Moore, and Marcuse 1969). 이 견해는 최근 웬디 브라운에 의해 채택되었다(Brown 2006).

9 Flora and Heidenheimer(1981); Mencher(1967); Evans, Rueschemeyer and Skocpol(1985)을 참고하라.

10 의사소통 행위를 실천을 위한 지침으로 사용하려 시도한 학자 중 많은 이의 경우처럼, 이상적인 말하기 상황이 과정을 평가하는 중요한 표준이 되는 위르겐 하버마스 자신의 저작에는 이것이 덜 해당된다.

11 민주주의는 지배를 극복하는 것이라고 정의한 이언 샤피로는 민주주의에 실체적 내용을 부여하는 데에서 한 걸음 더 나아가, 참여는 가치가 있지만 그럼에도 불구하고 정의에 종속되는 선이라고 주장한다(Ian Shapiro 1999).

12 T. H. 마셜은 시민권을 법적 시민권, 정치적 시민권, 사회적 시민권으로 분류하는데, 각 유형이 다른 유형에 역사적으로 앞선다. 완전한 사회적 권리가 있어야 합법적·정치적 권리가 완전히 행사될 수 있다. 루소는 비슷한 주장을 펼치며 평등이 자유의 전제 조건이라고 주장한다. "만약 최대 선이 정확히 어디에 존재하는지 조사한다면 … **자유**와 **평등**이라는 두 가지 주요 객체로 귀결된다는 것을 알게 될 것이다. … 왜냐하

면 자유는 평등 없이는 존재할 수 없기 때문이다"(Rousseau [1987년판], 170).

13 니컬러스 로와 브렌던 글리슨은 소외를 야기하는 공리주의적 개인주의를 더욱 비판한다. "[인간에 대한] 이러한 견해는 우리 시대의 상식에 만연해 있다. 현대 정책 결정의 언어에서 '시민'으로서의 사람은 '고객' 또는 '소비자'로서의 사람으로 대체되었다. 그러나 이 좁은 관점은 압도적인 무력감과 소외감으로 이어지며, 이는 자기 강화적이다"(Low and Gleeson 1999, 34). 그들의 요점은 소유적 개인주의가 더 큰 전체와의 동일감을 파괴한다는 것이다.

14 비용 편익 분석은 실용주의적 틀 안에서 작동하지만, 개선을 창출하기 위해 한 집단을 더 나쁘게 만들어서는 안 된다는 파레토 최적(Pareto optimality)의 제약을 받는다. 정책 분석가는 패자에게 손해와 동일한 보상을 보장함으로써 이러한 제약을 우회하지만, 그 보장은 일반적으로 실생활에서 존중받지 못한다.

15 이것은 미국의 토지수용 판례인 킬로 대 뉴런던(Kelo v. New London, 2005년 6월 23일)에서 샌드라 데이 오코너 판사가 제기한 이의다. 반대 의견에서, 그녀는 다음과 같이 선언했다. "그 어떤 것도 주 정부가 모텔 식스(Motel 6)(미국에서 대표적인 저렴한 모텔로 유명함-옮긴이)를 리츠칼튼 호텔로, 집을 쇼핑몰로, 농장을 공장으로 대체하는 것을 막을 수는 없다." 스포츠 경기장과 컨벤션 센터 건설을 지지하는 분석은 그것들이 공공재정에 순손실을 가져왔음에도 불구하고 늘 그렇듯이 일자리 창출과 도시 이미지 향상을 통해 전반적인 복리에 기여하는 것으로 그것들을 정당화한다.

16 공리주의에 대한 추가 비판에서 아이리스 매리언 영은 공리주의 계산의 (불균형) 배분 효과뿐만 아니라 공리주의 가정에도 잘못이 있다고 주장하는데, 그 가정은 일부 사람들이 더 큰 요구를 가질 때조차 각 개인의 이익에 동일한 가중치를 부여해야 한다는 것이다(Young 2000, 101). 마찬가지로 아마르티아 센은 공리주의가 결과의 불평등을 허용하면서도 "모든 사람의 효용에 똑같은 중요성을 부여하고 … 효용 극대화 문제에서 모든 사람의 효용이 동일한 가중치를 갖도록 보장한다."라고 언급했다(Sen 1992, 14). 공리주의는 일부 집단의 요구가 다른 집단보다 크다는 점을 고려할 수 없기 때문에, 그것은 이러한 의미에서만 공정하다(Nussbaum 2006). 또한 측정 가능하고 객관적인 이익이 존재한다는 기본 가정이 있다(객관적 이익의 개념에 대한 논의는 Balbus 1971 참고). 또한 힐러리 퍼트넘이 효과적으로 그 신뢰성을 비판하듯이(H. Putnam 2002), 공리주의는 사실과 가치의 이분법에 의존한다.

17 마르크스주의에 대한 페미니즘적 반대 중 하나는 아이의 출산과 양육, 그리고 인간의 생명을 유지하는 데 필요한 조건을 유지한다는 의미의 재생산에 대한 마르크스주의의 평가절하다.

18 정의라는 용어를 사용하면서 하비는 단순한 경제적 정의 이상의 것을 의도하지만, 그는 경제적 관계가 억압을 제거하는 기본이 된다고 생각한다.

19 Castells(2004) 및 Robertson(1992) 참고. 아야톨라 호메이니는 오디오 테이프를 녹음하여 파리에서 이란으로 보냄으로써 이란 혁명에 영향을 미칠 수 있었다. 최근에는 오사마 빈 라덴이 비디오로 자신의 견해를 방송했다. 모든 신앙의 종교적이고 정치적인 운동은 인터넷을 통해 그 견해를 전파한다.

20 인식 개념의 기원, 의미, 그리고 모순에 대한 논의는 Benhabib(2002, 49-81)을 참고하라.

21 그러나 루소는 문화적 다원주의를 선택하기보다 진정한 민주주의는 뜻이 맞는 작은 공동체 내에서만 존재할 수 있다고 생각했다.

22 그 비판은 부분적으로 하버마스에도 적용되는데, 그의 간주관성(intersubjectivity)이라는 개념은 이들 비평가들의 견해와 일치하지만 담론에서의 합리성에 대한 강조는 그들과 상충된다.

23 물론 지멜의 예측은 포스트구조주의 이론의 발전에 앞서며 사회적으로 구성된 차이의 의미에 대해 덜 온화한 관점을 취한다. 랄프 다렌도르프는 마찬가지로 권력의 계층구조와 사회적 분화가 불가피하다고 주장한다(Dahrendorf 1959).

24 이 비판은 막스 베버가 "직업으로서의 정치(Politics as a Vocation)"에서 책임의 윤리와 절대적 목적의 윤리를 대조했을 때 가장 강하게 표현되었다(Weber 1958).

25 아이리스 매리언 영의 1990년 저서에서는 개인이 소속 집단 외부에서 자신의 정체성을 구축할 수 있는 여지가 거의 없는 것처럼 보인다. 그러나 그녀는 《포용과 민주주의》(2000)에서 이 입장을 수정했다. 루스 핀처와 커트 아이브슨은 다양성을 계획의 중심 목표로 삼고 있지만 고정된 정체성을 '뒤흔드는' 사고 형태를 주장한다(Fincher and Iveson 2008).

26 루이스 하츠는 정치 이론의 변증법에 대한 성공적인 분석에서 다음과 같이 말한다. "개인이 진정으로 자율적이고 국가 내에서 평등하다는 [군주 국가의] 새로운 명제는 인간이 이전에 자신이 속한 단체의 의미에서 성공적으로 벗어날 수 있음을 의미한다. 이전에는[즉 봉건 시대에는] 단체 귀속(corporate attachment)이 인격(personality)을 규정했다. 오래된 질서가 붕괴되면서 개인은 다시 정의될 것이다"(Hartz 1990, 29).

27 2009년 미국 대법원의 한 판례는 그러한 긴장의 형성을 보여 준다. 뉴헤이븐시는 소수 인종이 시험에서 좋은 성적을 얻지 못했으므로 소방관 승진시험 결과를 폐기하기로 결정했다. 시험 점수로 승급 자격을 갖춘 백인 소방관들이 소송을 제기했으며, 하

급 법원에서 패한 후 대법원에서 5 : 4 판결로 승소했다(Ricci et al. v. DeStefano et al., 미국 대법원, 2009년 6월 29일 판결).

28 전쟁 전 니콜로 마키아벨리에서 빌프레도 파레토, 가이타노 모스카, 로베르트 미헬스를 거쳐, 전쟁 후 버나드 베럴슨과 투표 행위 분석가들에 이르기까지 엘리트주의 정치 이론가들의 흐름이 존재하는데, 이들은 심지어 민주 국가에서도 사회의 엘리트 지배가 불가피하다고 본다. 그들은 이것을 도덕적으로 수용 가능한 것으로 간주하는지 여부에 따라 분화된다.

29 로버트 퍼트넘은 미국인들의 태도에 대한 광범위한 조사에 기초하여, 단기적으로 "다양성 있는 공동체의 거주민들은 집단 생활을 중단하고, 피부색에 관계없이 이웃을 불신하며, 심지어 친한 친구와도 소원하게 지내고, 그들의 공동체와 그 지도자들에 대해 최악을 예상하고, 자원봉사 활동을 더 조금 하며, 자선단체에 더 적게 기부하고, 지역사회 프로젝트에 덜 자주 참여하며, 투표인단에 덜 등록하고, 사회 개혁을 **더 많이** 선동하지만, 그들이 실제로 변화를 일으킬 수 있다는 믿음이 적고, 텔레비전 앞으로 불행하게 모어드는 경향이 있다. 적이도 단기적으로는 다양성이 우리 모두 안에 있는 거북이를 불러내는 것 같다."(R. Putnam 2007, 150-151)라고 판단했다.

30 내 규칙 목록은 제6장에 나와 있다.

31 Flyvbjerg, Bruzelius, and Rothengatter(2003)와 Altshuler 및 Luberoff(2003) 참고.

02 정의와 도시의 변혁

1 기도 마르티노티는 여행이 증가하면 도시들이 수많은 일시 체류자('사용자')의 호스트가 된다고 지적한다(Martinotti 1999). 도시 공간의 상품화를 비판하는 사람들은 일시 체류자의 정당성에 이의를 제기하고는 한다. 그러나 방문객과 통근자는 현대 도시개발의 중요한 요소이며 인구의 큰 단면을 구성하므로 도시에서 정의의 개념을 공식화할 때 그들 역시 고려해야 한다.

2 예를 들어 미국의 진보적 시기에 대한 논의는 Hays(1995)와 S. Cohen(1964)을, 유럽에서 공공 관료주의의 영향에 대한 논의는 Crozier(1964)를 참고하라.

3 이 책은 독일어로 작성되었으며 네덜란드에서 출판되었다. 영문판은 1940년에 나왔으며 저자에 의해 대폭 수정, 확대되었다.

4 이와 유사하게 칼 폴라니는 프리드리히 하이에크와 같은 극단적 자유주의자들이 주장하는 것처럼 국가 계획에 의해 자유가 제한되어서는 안 되며 오히려 자유를 위해

계획이 필요하다고 주장했다(Polanyi 1944).

5 가장 영향력 있는 사람 중에는 계획 지지자들의 사회적 계급 구성을 공개하고 도시 재개발에 의한 약탈을 보여 준 허버트 갠스(Gans 1968), '계획의 이데올로기'는 단순히 개발업자들의 계급이익을 합리화한 것일 뿐이라고 주장한 데이비드 하비(Harvey 1978), 그리고 환경주의를 상류층의 특권을 보호하는 도구로 여긴 마누엘 카스텔스(Castells 1977) 등이 있다.

6 Castells(1977); Harloe(1977); Harvey(1978); Foglesong(1986) 참고.

7 Fainstein and Fainstein(1979); Hall(2002, 10장); Brooks(2002) 참고.

8 Clavel(1986); Krumholz and Forester(1990); Mier and Alpern(1993); Hartman(2002) 참고. 많은 의사소통적 계획이론가(예를 들어 존 포레스터, 주디스 이네스, 패치 힐리, 제임스 스로그모턴 등)는 진보적 계획가가 분열적인 문제를 둘러싼 협상을 개선할 방법에 대한 이론화의 근거로 실제 사례를 사용한다. 그러나 계획가가 다른 이해관계자들과 상호 작용하는 방식에 대한 것 외에는 정책 처방을 제공하지 않는다.

9 수전 페인스타인, 앤드루 세이어와 마이클 스토퍼는 도시 정책에 대한 대부분의 좌파 저작이 분석 근저에 있는 가치들을 특정하지 못한 것을 비평한다(Fainstein 1999; Sayer and Storper 1997).

10 이것은 특히 의사소통적 합리성에 대한 논의의 경우에 해당하지만, 그 개념이 참여(Purcell 2008; DeFilippis 2004), 공공 공간(Kohn 2004; Mitchell 2003), 인프라(Flyvbjerg 1998), 환경(Low and Gleeson 1998), 관광(Hannigan 1998; Fainstein and Gladstone 1999)에 적용됨에 따라 정의로운 도시를 고려하는 경우에도 해당되고 있다.

11 앨런 알트슐러가 제시한 개관을 참고하라(Altshuler 1970).

12 버나드 프리든과 마셜 캐플런은 모델도시 프로그램을 설명하고 평가한다(Frieden and Kaplan 1975). 피터 매리스는 지역사회 개발 프로젝트를 분석한다(Marris 1987). 파올로 체카렐리, 수전 페인스타인과 클리퍼드 허스트는 도시 정치운동의 성쇠를 추적한다(Ceccarelli 1982; Fainstein and Hirst 1995). 마짓 메이어는 신자유주의적 접근하에서 참여적 제도에 의해 활동가들이 포섭되는 방식을 보여 준다(Mayer, 2003).

13 가장 자주 인용되는 참여 예산 사례는 브라질의 포르투알레그리다. 2008년까지 약 100개의 유럽 도시가 이 개념을 채택했다. 그들 중 소수만이 진정으로 참가자들에게 권한을 부여했다는 평가를 받았다. 이러한 사례들에서 제도적 변화는 '사회적 동원'을 수반했다(Sintomer, Herzberg and Röcke 2008, 175).

14 개인적 소통, 2009년 6월 4일.

15 개인적 소통, 2008년 9월 22일.

16 대부분의 사람이 실제로 익명성을 긍정적인 것으로 생각하는지는 의문이다.

17 많은 도시 역사가가 대부분의 도시계획에서 요구되어 온 공공 공간과 사적 공간의 명확한 분리가 여성을 고립시키며 이를 통해 그들을 성적 유혹으로부터 보호한다고 간주했다(계획에 대한 페미니즘적 비판에 대한 논의는 Fainstein 2005a 참고).

18 루스 핀처와 커트 아이브슨은 대규모 이질적인 공공 공간의 제공이 과연 '포용적 상호 작용'을 장려하는지 의심한다(Fincher and Iveson 2008, 13).

19 사스키아 사센은 대규모 저임금 노동력의 존재와 중산층의 감소를 최첨단 창조적 직업 성장의 직접적인 결과로 간주한다(Sassen 2001). 그녀의 논문은 인과관계와 관련하여 많은 논란이 있었지만, 그럼에도 불구하고 런던과 뉴욕 같은 세계적 도시의 번영이 아래로 확산되지 않았고 이 도시들이 매우 높은 수준의 소득 불평등을 보여 준다는 것은 맞는 얘기다. 크리스 햄넷은 런던에서 소득의 잘못된 분배가 증가하고 있음을 발견했지만, 이를 하층부의 저임금 노동보다는 상층부의 성장과 실업이 결합되어 나타난 결과로 보았다(Hamnett 2003).

20 에드워드 괴츠는 비자발적 분산은 그 목적 달성에 실패하며 분산된 사람들에게 심각한 비용을 부과한다고 주장한다(Goetz 2003).

21 집중된 빈곤의 부정적 영향에 관한 윌리엄 줄리어스 윌슨의 주장은 특히 영향력이 있었다(Wilson 1987, 1989). 또한 로이크 와캉은 자본주의 정치경제 내에서 변화를 겪고 있는 미국과 프랑스에서 도시의 주변성(urban marginality)이 지리적으로 집중되는 원인을 파악함으로써 윌슨의 묘사에서 두드러진 문화적 원인으로부터 벗어났다(Wacquant 2008).

22 새뮤얼 프리먼은 젠트리피케이션이 진행된 동네에 남아 있는 가난한 사람들의 양면성을 묘사한다(Freeman 2006).

23 네덜란드의 한 근린 집단에 대한 연구에서 다양성을 주된 목표로 삼았던 유스튀스 아위테르마르크와 얀 빌럼 도이벤다크는 다음과 같이 말한다. "민족적 차이를 먼저 파악한 뒤에 이를 연결하기란 매우 어려운 것 같다. 시나리오는 그들이 언급되지 않았지만 연결되어 있거나, 언급은 되었지만 연결되지 않은 것이다. … 우리가 … 목격하는 것은 사람들이 짧은 순간에 함께 상호작용한 다음 어느 정도 분리될 수 있는 자기 자신의 네트워크로 돌아올 수 있는 능력을 개발한다는 것이다"(Uitermarck and Duyvendak 2008, 130).

24 교통은 이 장에서 다루지 않지만 그 또한 형평성 측면에서 강력한 함의를 지닌 지방 계획의 관할 아래 있는 분야다. 통근 열차와 버스의 투자 선택과 요금 및 노선 구조에 대한 결정은 저소득 승객과 고소득 승객에게 매우 다른 영향을 미친다.

25 미국과 유럽의 사회주택 공급에 대한 가장 신뢰할 만한 비교 연구로는 Harloe(1995)를 참고하라.

26 주택 학자들은 '잔여화(residualized)'라는 용어로 인구의 일부 저소득층에게만 서비스를 제공하는 사회주택을 지칭한다.

27 Goetz and Sidney(1994); Krueckeberg(1999) 참고. 도널드 크룩버그는 보스턴 공영 주택 세입자를 대상으로 한 설문조사를 인용하여 대다수가 주택 소유의 꿈을 공유하고 있음을 보여 주었다. 강의 중에 내가 취업이 불안정하고 소득이 낮은 사람들에게는 자가 소유가 적절하지 않다고 주장했을 때 한 흑인 학생이 나의 편견을 비난했다.

28 Judd and Parkinson(1990); Harvey(1989) 참고.

29 데이비드 러스크와 마이런 오필드는 미국에서 대도시권 정부의 대중화를 위해 활발히 활동해 왔다. Rusk(2003); Orfield(2002) 참고.

30 Fisher and Peters(1998), Peters and Fisher(2003) 참고.

31 Garreau(1992), Bruegmann(2005) 등을 예로 들 수 있다.

03 뉴욕

1 이 장에 있는 많은 역사적 정보는 Fainstein and Fainstein(1988)에서 가져온 것이다.

2 로버트 모지스에 관해서는 많은 문헌이 있다. 로버트 카로가 집필한 권위 있는 전기(Caro 1974)는 지독히도 비판적이다. 힐러리 발론과 케네스 잭슨은 그의 업적을 강조하는 책을 편저했다(Ballon and Jackson 2007).

3 임대료 규제로 인해 시간이 지남에 따라 아파트 임대료가 시장가 아래로 점점 더 떨어졌다.

4 중산층 주택은 주로 뉴욕주가 후원하는 미첼-라마(Mitchell-Lama) 프로그램에 따라 지어졌다. 이 프로그램은 임대주택과 협동조합주택을 모두 짓는 민간 및 비영리 개발업자들을 지원했다. McClelland and Magdowitz(1981, 156-160) 참고.

5 초기 몇 년 동안 공공주택 거주자들은 주로 직업을 가진 백인이었다.

6 Abu-Lughod(1999, 208); Friedland(1983) 참고.

7 Jackson(1976); Clapp(1976); Abrams(1965) 참고.

8 린지는 이러한 격동의 시기에 다른 도시에서 발생한 폭동을 피한 것으로 알려져 있다(Shefter 1985; Abu-Lughod 2007).

9 1965년에서 1975년 사이 전체 주택은 1.6퍼센트밖에 증가하지 않았는데, 이는 1965년 1.5퍼센트라는 극히 낮은 공실률에도 불구하고 많은 집이 방치되었기 때문이다(Kristof 1976).

10 예술적 전위파는 그라피티를 옹호하고 실제로 그라피티 작가 중 일부가 중요한 예술가가 되었지만, 대부분의 사람은 그라피티가 그려진 지하철을 질서 붕괴의 상징으로 여겼다.

11 이 기관은 이후 엠파이어스테이트개발공사(Empire State Development Corporation)로 이름이 변경되었다.

12 린지 재직 기간(1966-1973)에 뉴욕의 흑인 공공 고용은 거의 3분의 2만큼 증가했지만, 백인 공공 부문 일자리도 상당히 많이 생겨났기 때문에 전체 고용에서 흑인 공공 고용이 차지하는 비중은 21퍼센트에서 25퍼센트로 소폭 증가하는 데 그쳤다. 1971년에서 1990년 사이 정부 고용 흑인 비율은 20.9퍼센트에서 35.4퍼센트로 증가했다(Fainstein and Fainstein 1994, 표 1).

13 그 시대 형성된 대립 중 하나는 학교의 공동체 통제를 둘러싼 갈등으로, 소수 인종 부모가 주로 백인 유대인 교사 연합에 맞서 싸웠다(Fainstein and Fainstein 1974).

14 뉴욕은 CDBG 기금을 톡톡하세노 압류 주택(in rem housing), 즉 세금 연체로 인해 시가 취득한 주택 재고를 유지보수하는 데 사용했다. 그 결과 한동안 압류 주택 프로그램이 두 번째로 큰 공공주택 프로그램이 되었다. 결국 이 건물들은 지역사회개발회사 또는 민간 소유주들이 인수했다.

15 스타는 이 도시의 인구가 수백만 명 감소할 것이라고 예측하고, 그가 글을 쓸 당시 빈집 방치 현상이 심각했던 사우스브롱크스를 완전히 비워야 한다고 주장했다. 그러나 2008년까지 뉴욕의 인구는 사상 최대치로 증가했으며 사우스브롱크스는 완전히 재건축되어 사람들이 다시 거주하게 되었다.

16 Mollenkopf(1988)와 Brecher and Horton(1984) 참고. 마르쿠제는 그 위기가 시 정부로 하여금 사회복지비용을 축소하도록 강제하기 위해 의도적으로 만들어졌다고 주장했다(Marcuse 1981).

17 대부분의 미국 도시는 주택 보조금을 연방 프로그램들이 제공한 불충분한 자금으로 제한하고, 자체 수입으로 자금을 제공하지 않는다.

18 이 두 가지 경우는 나의 저서 《도시 건설자들》(2001a)에 자세히 설명되어 있다.

19 중산층 단지 하나만이 원래의 계획대로 건설되었다. BPC 개발에 대한 논의는 Ponte(1982), Gill(1990) 및 Gordon(1997)을 참고하라.

20 뉴욕의 지역사회 이사회는 해당 지구의 시의원과 자치구청장이 임명한다. 그들은 토지 이용 및 자본 예산 문제에 대한 자문 권한을 행사한다. 그들의 역할과 한계에 대해서는 Marcuse(1987)를 보라.

21 세계무역센터는 뉴욕뉴저지항만공사의 프로젝트였기 때문에 뉴저지 주지사는 그 건설에 대해 발언권이 있었다. 그는 그 프로젝트에 동의해 준 것에 대한 보답으로 항만공사가 두 주 사이를 달리는 PATH 열차를 인수하여 개선할 것을 주장했다.

22 2008년 투자은행 골드만삭스는 BPC의 나머지 부지 중 하나에 약 20만 제곱미터의 본사 건물을 지었다. 이전에는 저지시티에 새 건물을 지었지만 직원들에게 인기가 없었다.

23 타임스스퀘어의 변화를 설명하는 가장 신뢰할 만한 저작은 Sagalyn(2001)이다. Fainstein(2001a)도 참고하라.

24 건물이 용도지역 규제에서 허용하는 높이에 도달하지 않으면 공중권을 사용할 수 있다. 사용되지 않은 공간에 대한 권리는 인접한 건물들로 이전되어 허용된 것보다 높은 건물을 지을 수 있다.

25 계산의 문제는 수년에 걸쳐 예상되는 미래의 세금 수령액과, 시가 참여하는 가치 상승 배분에서 시의 몫이 어느 정도 될지를 추정하기 어렵기 때문에 발생한다(이 둘은 어느 정도 반비례한다). 존 몰런코프는 지출 예산이 총 200억 달러였을 때, 시 세금 지출이 현재 가치로 4억 달러에 이를 것이라고 추정했다(Mollenkopf 1985, 13). 아마도 기존 건물을 비우고 새 건물이 들어서기까지 공백기가 길어지면서 세금이 전혀 징수되지 않은 시기였기 때문에 과소 추정되었을 것이다.

26 뉴욕의 대형 호텔들과 식당들에는 노동조합이 조직되어 있다. 따라서 관광 확대의 결과로 창출된 대부분의 저급 일자리는 중위 임금보다 낮은 임금을 지불하지만 다른 산업의 서비스 노동자가 받는 것에 비해 그들의 보수는 여전히 상대적으로 좋다. 그러나 노동조합에 가입된 산업의 공장 노동자들이 받는 것보다는 훨씬 낮다. Gladstone and Fainstein(2003)을 참고하라.

27 그 건물들은 주로 엔터테인먼트 사업에 종사하는 사람들에 한해 거주할 수 있었다. 본래의 의도는 고소득 거주지였지만, 원래 계획이 실패하자 시가 이를 인수했고 연방 정부의 섹션 8 보조금(미국 연방 정부가 저소득층 가구에 제공하는 바우처 형태의 주거 급여를 말함-옮긴이)을 사용하여 그 건물을 저소득 거주지로 사용하도록 재원

을 조달했다.

28 이것은 현재 없어진 단체로, 1인 1표 원칙을 따르지 않았기 때문에 위헌으로 선언되었다. 위원회는 시장, (상당히 다양한 규모의 선거구를 대표하는) 5명의 자치구청장, 시의회 의장, 시 감사관으로 구성되었다.

29 계획에 대한 비판은 Angotti(2008) 참고. 계획은 http://www.nyc.gov/html/planyc2030/html/plan/plan.shtml에서 온라인으로 제공된다.

30 권위주의적 하이 모더니즘(authoritarian high modernism)에 관해서는 Scott(1998)를 참고하라.

31 표준토지이용검토절차에는 일련의 승인이 필요하며 해당 지구의 지역사회 이사회의 조사가 포함된다.

32 이 글을 쓰는 시점에 세 개의 경기장이 완공되었지만 네츠 경기장은 개발업체인 포레스트 시티 라트너의 자금 조달 문제로 지연되고 있었다.

33 이것은 기존 경찰 아카데미를 맨해튼의 부유한 지역에서 브롱크스로 이전하는 것을 의미했을 것이다. 맨해튼 지역은 그 지역을 돌아다니는 수많은 경찰 연수생들을 반겼기 때문에 아카데미 이전 제안에 강력하게 반대했다.

34 야구팀은 리그 수수료에서 자본 지출을 공제할 수 있으며, 양키스는 채권이 상환될 때까지 재산세가 면제되므로 그 팀의 순비용은 아주 적다. 면세 공채로 13억 달러를 사용한다는 것은 주 및 연방 정부가 공채 보유자가 받는 이자에 대한 세수의 손실을 통해 추가적으로 보조금을 지원하고 있음을 의미한다.

35 2008년에 양키 스타디움과 메츠 스타디움을 지원하는 인프라(공원, 차고, 교통 개선)를 위한 시의 비용은 약 4억 5,800만 달러로 추산되었는데, 이는 2005년의 2억 8,100만 달러보다 증가한 것이다. 뉴욕주는 추가로 2억 100만 달러를 지원했다. 이 총액에는 두 팀 모두 감면받은 시, 주, 연방 세금 약 4억 8,000만 달러가 포함되지 않는다. 게다가 두 팀 모두 시 소유 토지에서 경기를 하고 있지만 임대료를 지불할 필요가 없다(Bagli 2008). 또한 Sandomir(2008), Hu(2006), 시의회 재정위원회에서 로니 로언스타인이 한 증언 등을 보라(NYC Independent Budget Office 2006).

36 사실 새 경기장 건설 이후 첫 여름에 주변 점포들의 사업이 침체된 것으로 보고되었다(McGeehan 2009). 또한 지역사회가 2006년에 잃은 공원을 대체하기 위한 공원은 2011년에야 비로소 완공될 예정이다(Dwyer 2009).

37 지역사회 이사회의 권한은 자문뿐이므로 이사회의 거부는 거부권을 행사하는 것이 아니다. 당시 브롱크스 자치구의 아돌포 캐리온 청장은 오바마 대통령에 의해 백악관 도시문제위원회(Urban Affairs Council)의 책임자로 임명되었다.

38 대부분의 좌석은 시즌 티켓 소지자에게 돌아간다(Sandomir 2008). 단일 경기 프리미엄 좌석의 개별 구매 가격은 500달러인데, 이것은 티켓이 예상만큼 판매되지 않았을 때 더 큰 금액에서 할인된 가격이다. 일반 경기장 높이 좌석(양키스 구장 좌석 중에서 좋은 위치에 있는 좌석임-옮긴이)은 375달러다(http://www.mlb.com/nyy/ballpark/seating_pricing.jsp). 양키스는 지역사회공헌협약의 일환으로 지역사회 단체들에 제한된 수의 자리를 약속했다.

39 뉴욕의 일반보증채권(general obligation bonds)은 주민투표에 부쳐야 하지만, 특정 수입원과 관련된 채권은 그럴 필요가 없다. 이 경우 상환은 그 팀이 납부하는 조세보전지불액과 연동된다.

04 런던

1 1981년까지 시의회 소유 주택과 주택협회 소유 주택의 합은 내부런던(Inner London) 총량의 약 절반, 외부런던(Outer Londn) 주택의 약 30퍼센트에 달했다(Hamnett 2003, 그림 6.1 및 6.2). 내부런던은 본래 런던카운티의회(London County Council)를 구성했던 지역을 말하며, 외부런던은 내부런던과 그린벨트 사이의 지역을 포괄한다. 내부런던과 외부런던은 함께 대런던의회와 그 후신인 런던광역시의 관할 지역이 되었다. 현재 도시권의 일부를 구성하는 그린벨트 너머 지역은 외곽수도권이라고 한다.

2 영국의 후속 프로그램에는 도시 도전(City Challenge), 단일 회생 예산(Single Regeneration Budget), 지역사회 뉴딜(New Deal for Communities)이 있었다.

3 노동당이 강조한 것은 제조업을 부활시키고 저소득 지역을 개선하는 것이었다(Lawless 1989). 당시 도시 정책과 부동산 개발에 대한 설명은 Buck, Gordon, and Young(1986, 2장), Ambrose(1986), Ambrose and Colenutt(1975)를 참고하라.

4 전후 기간 정부의 집권은 노동당과 보수당 사이에서 오가기를 반복했다. 노동당은 1945-1951년, 1964-1970년, 1974-1979년, 1997-2010년에 집권했다. 일당 지배가 가장 오래 지속된 기간은 보수당이 18년 동안 집권했던 대처-메이저 정권 때다.

5 대처 정부 아래에서 런던 지역의 계획 권한은 중앙 정부의 환경부에 집중되어 있었는데, 이 부처는 이전에는 거부권만 가지고 있었다. 그때까지 대런던개발계획(Greater London Development Plan)의 준비는 대도시권 수준에서 이루어졌지만, 대처 아래에서는 내각 수준에서 준비되었다. 도시계획(town planning)을 담당하는 내각 부서는 자주 이름을 변경했다. 2008년에는 지역사회·지방자치부(Department for Communities and Local Government, DCLG)라고 불렸다. 교통계획에 대한 책

임은 새로운 교통부로 이전되었지만, 이전에는 하나의 부처에서 그 둘을 책임졌다.

6 이 절은 Fainstein(2001a, 9장)에 제시된 사례 연구를 요약한다.

7 2008년 9월 현재 약 130만 제곱미터의 오피스 및 소매 공간이 40만 제곱미터 부지에 건설되었다. 이 개발지는 30개가 넘는 완전한 건물들과 4개의 소매 쇼핑몰에 있는 200개가 넘는 상점, 술집, 식당 등으로 구성되었다. 또한 콘퍼런스 및 연회 센터 한 곳, 도크랜즈 경전철 역 두 곳, 주빌리 노선 역 한 곳, 주차장 여러 곳, 약 8만 제곱미터의 조경된 열린 쉼터가 있었다. 약 9만 명이 그곳에서 일했다(Canary Wharf Group 2008).

8 O&Y는 금융 기관의 대출에 의존하는 대신 자체 단기 기업어음을 발행했다. 이러한 자본 조달 방법은 비용을 줄이기는 했지만 회사가 어려움에 처했을 때 어음의 만기를 연장할 수 없음을 의미했다.

9 그 단지가 개장했을 때 존재했던 유일한 대중교통 연결 노선은 노면전차 시스템인 도크랜즈 경전철뿐이었으므로 충분하지 않았다. O&Y는 주빌리 지하철 노선을 그 부지로 확장하는 데 드는 비용의 상당 부분을 부담하겠다고 약속했지만 이를 이행할 능력은 없었다. 결국 정부가 노선을 확장하자 그 개발지는 주요 임차인을 끌어들였고, 건설 비용보다 훨씬 낮은 가격에 단지 소유권을 차지한 카나리워프그룹은 지하철 노선 건설 비용 중 자기 몫을 정부에 상환했다.

10 지출의 약 절반은 교육 및 훈련에 사용되었으며 그 금액은 1997년 인구 1인당 1,350파운드에 달했다. 이는 도시 개발 지역 내 모든 학교와 보건 센터 개선에 사용되었다. 약 44퍼센트는 사회주택 신축 및 개선에 투입되었다(Rhodes and Tyler 1998, 38-39).

11 지하철 확장의 숨겨진 의도는 그 확장으로 인해 런던 중심부의 노동자들이 도크랜즈로 이동하리라는 것이었다. 들어오는 방향의 열차는 승객을 초기 추정치보다 훨씬 더 많이 태웠으며, 이는 한때 고립되어 있던 이스트엔드 사람들을 그 대도시의 다른 지역에서 일하게 했음을 나타낸다. 근처에서 일하는 지역 주민 수에 대한 인구 조사는 신규 입주자와 기존 입주자를 구분할 수 없었기 때문에, 현재 오피스 단지에서 원래 거주자가 얼마나 일하고 있는지를 추정할 방법이 없었다. 더욱이 해운과 제조업이 떠나면서 일자리를 잃은 사람들이 도크랜즈 건설이 시작된 지 사반세기가 지난 지금도 여전히 노동시장에 있을 것 같지는 않지만, 그들의 자녀 중 다수가 새 오피스에서 일할 수 있는 충분한 훈련을 받았을 수 있다.

12 이것은 또한 예를 들어 코벤트 가든(Covent Garden)의 경우와 같이 중산층 보존주의 운동이 역사적 건축물들의 철거를 막는 데 성공한 경우이기도 했다. 이러한 종류

의 성공적인 지역사회 동원은 일반적으로 혜택의 분배를 바꾸지는 않지만 민주주의를 강화하는 것으로 볼 수 있다.

13 이 사례에 대한 정보는 주로 Brindley, Rydin, and Stoker(1996)에서 가져온 것이다.

14 대런던의회는 그 토지에 제한 조약을 부과했으며, 그 토지 중 일부는 의회가 원래부터 소유하고 있었고 나머지는 그레이코츠로부터 얻은 것이었다. 이 계약은 그 토지에 지을 수 있는 것의 가치를 크게 낮추어 토지 가격을 낮추었다. 코인스트리트 커뮤니티 빌더스는 대런던의회와 대런던기업위원회로부터 융자를 얻었는데, 후자는 대런던의회가 이전에 지역 사업을 지원하기 위해 설립한 경제개발 회사였다. 융자 상환은 주차 시설 및 광고 표지판에서 발생하는 일시적 수입으로 감당했을 것이다.

15 저자와의 인터뷰, 2008년 7월 26일.

16 Byrnes(2008); Locum Consulting(2006); London Assembly(2008). 올림픽 유산 목표에는 "영국의 5-16세 청소년 모두에게 주 5시간의 고품질 스포츠를 제공하고, 16-19세 모두에게 2012년까지 주 3시간"을 제공함으로써 "스포츠를 통해 젊은이들에게 영감을 주는 것"과 "2012년까지 영국에서 적어도 200만 명 이상의 사람들이 더 활동적이 되도록" 돕는 것이 포함되었다(UK DCMS 2008). 《가디언》의 한 기사(Byrnes 2008)는 다음과 같이 평했다. "지금까지의 진행 상황이 너무 미미하여(스포츠잉글랜드의 최고경영자인 제니프라이스는 "통계가 상승하고는 있지만 1퍼센트 미만이다"라고 말했다.), 200만 명 이상의 사람들이 지역 체육관에 발을 들여놓기는커녕 뛰기 시작한다는 목표를 달성할 가능성도 없는 것 같다." 《인디펜던트》의 이후 기사(Merrick 2009)의 지적에 따르면 스포츠 유산에 대한 의지는 런던의 올림픽 유치에는 중요했으나 2012년까지 더 많은 참여를 이끌어 내지는 못했다. 또한 여러 스포츠에 대한 참여가 크게 감소했으며, 특히 여성, 장애인, 노인 등 대상 집단에서의 감소가 두드러졌다.

17 Property Wire(2008); Hipwell(2008); GamesBid.com(2008); William(2008) 참고.

18 Drury(2008). 영국 올림픽위원회는 경기장을 육상 경기에 적합하게 유지하고자 했기 때문에, 초대형 경기장의 유일한 잠재적 사용자인 프리미어 축구팀을 수용할 수 없었다(필드 둘레에 달리기 트랙을 놓으면 관중과 경기장 사이 거리가 너무 멀어질 것이다). 이 글을 쓰는 현재 계획은 2만 5,000명의 관중을 수용하도록 시설을 축소하는 것이다.

19 Kelso(2008); Evans(2007); Dinwoodie(2008). 규모를 축소하거나 덜 정교하게 만들어 비용을 줄이기 위한 노력이 이루어졌다. 그러나 비용 절감만으로는 그 공백을 좁히기에 충분하지 않을 것이다.

20 스트랫퍼드는 올림픽 빌리지 부지가 될 뿐만 아니라 프랑스로 연결되는 유로스타 철도를 위한 런던 최동단 역이 지어질 것이며, 런던을 가로질러 건설되는 새로운 통근 열차 노선인 크로스레일(Crossrail)의 정차지가 될 것이다. 그러나 이 두 교통 시설은 올림픽과 별도로 계획되었으며 그 유치 성공 여부에 관계없이 진행되었다.

05 암스테르담: 정의로운 도시?

1 *Economist*(2005); Dias and Beaumont(2007) 참고.

2 암스테르담의 전후 역사는 내가 뉴욕과 런던에서 사용한 시대 구분과 잘 맞지 않는다. 따라서 이 도입부에서는 20세기 말까지의 역사를 설명한 뒤 이와 동일한 시기의 구체적 사례 연구들을 제시한다.

3 Amsterdam Physical Planning Department(APPD)(2003); Faludi and van der Valk(1994, 110-111).

4 Van de Ven(2004, 181); Terhorst and van de Ven(1997, 298-299); APPD(2003).

5 피터르 테르호르스트는 1953년에서 2000년 사이 중앙 정부가 제공한 지방자치단체 수입의 비율이 84-94퍼센트에 달함을 보여 준다(Terhorst 2004).

6 암스테르담시 정부는 200개의 무단 점유 건물을 구입하여 주택협회에 넘겼고, 그들은 이를 개별 거주자에게 임대했다(Pruijt 2003, 139).

7 암스테르담 물리적계획부의 J. F. W. 스밋이 제공한 정보(인터뷰, 1996년 3월 10일).

8 2003년에 암스테르담의 14개 주택협회는 전체 주택 재고의 55퍼센트를 소유했다.

9 레온 데번과 빌럼 살럿이 제공한 정보(서면 통신, 2007년 9월 2일). Priemus(1995, 2006)도 참고.

10 소득과 민족 간에 상관관계가 있기는 하지만, 네덜란드 출신들만이 부동산을 구입한 것은 결코 아니다.

11 수리남이 1975년에 독립하자, 많은 과거 식민지 주민이 네덜란드로 이주했다. 그 당시 베일메르메이르에는 수많은 빈집이 있었다. 1996년 인구는 네덜란드인 25퍼센트, 수리남인 35퍼센트, 가나인 10퍼센트, 네덜란드령 앤틸리스인 7퍼센트, 주로 아프리카인과 남아시아인으로 이뤄진 기타 25퍼센트였다(Kwekkeboom 2002, 84).

12 이 주택단지는 일군의 비영리 주택 회사들이 건설했지만, 임대료는 건설 비용을 반영하므로 정부 보조가 없었다면 이주해 들어오는 가구의 지불 능력을 초과했을 것이다. 보조 없이도 임대료를 감당할 수 있는 가구에는 주변 신도시의 주택이 더 매력적

이었다.

13 Bruijne et al.(2002); Terhorst and van de Ven(1997, 299-301); Baart(2003).

14 델프트 공과대학의 도시계획 교수인 디르크 프리링이다(Baart 2003에서 인용).

15 Bodaar(2006, 181). 레몬 데번에 따르면 2006년 인구는 대략 수리남인 33퍼센트, 네덜란드인 30퍼센트, '비서구인' 21퍼센트, 서구 비네덜란드인 8퍼센트, 앤틸리스인 6퍼센트, 그리고 터키인/모로코인 2퍼센트로 구성되어 있다.

16 인터뷰는 Baart(2003)에 기록되어 있다.

17 비판자들은 참여가 잠재적인 반체제 인사들을 포섭했으며, 현재 남아 있는 사회주택에 대한 대기자 명단이 길다고 주장한다(Justus Uitermark, 인터뷰, 2008년 11월 8일).

18 이 논의는 스탄 마요르(Majoor 2007, 2008)와 2007년 8월 암스테르담 대학의 도시 및 지역계획학 교수 빌럼 살럿, 암스테르담 대학 지리학 부교수 피터르 테르호르스트, 암스테르담시 정부의 수석 계획가 A. J. 욜러스(Jolles)와의 인터뷰를 기반으로 한다.

19 ABN-AMRO 은행 본사는 자위다스에서 가장 큰 건물이었다. 2008년 금융위기 동안 네덜란드 정부는 이전에 벨기에-네덜란드 은행인 포티스가 소유했던 은행 분점들을 국유화했으며, 영국 정부는 2007년 스코틀랜드 왕립은행이 인수한 부문들에 대한 통제권을 얻었다. 한 외국인 소유주가 본사를 이전시킬 수도 있다는 위협은 분명히 지나갔지만, 어려운 상황에서 그 은행의 미래와 공간의 소요는 여전히 불분명했다.

20 1980년대 수립된 도시 수변에 대한 계획은 실패했는데, 이는 민간 부문이 공공 편익에 자금을 조달해야 한다는 그 계획의 요구조건이 과도하다고 여겨졌기 때문이다.

21 반 고흐는 무슬림들이 여성을 억압하고 있다고 비난하는 영화 <복종>을 만들었다. 공개적으로 동성애자이며 우상 파괴적 인물인 포르타윈은 종교적인 무슬림들이 네덜란드의 자유주의적 사회 관습을 용납하지 않는다는 이유로 이민을 반대했다. 반 고흐와 포르타윈은 모두 네덜란드의 맥락에서 이슬람 전통을 네덜란드 문화에 대비시키는 보수적 포퓰리즘을 대표했다. Van der Veer(2006) 참고.

22 인구가 (매우 작은 이상치 한 개를 제외하면) 약 3만에서 8만 3,000명에 이르는 규모를 가진 15개의 자치구가 있다. 중위값은 4만 8,673명이다(Amsterdam Office of Research and Statistics 2009).

23 개인적인 교신, 2009년 2월 5일. 데번 교수는 암스테르담의 저명한 학자이자 암스테르담 대학 사회학과 학과장을 역임했으며 수년 동안 구의원으로 복무했다.

24 지니 계수는 (가장 빈곤층에서 가장 부유층까지 인구의 누적 점유율을 그들이 받는 소득의 누적 비율에 대비해서 나타내는) 로렌츠 곡선과 45도 선 사이의 면적이 전체 삼각형에서 차지하는 비율로 정의된다. 지니 계수의 값은 '완전 평등'(즉 인구의 각 지분이 동일한 지분의 수입을 얻음)의 경우 0과 '완전 불평등'(즉 모든 소득이 가장 높은 소득을 가진 개인에게 감)의 경우 1 사이에 걸쳐 있다. 여기 제시된 수치는 '처분 가능 가계 소득', 즉 세금 및 이전(transfers) 후 소득에 대한 것이다. 암스테르담 대도시권 지역은 네덜란드 전체 인구의 약 8퍼센트를 차지한다.

25 여기서는 암스테르담 대도시권이 네덜란드 전체에 대한 계산에 대체로 부합한다고 가정한다.

결론: 정의로운 도시를 향해

1 포드주의와 포스트포드주의라는 용어의 유용성과 일반화 가능성에 대해서는 많은 논쟁이 있었다(Amin 1994 참고). 여기에서는 그 용어의 근저에 있는 이론과 관계없이 특정 시기를 가리키는 편의적인 명칭으로서만 사용한다.

2 도시 정치의 자율적 영역이 존재하는 정도는 국가마다 큰 차이가 있다. 유럽 내에서 상당한 분권화가 이뤄지기 전, 포드주의 시기에는 서유럽보다 미국의 도시 자치권이 훨씬 더 컸다(Pickvance and Preteceille 1990 참고).

3 Castells(1983); Fainstein and Fainstein(1974); Piven and Cloward(1971).

4 제임스 오코너의 저서 《현대 국가의 재정 위기(The Fiscal Crisis of the State)》(1973)는 취약계층에 대한 양보와 부유층의 반조세 감정은 필연적으로 재정 위기로 이어진다는 명제를 제시했다. 하지만 그는 그에 따른 재정 긴축에 대한 저항이 그렇게 약할 것이라고는 예상하지 못했다. 로저 알칼리와 데이비드 머멀스타인은 도시적 맥락에서 그의 주장을 발전시켰다(Alcaly and Mermelstein 1977). Block(1981)도 참고하라.

5 1980년 저서에서 카스텔스는 당시 아직 잉태 중이던 세계 경제 체제의 구조조정을 강제할 체계적 문제를 규명하는 데 놀라운 통찰을 보였다.

6 라틴아메리카와 아시아의 신흥 산업국가 내에서 생산은 국내 경쟁 업체뿐만 아니라 국제적 기업의 지사와 자회사들을 기반으로 이루어졌다(Glickman and Woodward, 1989 참고).

7 영국 노동당은 사회주의적 열망을 포기하고 신노동당으로 변모했다. 미국 민주당은 중도에 가까워졌고, 대륙의 공산당은 사라졌으며, 유럽 대륙의 사회민주주의 정당들

은 그들의 요구를 완화했고 급진적이지만 반드시 재분배적이지는 않은 프로그램을 가진 녹색 정당들에 추월당하거나 적-녹색 연합에 합류했다.

8 1975년 이후 작동하는 요인에 대한 개요는 마누엘 카스텔스의 권위 있는 삼부작, 《정보 시대: 사회, 경제, 문화(The Information Age: Economy, Society and Culture)》(Castells 2000a, 2000b, 2004)를 참고하라. 이 절에서 간략하게 요약한 주제들을 다룬 책과 논문은 수천 권은 아니더라도 수백 권은 나열할 수 있다. 나는 여기에 무언가 새로운 것을 더할 수도 없고 불의의 원인이 이 책의 주요 관심사도 아니기 때문에, 여기서 그에 대해 자세히 설명하지는 않겠다.

9 마사 누스바움은 공공정책과 관련된 역량 목록에 특정 요건들을 명시했는데, 이는 적절한 거처, 적절한 교육, 차별로부터의 보호 등을 포함한다(Nussbaum 2000, 78).

10 루스 핀처와 커트 아이브슨은 '재분배 계획', '인정 계획', '조우(遭遇) 계획' 등의 범주 아래 비슷하지만 훨씬 더 짧은 목록을 제공한다(Fincher and Iveson 2008, 214).

11 정의로운 국가 도시 정책의 구성 요소는 더 복잡하므로 여기서 다루지 않을 것이다. 앤 마커슨과 수전 페인스타인은 미국의 국가 도시 정책 요소를 개발한다(Markusen and Fainstein 1993).

12 울리히 벡은 국제화된 세계에서 코스모폴리타니즘이란 불가역적인 혼합 과정을 반영하는 필수 요소라고 주장한다(Beck 2006).

13 마거릿 대처의 총선 승리 이후, 대런던기업위원회(GLEB)는 독립 단체로 분리되었다. 현재 대런던기업(Greater London Enterprise, GLE)이라고 불리는 이 회사는 33개 런던 지방 당국의 소유이지만, 주로 민간 및 비영리 부문의 개인들로 구성된 이사회에서 그 회사의 일을 담당한다.

14 지역사회 기반 비영리 기업의 잠재력에 대한 논의는 DeFilippis(2004) 참고.

15 Fagotto and Fung(2006, 19); Fainstein and Hirst(1995) 참고.

참고문헌

Abrams, Charles. 1965. *The City Is the Frontier.* New York: Harper and Row.

Abu-Lughod, Janet L. 1999. *New York, Chicago, Los Angeles: America's Global Cities.* Minneapolis: University of Minnesota Press.

_____. 2007. *Race, Space, and Riots in Chicago, New York, and Los Angeles.* New York: Oxford University Press.

Ackerman, Bruce. 1980. *Social Justice in the Liberal State.* New Haven: Yale University Press.

Albrechts, Louis, and Seymour Mandelbaum. 2005. *The Network Society: A New Context for Planning.* New York: Routledge.

Alcaly, Roger E., and David Mermelstein, eds. 1977. *The Fiscal Crisis of American Cities.* New York: Vintage.

Altshuler, Alan. 1965. *The City Planning Process.* Ithaca: Cornell University Press.

_____. 1970. *Community Control.* New York: Pegasus.

Altshuler, Alan, and David Luberoff. 2003. *Mega-Projects.* Washington, D.C.: Brookings Institution.

Ambrose, Peter. 1986. *Whatever Happened to Planning?* London: Methuen.

Ambrose, Peter, and Bob Colenutt. 1975. *The Property Machine.* Harmondsworth, U.K.: Penguin.

American Institute of Planners (AIP). 1959. "Urban Renewal: A Policy Statement of the American Institute of Planners." *Journal of the American Institute of Planners*, vol. 25, no. 4: 217-221.

Amin, Ash, ed. 1994. *Post-Fordism: A Reader.* Oxford: Blackwell.

Amsterdam Office of Research and Statistics. 2009. Amsterdam in Cijfers 2008. Bron:O+S. http://www.os.amsterdam.nl/publicaties/amsterdamincijfers/.

Amsterdam Physical Planning Department (APPD). 2003. *Planning Amsterdam, 1928-2003.* Rotterdam: NAI.

_____. N.d. *Eastern Harbour District Amsterdam*. Rotterdam: NAI.

Amsterdam Research and Statistics. 2008. "Key Figures Amsterdam: Urban Development." http://www.os.amsterdam.nl/tabel/11324.

Andrews, Edmund L., and Vikas Bajaj. 2009. "Amid Fury U.S. Is Set to Curb Executives' Pay after Bailouts." *New York Times*, February 4.

Angotti, Tom. 2008. "Is the Long-term Sustainability Plan Sustainable?" *Gotham Gazette*, April 2008. http://www.gothamgazette.com/article/sustainabilitywatch/20080421/210/2495.

Appiah, Kwame Anthony. 2006. *Cosmopolitanism*. New York: W. W. Norton.

Arden, Patrick. 2006. "Carrion: No Payback for Foes of Stadium: Claims of Revenge on Community Board 4 Greatly Exaggerated, Borough Pres. Says." *Metro New York*, June 15.

Arnstein, Sherry R. 1969. "A Ladder of Citizen Participation." *Journal of the American Planning Association*, vol. 35, no. 4: 216-224.

Austrian, Ziona, and Mark S. Rosentraub. 2003. "Urban Tourism and Financing Professional Sports Facilities." In *Financing Economic Development*, edited by Sammis B. White, Richard D. Bingham, and Ned W. Hill, 211-232. Armonk, N.Y.: M. E. Sharpe.

Baart, Theo. 2003. *Territorium*. Rotterdam: NAI.

Bagli, Charles V. 2006. "Megadeal: Inside a New York Real Estate Coup." *New York Times*, December 31.

_____. 2008. "As Stadiums' Costs Swell, Benefits in Question." *New York Times*, November 3.

_____. 2009. "Buyers of Huge Manhattan Complex Face Default Risk." *New York Times*, September 10.

Bai, Matt. 1994. "Yankee Imperialism." *New York Magazine*, July 25, 30-35.

Balbus, Issac D. 1971. "The Concept of Interest in Pluralist and Marxian Analysis." *Politics & Society*, vol. 1, no. 2: 151-177.

Ballon, Hilary, and Kenneth T. Jackson, eds. 2007. *Robert Moses and the Modern City: The Transformation of New York*. New York: W. W. Norton.

Barber, Benjamin. 1984. *Strong Democracy*. Berkeley: University of California Press.

Bartels, Larry M. 2008. *Unequal Democracy*. New York: Russell Sage Foundation.

Beauregard, Robert A. 1990. "Bringing the City Back." *Journal of the American Planning Association*, vol. 56, no. 2: 210-215.

Beck, Ulrich. 2006. *The Cosmopolitan Vision*. Translated by Ciaran Cronin. Cambridge, U.K.: Polity.

Benhabib, Seyla. 2002. *The Claims of Culture*. Princeton: Princeton University Press.

Bennett, Larry. 2006. "Downtown Restructuring and Public Housing in Contemporary Chicago: Fashioning a Better World-Class City." In *Where Are Poor People to Live?* edited by Larry Bennett, Janet L. Smith, and Patricia A. Wright, 282-300. Armonk, N.Y.: M. E. Sharpe.

Bennett, Larry, Janet L. Smith, and Patricia A. Wright, eds. 2006. *Where Are Poor People to Live?* Armonk, N.Y.: M. E. Sharpe.

Berman, Sheri. 2003. "The Roots and Rationale of Social Democracy." *Social Philosophy and Policy*, 20: 113-144.

Berry, Brian. 2005. *Why Social Justice Matters*. Cambridge: Polity.

Blair, Tony. 2006. "Speech to Greater London Authority." April 4. http://www.number10.gov.uk/Page9281.

Blauner, Robert. 1969. "Internal Colonialism and Ghetto Revolt." *Social Problems*, vol. 16, no. 4: 393-408.

Block, Fred. 1981. "The Fiscal Crisis of the Capitalist State." *Annual Review of Sociology*, 7: 1-27.

Blumenthal, Ralph. 1972. "Yankees to Stay 30 Years in Pact Approved by City." *New York Times*, March 24.

Bodaar, Annemarie. 2006. "Multicultural Urban Space and the Cosmopolitan Other: The Contested Revitalization of Amsterdam's Bijlmermeer." In *Cosmopolitan Urbanism*, edited by Jon Binnie, 171-186. London: Routledge.

Boyte, Harry C. 1980. *The Backyard Revolution*. Philadelphia: Temple University Press.

Brandsen, Taco, and Jan-Kees Helderman. 2006. "The Rewards of Policy Legacy: Why Dutch Social Housing Did Not Follow the British Path." In *Reform in Europe: Breaking the Barriers*, edited by Liesbet Heyse, Sandra Resodihardjo, Tineke Lantink, and Berber Lettinga, 37-57. Aldershot, U.K.: Ashgate.

Brecher, Charles, and Raymond Horton. 1984. "Expenditures." In *Setting Municipal Priorities, 1984*, edited by Charles Brecher and Raymond Horton, 68-96. New York: New York University Press.

Brenner, Neil. 1999. "Globalization as Reterritorialization: The Re-Scaling of Urban Governance in the European Union." *Urban Studies*, vol. 36, no. 3: 431-451.

Brindley, Tim, Yvonne Rydin, and Gerry Stoker. 1996. *Remaking Planning*. 2nd ed. London: Routledge.

Bronner, Stephen. 1999. *Ideas in Action*. Lanham, Md.: Rowman and Littlefield.

Brooks, Michael P. 2002. *Planning Theory for Practitioners*. Chicago: Planners Press.

Brown, Wendy. 2006. *Regulating Aversion: Tolerance in the Age of Identity and Empire*. Princeton: Princeton University Press.

Brownill, Sue, Konnie Razzaque, and Ben Kochan. 1998. "The LDDC and Community Consultation and Participation." *Rising East (Journal of East London Studies)*, vol. 2, no. 2: 42-72.

Brugemann, Robert. 2005. *Sprawl: A Compact History*. Chicago: University of Chicago Press.

Bruijne, Dick, Dorine van Hoogstraten, Willem Kwekkeboom, and Anne Luijten. 2002. *Amsterdam Southeast: Centre Area Southeast and Urban Renewal in the Bijlmermeer, 1992-2012*. Bussum, Netherlands: Thoth.

Buck, Nick, and Norman Fainstein. 1992. "A Comparative History, 1880-1973." In *Divided Cities*, edited by Susan S. Fainstein, Ian Gordon, and Michael Harloe, 29-67. Oxford: Blackwell.

Buck, Nick, Ian Gordon, Peter Hall, Michael Harloe, and Mark Kleinman. 2002. *Working Capital: Life and Labour in Contemporary London*. London: Routledge.

Buck, Nick, Ian Gordon, and Ken Young. 1986. *The London Employment Problem*. Oxford: Oxford University Press.

Buruma, Ian. 2006. *Murder in Amsterdam*. New York: Penguin.

Butler, Tim, with Garry Robson. 2003. *London Calling*. London: Berg.

Byrnes, Sholto. 2008. "This Sporting Strife." *Guardian*, October 26. http://www.guardian.co.uk/commentisfree/2008/oct/26/fitness-healthandwellbeing.

Cambridge Research Associates. 1998. "Regenerating London Docklands." *Report to the UK Department of the Environment, Transport and the Regions (DETR)*. London: DETR.

Campbell, Heather. 2006. "Just Planning: The Art of Situated Ethical Judgment." *Journal of Planning Education and Research*, 26: 92-106.

Campbell, Heather, and Robert Marshall. 2006. "Towards Justice in Planning." *European Planning Studies*, vol. 14, no. 2: 239-252.

Campbell, Scott. 2003. "Green Cities, Growing Cities, Just Cities? Urban Planning and the Contradictions of Sustainable Development." In *Readings in Planning*

Theory, edited by Scott Campbell and Susan S. Fainstein, 435–458. Oxford: Blackwell.

Canary Wharf Group. 2008. *Fact File*. http://www.canarywharf.com/mainFrm1.asp?strSelectedArea=Factfile.

Carens, Joseph H. 2003. "An Interpretation and Defense of the Socialist Principle of Distribution." *Social Philosophy and Policy*, vol. 20, no. 1: 145–177.

Caro, Robert. 1974. *The Power Broker*. New York: Knopf.

Castells, Manuel. 1977. *The Urban Question*. Cambridge: MIT Press.

_____. 1980. *The Economic Crisis and American Society*. Princeton: Princeton University Press.

_____. 1983. *City and the Grassroots: A Cross-Cultural Theory of Urban Social Movements*. London: Edward Arnold.

_____. 2000a. *End of Millennium*. 2nd ed. Oxford: Blackwell.

_____. 2000b. *The Rise of the Network Society*. 2nd ed. Oxford: Blackwell.

_____. 2004. *The Power of Identity*. 2nd ed. Oxford: Blackwell.

Ceccarelli, Paolo. 1982. "Politics, Parties, and Urban Movements: Western Europe." In *Urban Policy under Capitalism*, edited by Norman Fainstein and Susan S. Fainstein, 261–276. Beverly Hills, CA: Sage.

Centre on Housing Rights and Evictions (COHRE). 2007. *Fact Sheet-Forced Evictions and Displacements in Future Olympic Cities*. Geneva: COHRE.

Chapple, Karen, and Edward G. Goetz. 2008. "Spatial Justice through Regionalism? The Inside Game, the Outside Game, and the Quest for the Spatial Fix in the U.S." Paper presented at the Spatial Justice International Conference, University of Paris X—Nanterre, March 13.

Chernick, Howard, ed. 2005. *Resilient City*. New York: Russell Sage Foundation.

Clapp, John. 1976. "The Formation of Housing Policy in New York City, 1960–1970." *Policy Sciences*, vol. 7, no. 1: 77–91.

Claval, Paul. 2000. "The Cultural Dimension in Restructuring Metropolises: The Amsterdam Example." In *Understanding Amsterdam*, 2nd ed., edited by Léon Deben, Willem Heinemeijer, and Dick van der Vaart, 59–92. Amsterdam: Het Spinhuis.

Clavel, Pierre. 1986. *The Progressive City*. New Brunswick, N.J.: Rutgers University Press.

Cohen, G. A. 2006. "Are Freedom and Equality Compatible?" In *Contemporary*

Political Philosophy, edited by Robert E. Goodin and Philip Petit, 416-431. Oxford: Blackwell.

Cohen, Joshua. 1996. "Procedure and Substance in Deliberative Democracy." In *Democracy and Difference*, edited by Seyla Benhabib, 95-119. Princeton: Princeton University Press.

Cohen, Saul. 1964. *Progressives and Urban School Reform*. New York: Teachers College Press.

Cooke, Maeve. 2006. *Re-Presenting the Good Society*. Cambridge: MIT Press.

Corburn, Jason. 2005. *Street Science*. Cambridge: MIT Press.

Cross, Malcolm, and H. Entzinger. 1988. "Caribbean Minorities in Britain and the Netherlands: Comparative Questions." In *Lost Illusions: Caribbean Minorities in Britain and the Netherlands*, edited by Malcolm Cross and H. Entzinger. London: Routledge.

Crozier, Michel. 1964. *The Bureaucratic Phenomenon*. Chicago: University of Chicago Press.

Currid, Elizabeth. 2007. *The Warhol Economy: How Fashion, Art, and Music Drive New York City*. Princeton: Princeton University Press.

Dahl, Robert A. 1961. *Who Governs?* New Haven: Yale University Press.

_____. 1963. *A Preface to Democratic Theory*. Chicago: University of Chicago Press.

_____. 1967. "The City in the Future of Democracy." *American Political Science Review* 61: 953-970.

Dahrendorf, Ralf. 1959. *Class and Class Conflict in Industrial Society*. Stanford: Stanford University Press.

Davidoff, Paul. 2003. "Advocacy and Pluralism in Planning." *Journal of the American Institute of Planners*, vol. 31, no. 4: 331-338.

DeFilippis, James. 2004. *Unmaking Goliath*. New York: Routledge.

_____. 2009. "On Globalization, Competition, and Economic Justice in Cities." In *Searching for the Just City*, edited by Peter Marcuse, James Connolly, Johannes Novy, Ingrid Olivo, Cuz Potter, and Justin Steil, 144-158. London: Routledge.

Dias, Candice, and Justin Beaumont. 2007. "Beyond the Egalitarian City." Paper presented at the Conference on Urban Justice and Sustainability, Research Committee 21 of the International Sociological Association, Vancouver, Canada, August 22-25.

Dieleman, F. M., and Sako Musterd. 1992. "The Restructuring of Randstat Holland."

In *The Randstad: A Research and Policy Laboratory*, edited by F. M. Dieleman and Sako Musterd, 1-16. Dordrecht: Kluwer.

Dinwoodie, Robbie. 2008. "MSPs Back Motion for Lottery Cash Games Legacy." *Herald* (Scotland), September 26. http://www.theherald.co.uk/politics/news/display.var.2452951.0.MSPs_back_motion_for_lotterycash_Games_legacy.php.

Dreier, Peter, John Mollenkopf, and Todd Swanstrom. 2001. *Place Matters: Metropolitics for the Twenty-First Century*. Lawrence: University Press of Kansas.

Dror, Yehezkel. 1968. *Public Policymaking Reexamined*. San Francisco: Chandler.

Drury, Ian. 2008. "£525m Olympic Stadium Could Be Demolished to Make Way for Premiership Football Club." *MailOnline*, September 5. http://www.mailonsunday.co.uk/news/article-1052772/525m-Olympic-stadium-demolished-make-way-Premiership-football-club.html.

Dryzek, John. 1990. *Discursive Democracy*. Cambridge: Cambridge University Press.

Dwyer, Jim. 2009. "Yankees Claimed a Park; Children Got Bus Rides." *New York Times*, October 25.

Economist. 2005. "The New Dutch Model?" March 31. http://www.economist.com/world/displaystory.cfm?story_id=E1_PRDJRDN.

Eisenstein, Hester. 1983. *Contemporary Feminist Thought*. Boston: G. K. Hall.

Evans, Graeme. 2007. "London 2012." In *Olympic Cities*, edited by John R. Gold and Margaret M. Gold, 298-317. London: Routledge.

Evans, Peter B., Dietrich Rueschemeyer, and Theda Skocpol, eds. 1985. *Bringing the State Back In*. Cambridge: Cambridge University Press.

Fagotto, Elena, and Archon Fung. 2005. *The Minneapolis Neighborhood Revitalization Program: An Experiment in Empowered Participatory Governance*. Unpublished report, John F. Kennedy School of Government, Harvard University, February 15.

_____. 2006. "Empowered Participation in Urban Governance: The Minneapolis Neighborhood Revitalization Program." *International Journal of Urban and Regional Research*, vol. 30, no. 3: 638-655.

Fainstein, Norman I., and Susan S. Fainstein. 1988. "Governing Regimes and the Political Economy of Development in New York City, 1946-1984." In *Power, Culture, and Place*, edited by John Hull Mollenkopf, 161-199. New York: Russell Sage Foundation.

Fainstein, Susan S. 1996. "Neighborhood Organizations and Community Power: The Minneapolis Experience." In *Revitalizing Urban Neighborhoods*, edited by Dennis Keating, Norman Krumholz, and Philip Star, 96-111. Lawrence: University Press of Kansas.

_____. 1997. "The Egalitarian City: The Restructuring of Amsterdam." *International Planning Studies*, vol. 2, no. 3: 295-314.

_____. 1999. "Can We Make the Cities We Want?" In *The Urban Moment*, edited by Sophie Body-Gendrot and Robert Beauregard, 249-272. Thousand Oaks: Sage.

_____. 2000. "New Directions in Planning Theory." *Urban Affairs Review*, vol. 35, no. 4: 451-478.

_____. 2001a. *The City Builders: Property Development in New York and London, 1980-2000*. 2nd ed. Lawrence: University Press of Kansas.

_____. 2001b. "Inequality in Global City-Regions." In *Global City-Regions*, edited by Allen J. Scott, 285-298. New York: Oxford University Press.

_____. 2005a. "Gender and Planning: Theoretical Issues." In *Gender and Planning: A Reader*, edited by S. S. Fainstein and L. Servon, 1-12. New Brunswick, N.J.: Rutgers University Press.

_____. 2005b. "Planning Theory and the City." *Journal of Planning Education and Research*, 25: 1-10.

_____. 2005c. "The Return of Urban Renewal: Dan Doctoroff's Great Plans for New York City." *Harvard Design Magazine*, no. 22 (Spring-Summer): 1-5.

_____. 2008. "Mega-Projects in New York, London and Amsterdam." *International Journal of Urban and Regional Research*, vol. 32, no. 4: 768-785.

Fainstein, Susan S., and Norman Fainstein. 1974. *Urban Political Movements*. Englewood Cliffs, N.J.: Prentice-Hall.

_____. 1976. "The Federally Inspired Fiscal Crisis." *Society*, 13 (May/June): 27-32.

_____. 1978. "National Policy and Urban Development." *Social Problems* 26: 125-146.

_____. 1979. "New Debates in Urban Planning: The Impact of Marxist Theory within the United States." *International Journal of Urban and Regional Research* 3: 381-403.

_____. 1986. "Regime Strategies, Communal Resistance, and Economic Forces." In *Restructuring the City: The Political Economy of Urban Redevelopment*, 2nd ed., by Susan S. Fainstein, Norman I. Fainstein, Richard Child Hill, Dennis R. Judd, and Michael Peter Smith, 245-280. White Plains, N.Y.: Longman.

_____. 1994. "Urban Regimes and Racial Conflict." In *Managing Divided Cities*, edited by Seamus Dunn, 141-159. London: Keele University Press.

Fainstein, Susan S., and David Gladstone. 1999. "Evaluating Urban Tourism." In *The Tourist City*, edited by Dennis R. Judd and Susan S. Fainstein, 21-34. New Haven: Yale University Press.

Fainstein, Susan S., Ian Gordon, and Michael Harloe, eds. 1992. *Divided Cities: New York and London in the Contemporary World*. Oxford: Blackwell.

Fainstein, Susan S., and Clifford Hirst. 1995. "Urban Social Movements." In *Theories of Urban Politics*, edited by David Judge, Gerry Stoker, and Harold Wolman, 181-204. London: Sage.

Fainstein, Susan S., and Ken Young. 1992. "Politics and State Policy in Economic Restructuring." In *Divided Cities*, edited by Susan S. Fainstein, Ian Gordon, and Michael Harloe, 203-235. Oxford: Blackwell.

Faludi, Andreas, ed. 1973. *A Reader in Planning Theory*. Oxford: Pergamon.

Faludi, Andreas, and Arnold van der Valk. 1994. *Rule and Order: Dutch Planning Doctrine in the Twentieth Century*. Dordrecht: Kluwer.

Fincher, Ruth, and Kurt Iveson. 2008. *Planning and Diversity in the City*. Houndmills, Basingstoke, Hampshire, U.K.: Palgrave Macmillan.

Fischer, Frank. 1980. *Politics, Values, and Public Policy: The Problem of Methodology*. Boulder, Colo.: Westview Press.

_____. 2000. *Citizens, Experts, and the Environment*. Durham, NC: Duke University Press.

_____. 2003. *Reframing Public Policy*. Oxford: Oxford University Press.

_____. 2009. "Discursive Planning: Social Justice as Discourse." In *Searching for the Just City*, edited by Peter Marcuse, James Connolly, Johannes Novy, Ingrid Olivo, Cuz Potter, and Justin Steil, 52-71. London: Routledge.

Fischer, Frank, and John Forester, eds. 1993. *The Argumentative Turn in Policy Analysis and Planning*. Durham, NC: Duke University Press.

Fischer, Manfred M., and Claudia Stirböck. 2004. "Regional Income Convergence in the Enlarged Europe, 1995-2000: A Spatial Econometric Perspective." ZEW-Centre for European Economic Research Discussion Paper No. 04-042. http://ssrn.com/abstract=560882.

Fisher, Peter S., and Alan H. Peters. 1998. *Industrial Incentives: Competition among American States and Cities*. Kalamazoo, Mich.: Upjohn Institute.

Flora, Peter, and Arnold J. Heidenheimer, eds. 1981. *The Development of Welfare States in Europe and America*. New Brunswick, N.J.: Transaction Books.

Florida, Richard L. 2002. *The Rise of the Creative Class*. New York: Basic Books.

Flyvbjerg, Bent. 1998. *Rationality and Power*. Translated by Steven Sampson. Chicago: University of Chicago Press.

_____. 2003. "Rationality and Power." In *Readings in Planning Theory*, edited by Susan S. Fainstein and Scott Campbell, 318-329. Oxford: Blackwell.

Flyvbjerg, B., N. Bruzelius, and W. Rothengatter. 2003. *Megaprojects and Risk*. New York: Cambridge University Press.

Foglesong, Richard E. 1986. *Planning the Capitalist City*. Princeton: Princeton University Press.

Forester, John. 1993. *Critical Theory, Public Policy, and Planning Practice: Toward a Critical Pragmatism*. Albany: State University of New York Press.

_____. 1999. *The Deliberative Practitioner*. Cambridge: MIT Press.

_____. 2001. "An Instructive Case-Study Hampered by Theoretical Puzzles: Critical Comments on Flyvbjerg's Rationality and Power." *International Planning Studies*, vol. 6, no. 3: 263-270.

Forst, Rainer. 2000. *Contexts of Justice*. Berkeley: University of California Press.

Foster, Janet. 1999. *Docklands: Cultures in Conflict, Worlds in Collision*. London: UCL Press.

Fraser, Nancy. 1997. *Justice Interruptus*. New York: Routledge.

_____. 2003. "Social Justice in the Age of Identity Politics." In *Redistribution or Recognition? A Political-Philosophical Exchange*, by Nancy Fraser and Axel Honneth. Translated by Joel Golb, James Ingram, and Christiane Wilke, 7-109. New York: Verso.

Freeman, Lance. 2006. *There Goes the Hood*. Philadelphia: Temple University Press.

Freeman, Samuel. 2000. "Deliberative Democracy: A Sympathetic Comment." *Philosophy and Public Affairs*, vol. 29, no. 4: 371-418.

Friedcn, Bernard J., and Marshall Kaplan. 1975. *The Politics of Neglect*. Cambridge: MIT Press.

Frieden, Bernard J., and Lynne B. Sagalyn. 1989. *Downtown, Inc.: How America Rebuilds Cities*. Cambridge: MIT Press.

Friedland, Roger. 1983. *Power and Crisis in the City*. New York: Schocken.

Friedmann, John. 2002. *The Prospect of Cities*. Minneapolis: University of Minnesota Press.

Frug, Gerald. 1999. *City Making*. Princeton: Princeton University Press.

Fullilove, Mindy Thompson. 2004. *Root Shock*. New York: Ballantine.

Fung, Archon. 2005. "Deliberation before the Revolution: Toward an Ethics of Deliberative Democracy in an Unjust World." *Political Theory*, vol. 33, no. 2: 397-419.

GamesBid.com. 2008. "London 2016's Olympic Village Has Financial Shortfall." http://www.gamesbids.com/eng/other_news/1216133699.html.

Gans, Herbert. 1968. *People and Plans*. New York: Basic Books.

_____. 1973. *More Equality*. New York: Pantheon.

Garreau, Joel. 1992. *Edge City*. New York: Anchor.

Gawande, Atul. 2008. "Annals of Public Policy: Getting There From Here; How Health Care Reform Really Happens." *New Yorker*, January 26, 26-33.

Gellner, Ernest. 1992. *Postmodernism, Reason, and Religion*. New Brunswick, N.J.: Rutgers University Press.

Geras, Norman. 1985. "The Controversy about Marx and Justice." *New Left Review*, no. 150 (March-April): 47-85.

_____. 1992. "Bringing Marx to Justice: An Addendum and Rejoinder." *New Left Review*, no. 195 (September-October): 37-69.

Gibson, Owen. 2009. "Government Forced to Bail Out Major Olympic Projects." *Guardian*, January 21.

Giddens, Anthony. 1990. *The Consequences of Modernity*. Stanford: Stanford University Press.

Gilderbloom, John. 2009. "Amsterdam: Planning and Policy for the Ideal City?" *Local Environment: International Journal of Justice and Sustainability*, vol. 14, no. 6 (July): 473-493.

Gill, Brendan. 1990. "The Sky Line: Battery Park City." *New Yorker*, August 20, 99-106.

Gilligan, Andrew. 2008. "Credit Crunch Threatens the Olympic Plans." *Evening Standard* (London), September 30. http://www.thisislondon.co.uk/standard/article-23561567-details/Credit+crunch+threatens+the+Olympic+plans/article.do.

Gladstone, David L., and Susan S. Fainstein. 2003. “Regulating Hospitality: Tourism Workers in New York and Los Angeles.” In *Cities and Visitors*, edited by Lily M. Hoffman, Susan S. Fainstein, and Dennis R. Judd, 145-166. Oxford: Blackwell.

Glickman, Norman, and Douglas P. Woodward. 1989. The *New Competitors*. New York: Basic Books.

Goetz, Edward G. 2003. *Clearing the Way*. Washington, D.C.: Urban Institute Press.

_____. 2005. “Comment: Public Housing Demolition and the Benefits to Low-Income Families.” *Journal of the American Planning Association*, vol. 71, no. 4: 407-410.

Goetz, Edward G., and Mara Sidney. 1994. “Revenge of the Property Owners: Community Development and the Politics of Property.” *Journal of Urban Affairs*, vol. 16, no. 4: 319-334.

Gold, John R., and Margaret M. Gold. 2007. Introduction to *Olympic Cities*, edited by John R. Gold and Margaret M. Gold, 1-11. London: Routledge.

Goldberger, Paul. 2004. *Up from Zero*. New York: Random House.

Gordon, David L. A. 1997. *Battery Park City: Politics and Planning on the New York Waterfront*. Amsterdam: Gordon and Breach.

Gorz, André. 1967. *Strategy for Labor*. Boston: Beacon Press.

Gutmann, Amy, and Dennis Thompson. 1996. *Democracy and Disagreement*. Cambridge: Harvard University Press.

Habermas, Jürgen. 1986-89. *Theory of Communicative Action*. Translated by Thomas McCarthy. Cambridge: Polity Press.

Haffner, Marietta E. A. 2002. “Dutch Personal Income Tax Reform 2001: An Exceptional Position for Owner-Occupied Housing.” *Housing Studies*, no. 3: 521-534.

Hajer, Maarten. 1995. *The Politics of Environmental Discourse*. Oxford: Oxford University Press.

Hajer, Maarten, and Arnold Reijndorp. 2001. *In Search of New Public Domain*. Rotterdam: NAI.

Hall, Peter. 2002. *Cities of Tomorrow*. 3rd ed. Oxford: Blackwell.

Hamnett, Chris. 2003. *Unequal City: London in the Global Arena*. London: Routledge.

Hannigan, John. 1998. *Fantasy City*. New York: Routledge.

Harloe, Michael. 1977. *Captive Cities*. New York: Wiley.

_____. 1995. *The People's Home*. Oxford: Blackwell.

Hartman, Chester. 2002. *Between Eminence and Notoriety: Four Decades of Radical Planning*. New Brunswick, N.J.: Center for Urban Policy Research, Rutgers University.

Hartz, Louis. 1990. *The Necessity of Choice: Nineteenth-Century Political Thought*. Edited, compiled, and prepared by Paul Roazen. New Brunswick, N.J.: Transaction.

Harvey, David. 1978. "On Planning the Ideology of Planning." In *Planning Theory in the 1980s*, edited by Robert Burchell and George Sternlieb, 213-234. New Brunswick, N.J.: Center for Urban Policy Research, Rutgers University.

_____. 1988. *Social Justice and the City*. 2nd ed. Oxford: Basil Blackwell.

_____. 1989. "From Managerialism to Entrepreneurialism: The Transformation in Urban Governance in Late Capitalism." *Geografiska Annaler: Series B, Human Geography*, vol. 71, no. 1: 3-17.

_____. 1992. "Social Justice, Postmodernism, and the City." *International Journal of Urban and Regional Research*, vol. 16, no. 4: 588-601.

_____. 1996. *Justice, Nature and the Geography of Difference*. Oxford: Blackwell.

_____. 1997. "The New Urbanism and the Communitarian Trap: On Social Problems and the False Hope of Design." *Harvard Design Magazine*, no. 1 (Winter/Spring): 1-3.

_____. 2002 [1993]. "Social Justice, Postmodernism, and the City." In *Readings in Urban Theory*, 2nd ed., edited by S. S. Fainstein and S. Campbell, 386-402. London: Wiley-Blackwell.

_____. 2005. *A Brief History of Neoliberalism*. New York: Oxford University Press.

_____. 2006. *Spaces of Global Capitalism*. London: Verso.

Harvey, David, with Cuz Potter. 2009. "The Right to the Just City." In *Searching for the Just City*, edited by Peter Marcuse, James Connolly, Johannes Novy, Ingrid Olivo, Cuz Potter, and Justin Steil, 40-51. London: Routledge.

Hays, Samuel P. 1995. *The Response to Industrialism, 1885-1914*. 2nd ed. Chicago: University of Chicago Press.

Healey, Patsy. 1996. "Planning through Debate: The Communicative Turn in Planning Theory." In *Readings in Planning Theory*, edited by Scott Campbell and Susan S. Fainstein, 234-257. Oxford: Blackwell.

_____. 2003. "Collaborative Planning in Perspective." *Planning Theory*, vol. 2, no. 2:

101–124.

_____. 2006. *Collaborative Planning: Shaping Places in Fragmented Societies*. 2nd ed. New York: Palgrave Macmillan.

_____. 2007. *Urban Complexity and Spatial Strategies*. London: Routledge.

Held, Virginia. 1990. "Mothering versus Contract." In *Beyond Self-Interest*, edited by Jane J. Mansbridge, 287–304. Chicago: University of Chicago Press.

Hipwell, Deirdre. 2008. "Lend Lease's Nigel Hugill Resigns." *PropertyWeek.com*, September 3. http://www.propertyweek.com/story.asp?sectioncode =297&storycode=3121636&c=3.

Hirschmann, Nancy J. 1992. *Rethinking Obligation: A Feminist Method for Political Theory*. Ithaca: Cornell University Press.

Hoch, Charles. 1996. "A Pragmatic Inquiry about Planning and Power." In *Explorations in Planning Theory*, edited by Seymour J. Mandelbaum, Luigi Mazza, and Robert W. Burchell, 30–44. New Brunswick, N.J.: Center for Urban Policy Research, Rutgers University.

Hoffman, Lily M. 1989. *The Politics of Knowledge*. Albany: State University of New York Press.

Hoffman, Lily M., Susan S. Fainstein, and Dennis R. Judd, eds. 2003. *Cities and Visitors*. Oxford: Blackwell.

Honneth, Axel. 2003. "Redistribution as Recognition: A Response to Nancy Fraser." In *Redistribution or Recognition?*, by Nancy Fraser and Axel Honneth. Translated by Joel Golb, James Ingram, and Christiane Wilke, 110–197. London: Verso.

Hu, Sinnie. 2006. "Yankees Win as Council Approves Stadium." *New York Times*, April 6.

Huxley, Margo, and Oren Yiftachel. 2000. "New Paradigm or Old Myopia? Unsettling the Communicative Turn in Planning Theory." *Journal of Planning Education and Research*, vol. 19, no. 4: 333–342.

Innes, Judith E. 1995. "Planning Theory's Emerging Paradigm: Communicative Action and Interactive Practice." *Journal of Planning Education and Research*, vol. 14, no. 3: 183–189.

_____. 1996. "Group Processes and the Social Construction of Growth Management: Florida, Vermont, and New Jersey." In *Explorations in Planning Theory*, edited by Seymour J. Mandelbaum, Luigi Mazza, and Robert W. Burchell, 164–187.

New Brunswick, N.J.: Center for Urban Policy, Research Rutgers University.
_____. 1998. "Information in Communicative Planning." *Journal of the American Planning Association*, vol. 64, no. 1: 52-63.
Jackson, Anthony. 1976. *A Place Called Home: A History of Low-Cost Housing in Manhattan*. Cambridge: MIT Press.
Jacobs, Jane. 1961. *The Death and Life of Great American Cities*. New York: Modern Library.
Judd, Dennis R. 1999. "Constructing the Tourist Bubble." In *The Tourist City*, edited by S. S. Fainstein and D. R. Judd, 35-53. New Haven: Yale University Press.
Judd, Dennis R., and Michael Parkinson, eds. 1990. *Leadership and Urban Regeneration: Cities in North America and Europe*. Newbury Park, Calif.: Sage.
Kanter, Rosabeth Moss. 2000. "Business Coalitions as a Force for Regionalism." In *Reflections on Regionalism*, edited by Bruce Katz, 154-184. Washington: Brookings Institution.
Kayden, Jerold. 2000. *Privately Owned Public Space*. New York: John Wiley.
Keating, W. Dennis. 1994. *The Suburban Racial Dilemma*. Philadelphia: Temple University Press.
Kelso, Paul. 2008. "Parliament and Public Misled over Olympics Budget, Say MPs." *Guardian*, April 22.
Kirby, Andrew. 2004. "Metropolitics or Retropolitics? Review of Myron Orfield, *American Metropolitics: The New Suburban Reality*." *Antipode*, vol. 36, no. 4: 753-759.
Koch, Edward. 1984. *Mayor*. New York: Simon and Schuster.
Kohn, Margaret. 2004. *Brave New Neighborhoods: The Privatization of Public Space*. New Brunswick, N.J.: Rutgers University Press.
Kramer, Jane. 2006. "The Dutch Model: Multiculturalism and Muslim Immigrants." *New Yorker*, April 3, 60-67.
Krieger, Alex. 2005. "The Costs and Benefits of Sprawl." In *Sprawl and Suburbia*, edited by William S. Saunders, 45-56. Minneapolis: University of Minnesota Press.
Kristof, Frank. 1976. "Housing and People in New York City." *City Almanac*, no. 10 (February).
Krueckeberg, Donald A. 1999. "The Grapes of Rent: A History of Renting in a Country of Owners." *Housing Policy Debate*, vol. 10, no. 1: 9-30.

Krumholz, Norman, and John Forester. 1990. *Making Equity Planning Work*. Philadelphia: Temple University Press.

Kwekkeboom, Willem. 2002. "Rebuilding the Bijlmermeer, 1992-2002." In *Rebuilding the Bijlmermeer, 1992-2002: Amsterdam Southeast: Centre Area Southeast and Urban Renewal in the Bijlmermeer, 1992-2012*, edited by Dick Bruijne, Dorine van Hoogstraten, Willem Kwekkeboom, and Anne Luijten, 73-113. Bussum, Netherlands: Thoth.

Lake, Robert W. 1993. "Rethinking NIMBY." *Journal of the American Planning Association*, vol. 59, no. 1: 87-93.

Lasch-Quinn, Elizabeth. 1996. "Review: *The Suburban Racial Dilemma* by W. Dennis Keating." *Annals of the American Academy of Political and Social Science*, no. 544: 228-229.

Lawless, Paul. 1989. *Britain's Inner Cities*. 2nd ed. London: Paul Chapman.

Lawless, Paul, and Frank Brown. 1986. *Urban Growth and Change in Britain*. London: Harper and Row.

Lee, Trymaine. 2007. "Pre-Opening Day Jitters for Establishments That Live in Yankee Stadium's Shadow." *New York Times*, April 2.

Lefebvre, Henri. 1991. *The Production of Space*. Translated by Donald Nicholson-Smith. Oxford: Cambridge: Blackwell.

Lindblom, Charles E. 1959. "The Science of Muddling Through." *Public Administration Review*, vol. 19, no. 2: 79-88.

_____. 1959. *Inquiry and Change*. New Haven: Yale University Press.

Lipsky, Michael. 1980. *Street-Level Bureaucracy*. New York: Russell Sage Foundation.

Locum Consulting. 2006. "Review of the Impacts of the London 2012 Olympic and Paralympic Games on the South East Region." *Report to South East of England Development Agency*. April. http://www.seeda.co.uk/publications/Strategy/docs/OlympicImpact.pdf.

Logan, John R., and Harvey L. Molotch. 1987. *Urban Fortunes: The Political Economy of Place*. Berkeley: University of California Press.

Logan, John R., and Todd Swanstrom, eds. 1990. *Beyond the City Limits*. Philadelphia: Temple University Press.

London Assembly. 2008. *Proposal for a Preliminary Investigation into the Sporting Legacy of the 2012 Olympic and Paralympic Games*. Report #5. September 3.

London Docklands Development Corporation (LDDC). 1992. *LDDC Key Facts and*

Figures to the 31st March 1991. London: LDDC.

Long, Judith Grant. 2005. "Full Count: The Real Cost of Public Funding for Major League Sports Facilities." *Journal of Sports Economics* 6: 119-143.

Low, Nicholas, and Brendan Gleeson. 1998. *Justice, Society and Nature*. London: Routledge.

Luijten, Anne. 2002. "A Modern Fairy Tale." In *Amsterdam Southeast: Centre Area Southeast and Urban Renewal in the Bijlmermeer, 1992-2012*, edited by Dick Bruijne, Dorine van Hoogstraten, Willem Kwekkeboom, and Anne Luijten, 7-25. Bussum, Netherlands: Thoth.

Lukács, György. 1971. *History and Class Consciousness*. Translated by Rodney Livingstone. Cambridge: MIT Press.

Lukas, J. Anthony. 1985. *Common Ground*. New York: Knopf.

Lynch, Kevin. 1981. *Good City Form*. Cambridge: MIT Press.

Majoor, Stan. 2007. "Amsterdam Zuidas: The Dream of 'New Urbanity.'" In *Framing Strategic Urban Projects*, edited by Willem Salet and Enrico Gualini, 53-83. London: Routledge.

_____. 2008. *Disconnected Innovations*. Delft: Uitgeverij Eburon.

Mak, G. 1999. *Amsterdam*. Translated by Philipp Blom. London: Harvill Press.

Mannheim, Karl. 1936. "The Sociology of Knowledge." In *Ideology and Utopia*, 264-311. New York: Harcourt, Brace, and World.

Mansbridge, Jane, ed. 1990a. *Beyond Self-Interest*. Chicago: University of Chicago Press.

_____. 1990b. "The Rise and Fall of Self-Interest in the Explanation of Political Life." In *Beyond Self-Interest*, edited by Jane J. Mansbridge, 3-11. Chicago: University of Chicago Press.

_____. 2009. "A 'Selection Model' of Political Representation." *Journal of Political Philosophy*, vol. 17, no. 4: 369-399.

Marcuse, Peter. 1981. "The Targeted Crisis: On the Ideology of the Urban Fiscal Crisis and Its Uses." *International Journal of Urban and Regional Research*, vol. 5, no. 2: 330-355.

_____. 1987. "Neighborhood Policy and the Distribution of Power: New York City's Community Boards." *Policy Studies Journal*, 16: 277-289.

_____. 2002. "The Shifting Meaning of the Black Ghetto in the United States." In *Of States and Cities*, edited by Peter Marcuse and Ronald van Kempen, 109-142.

New York: Oxford University Press.
_____. 2009. "From Justice Planning to Commons Planning." In *Searching for the Just City*, edited by Peter Marcuse, James Connolly, Johannes Novy, Ingrid Olivo, Cuz Potter, and Justin Steil, 91-102. London: Routledge.
Marcuse, Peter, James Connolly, Johannes Novy, Ingrid Olivo, Cuz Potter, and Justin Steil, eds. 2009. *Searching for the Just City*. London: Routledge.
Marcuse, Peter, and Ronald van Kempen, eds. 2002. *Of States and Cities*. New York: Oxford University Press.
Markusen, Ann. 2006. "The Artistic Dividend: Urban Artistic Specialization and Economic Development Implications." *Urban Studies*, vol. 43, no. 1: 1661-1686.
Markusen, Ann, and Susan S. Fainstein. 1993. "Urban Policy: Bridging the Social and Economic Development Gap." *University of North Carolina Law Review* 71: 1463-1486.
Marris, Peter. 1987. *Meaning and Action*. 2nd ed. London: Routledge and Kegan Paul.
Marshall, T. H. 1964. *Class, Citizenship, and Social Development*. Garden City, N.Y.: Doubleday.
Martinotti, Guido. 1999. "A City for Whom? Transients and Public Life in the Second-Generation Metropolis." In *The Urban Moment*, edited by Robert A. Beauregard and Sophie Body-Gendrot, 155-184. Thousand Oaks, Calif.: Sage.
Marx, Karl, and Friedrich Engels. 1947. *The German Ideology*. New York: International Publishers.
Massey, Doreen. 2007. "The World We're In: An Interview with Ken Livingstone." *Soundings*, 36 (July): 11-25.
Mayer, Margit. 2003. "The Onward Sweep of Social Capital: Causes and Consequences for Understanding Cities, Communities and Urban Movements." *International Journal of Urban and Regional Research*, vol. 27, no. 1: 110-132.
McClelland, Peter, and Alan Magdowitz. 1981. *Crisis in the Making: The Political Economy of New York State since 1945*. New York: Cambridge University Press.
McGeehan, Patrick. 2009. "In the Shadow of Yankee Stadium, an Off Year." *New York Times*, November 4.
Meagher, Sharon M. 2008. *Philosophy and the City Classic to Contemporary Writings*.

Albany: State University of New York Press.

Mencher, Samuel. 1967. *Poor Law to Poverty Program*. Pittsburgh: University of Pittsburgh Press.

Merrick, Jane. 2009. "London 2012: Stuck on the Blocks?" *Independent*, July 19.

Mier, Robert, and Laurie Alpern. 1993. *Social Justice and Local Development Policy*. Newbury Park, Calif.: Sage Publications.

Mill, John Stuart. 1951. *Utilitarianism, Liberty, and Representative Government*. New York: Dutton.

Mitchell, Don. 2003. *The Right to the City*. New York: Guilford.

Moi, Toril. 1985. *Sexual/Textual Politics*. London: Routledge.

Mollenkopf, John Hull. 1983. *The Contested City*. Princeton: Princeton University Press.

_____. 1985. "The 42nd Street Development Project and the Public Interest." *City Almanac*, vol. 18, no. 4 (Summer): 12-13.

_____. 1988. "The Postindustrial Transformation of the Political Order in New York City." In *Power, Culture, and Place*, edited by John Hull Mollenkopf, 223-258. New York: Russell Sage Foundation.

Mouffe, Chantal. 1999. "Deliberative Democracy or Agonistic Pluralism?" *Social Research*, vol. 66, no. 3: 745-758.

_____. 2000. *The Democratic Paradox*. New York: Verso.

_____. 2005. *On the Political*. London: Routledge.

Moulaert, Frank, and Katy Cabaret. 2006. "Planning, Networks and Power Relations: Is Democratic Planning under Capitalism Possible?" *Planning Theory*, vol. 5, no. 1: 51-70.

Musterd, Sako, and Wim Ostendorf. 2008. "Integrated Urban Renewal in the Netherlands: A Critical Appraisal." *Urban Research & Practice*, vol. 1, no. 1: 78-92.

Musterd, Sako, and Sjoerd de Vos. 2007. "Residential Dynamics in Ethnic Concentrations." *Housing Studies*, vol. 22, no. 3 (May): 333-353.

National Audit Office. 1988. *Department of the Environment: Urban Development Corporations; Report by the Comptroller and Auditor General*. London: HMSO.

Needleman, Martin L., and Carolyn E. Needleman. 1974. *Guerrillas in the Bureaucracy*. New York: Wiley.

Neumann, Michael. 2000. "Communicate This: Does Consensus Lead to Advocacy and Pluralism in Planning?" *Journal of Planning Education and Research*, vol. 19, no. 4: 343-350.

Newman, Peter. 2007. "Back the Bid: The 2012 Summer Olympics and the Governance of London." *Journal of Urban Affairs*, vol. 29, no. 3: 255-267.

Newton, Kenneth, and Terrence J. Karran. 1985. *The Politics of Local Expenditure*. Houndmills, Basingstoke, Hampshire: Macmillan.

New York City (NYC) Department of City Planning. N.d. *NYC2000*. New York: Population Division, Department of City Planning.

New York City (NYC), Independent Budget Office. 2006. "Testimony of Ronnie Lowenstein before the City Council Finance Committee on Financing Plans for the New Yankee Stadium." http://www.ibo.nyc.ny.us/iboreports/yankstadiumtestimony.pdf.

Nussbaum, Martha C. 1993. "Non-Relative Virtues: An Aristotelian Approach." In *The Quality of Life*, edited by Martha C. Nussbaum and Amartya Sen, 242-269. Oxford: Oxford University Press.

_____. 2000. *Women and Human Development*. Cambridge: Cambridge University Press.

_____. 2005. "Women and Human Development: In Defense of Universal Values." In *Gender and Planning: A Reader*, edited by S. S. Fainstein and L. J. Servon, 104-119. New Brunswick, N.J.: Rutgers University Press.

_____. 2006. *Frontiers of Justice*. Cambridge: Harvard University Press.

O'Connor, James. 1973. *The Fiscal Crisis of the State*. New York: St. Martin's.

Orfield, Myron. 2002. *American Metropolitics*. Washington, D.C.: Brookings Institution.

Organization for Economic Cooperation and Development (OECD). 2008. *Growing Unequal: Income Distribution and Poverty in OECD Countries*. Paris: OECD.

Ortega y Gasset, José. 1932. *The Revolt of the Masses*. New York: Norton.

Peters, Alan H., and Peter S. Fisher. 2003. "Enterprise Zone Incentives: How Effective Are They?" In *Financing Economic Development*, edited by Sammis B. White, Richard D. Bingham, and Ned W. Hill, 113-130. Armonk, N.Y.: M. E. Sharpe.

Peterson, Paul E. 1981. *City Limits*. Chicago: University of Chicago Press.

Pickvance, Chris, and Edmond Preteceille, eds. 1990. *State Restructuring and Local Power*. London: Francis Pinter.

Pitkin, Hanna F. 1972. *The Concept of Representation*. Berkeley: University of California Press.

Piven, Frances Fox, and Richard A. Cloward. 1971. *Regulating the Poor*. New York: Pantheon.

Polanyi, Karl. 1944. *The Great Transformation*. New York: Rinehart.

Ponte, Robert. 1982. "Building Battery Park City." *Urban Design Interntional*, vol. 3 (March-April): 10-15.

Porter, Michael E. 1998. "Clusters and the New Economics of Competition." *Harvard Business Review*, vol. 76: 77-90.

Priemus, Hugo. 1995. "How to Abolish Social Housing? The Dutch Case." *International Journal of Urban and Regional Research*, vol. 19: 145-155.

_____. 2006. "Regeneration of Dutch Post-War Urban Districts: The Role of Housing Associations." *Journal of Housing and the Built Environment*, vol. 21: 365-75.

Property Wire. 2008. *London Olympic Village Project Hit by Global Credit Crunch*. September 23. http://www.propertywire.com/news/europe/london-olympic-village-credit-crunch-200809231693.html.

Pruijt, Hans. 2003. "Is the Institutionalization of Urban Movements Inevitable? A Comparison of the Opportunities for Sustained Squatting in New York City and Amsterdam." *International Journal of Urban and Regional Research*, vol. 27, no. 1: 133-157.

Purcell, Mark. 2008. *Recapturing Democracy*. New York: Routledge.

_____. 2009. "Resisting Neoliberalization: Communicative Planning or Counter-Hegemonic Movements." *Planning Theory* 8, no. 2: 140-165.

Putnam, Hilary. 2002. *The Collapse of the Fact/Value Dichotomy*. Cambridge: Harvard University Press.

Putnam, Robert D. 1993. *Making Democracy Work*. Princeton: Princeton University Press.

_____. 2007. "E pluribus Unum: Diversity and Community in the Twenty-First Century." *Scandinavian Political Studies*, vol. 30, no. 2: 137-174.

Rawls, John. 1971. *A Theory of Justice*. 1st ed. Cambridge: Harvard University Press.

_____. 1999. *A Theory of Justice*. 2nd ed. Cambridge: Harvard University Press.

_____. 2001. *Justice as Fairness: A Restatement*. Edited by Erin Kelly. Cambridge: Harvard University Press.

Reichl, Alexander J. 1999. *Reconstructing Times Square*. Lawrence: University Press of Kansas.

_____. 2007. "Rethinking the Dual City." *Urban Affairs Review*, vol. 42, no. 5: 659-687.

Rhodes, John, and Peter Tyler. 1998. "Evaluating the LDDC: Regenerating London's Docklands." *Rising East (Journal of East London Studies)*, vol. 2, no. 2: 32-41.

Robertson, Roland. 1992. *Globalization*. Thousand Oaks, Calif.: Sage.

Robinson, Jennifer. 2006. *Ordinary Cities*. London: Routledge.

Roche, Maurice. 2000. *Mega-Events and Modernity*. London: Routledge.

Rosentraub, Mark S. 1997. *Major League Losers: The Real Cost of Sports and Who's Paying for It*. New York: Basic Books.

Rousseau, Jean-Jacques. 1987. "On the Social Contract." In *The Basic Political Writings*. Translated by Donald A. Cress, 139-227. Indianapolis: Hackett.

Runciman, Walter G. 1966. *Relative Deprivation and Social Justice*. Berkeley: University of California Press.

Rusk, David. 2003. *Cities without Suburbs*. 3rd ed. Washington, D.C.: Woodrow Wilson Center Press.

Sagalyn, Lynne B. 2001. *Times Square Roulette*. Cambridge: MIT Press.

Sandel, Michael J. 1996. *Democracy's Discontent: America in Search of a Public Philosophy*. Cambridge: Harvard University Press.

Sandercock, Leonie. 1998. *Towards Cosmopolis: Planning for Multicultural Cities*. New York: John Wiley.

_____. 2003. *Cosmopolis II: Mongrel Cities in the 21st Century*. London: Continuum.

Sandomir, Richard. 2008. "New Stadiums: Prices, and Outrage, Escalate." *New York Times*, April 26.

Sarbib, Jean Louis. 1983. "The University of Chicago Program in Planning." *Journal of Planning Education and Research*, vol. 2, no. 2: 77-81.

Sassen, Saskia. 2001. *The Global City*. 2nd ed. Princeton: Princeton University Press.

Sassen, Saskia, and Frank Roost. 1999. "The City: Strategic Site for the Global Entertainment Industry." In *The Tourist City*, edited by Dennis R. Judd and Susan S. Fainstein, 143-154. Oxford: Blackwell.

Saunders, Peter. 1984. "Beyond Housing Classes: The Sociological Significance of Private Property Rights in Means of Consumption." *International Journal of Urban and Regional Research*, vol. 8, no. 2: 202-227.

Sayer, Andrew, and Michael Storper. 1997. "Ethics Unbound: For a Normative Turn in Social Theory." *Environment and Planning D: Society and Space*, vol. 15, no. 1: 1-18.

Sayer, Andrew, and Richard Walker. 1992. *The New Social Economy*. Oxford: Blackwell.

Schattschneider, E. E. 1975. *The Semisovereign People*. Fort Worth, Texas: Harcourt Brace Jovanovich College.

Schill, Michael H., Ingrid Gould Ellen, Amy Ellen Schwartz, and Ioan Voicu. 2002. "Revitalizing Inner-City Neighborhoods: New York City's Ten-Year Plan." *Housing Policy Debate*, vol. 13, no. 3: 529-566.

Scott, James C. 1998. *Seeing Like a State*. New Haven: Yale University Press.

Sen, Amartya. 1992. *Inequality Reexamined*. Cambridge: Harvard University Press.

_____. 1993. "Capability and Well-Being." In *The Quality of Life*, edited by Martha C. Nussbaum and Amartya Sen, 30-53. New York: Oxford University Press.

Sennett, Richard. 1970. *The Uses of Disorder*. New York: Vintage.

_____. 1990. *The Conscience of the Eye: The Design and Social Life of Cities*. New York: Knopf.

Shakur, Tasleem, and Jamie Halsall. 2007. "Global Cities, Regeneration, and the Translocal Communities of Europe." *Global Built Environment Review*, vol. 6, no. 1: 1-4.

Shapiro, Ian. 1999. *Democratic Justice*. New Haven: Yale University Press.

_____. 2003. *The State of Democratic Theory*. Princeton: Princeton University Press.

Shefter, Martin. 1985. *Political Crisis, Fiscal Crisis*. New York: Basic Books.

Simmel, Georg. 1950. *The Sociology of Georg Simmel*. Translated and edited by Kurt H. Wolff. New York: Free Press.

Simon, Arthur. 1970. *Stuyvesant Town, U.S.A.* New York: New York University Press.

Sintomer, Yves, Carsten Herzberg, and Anja Röcke. 2008. "Participatory Budgeting in Europe: Potentials and Challenges." *International Journal of Urban and Regional Research*, vol. 32, no. 1: 164-178.

Skocpol, Theda. 2003. *Diminished Democracy*. Norman: University of Oklahoma Press.

Spragens, Tom. 2003. "Review: Justice, Consensus, and Boundaries: Assessing Political Liberalism." *Political Theory*, vol. 31, no. 4: 589-601.

Squires, Gregory D., ed. 1989. *Unequal Partnerships: The Political Economy of Urban*

Redevelopment in Postwar America. New Brunswick, N.J.: Rutgers University Press.

Starr, Roger. 1975. "Effluents and Successes in Declining Metropolitan Areas." In *Post-Industrial America*, edited by George Sternlieb and James Hughes, 190-196. New Brunswick, N.J.: Center for Urban Policy Research, Rutgers University.

_____. 1976. "Making New York Smaller." *New York Times Magazine*, November 14, 33-34, 99ff.

Stone, Clarence N. 1976. *Economic Growth and Neighborhood Discontent*. Chapel Hill: University of North Carolina Press.

_____. 1989. *Regime Politics: Governing Atlanta, 1946-1988*. Lawrence: University Press of Kansas.

_____. 2005. "Rethinking the Policy-Politics Connection." *Policy Studies*, vol. 26, nos. 3-4: 241-260.

Swanstrom, Todd. 1985. *The Crisis of Growth Politics*. Philadelphia: Temple University Press.

Taylor, Charles. 1991. *The Ethics of Authenticity*. Cambridge: Harvard University Press.

Terhorst, Pieter. 2004. "Amsterdam's Path Dependence: Still Tightly Interwoven with a National Accumulation Regime." Unpublished paper. Department of Geography, Planning and International Development Studies, University of Amsterdam.

Terhorst, P. J. F., and J. C. L. van de Ven. 1997. *Fragmented Brussels and Consolidated Amsterdam*. Amsterdam: Netherlands Geographical Society and Department of Human Geography, University of Amsterdam.

Terhorst, Pieter, Jacques van de Ven, and Léon Deben. 2003. "Amsterdam: It's All in the Mix." In *Cities and Visitors*, edited by Lily M. Hoffman, Susan S. Fainstein, and Dennis R. Judd, 75-90. Oxford: Blackwell.

Uitermark, Justus. 2004a. "The Co-optation of Squatters in Amsterdam and the Emergence of a Movement Meritocracy: A Critical Reply to Pruijt." *International Journal of Urban and Regional Research*, vol. 28, no. 3: 687-698.

_____. 2004b. "Framing Urban Injustices: The Case of the Amsterdam Squatter Movement." *Space and Polity*, vol. 8, no. 2: 227-244.

Uitermark, Justus, and Jan Willem Duyvendak. 2008. "Citizen Participation in a

Mediated Age: Neighborhood Governance in the Netherlands." *International Journal of Urban and Regional Research*, vol. 32, no. 1: 114-134.

UK, Department for Culture, Media and Sport (DCMS). 2007. *Our Promise for 2012-How the UK Will Benefit from the Olympic Games and Paralympic Games.* June. http://epress.lib.uts.edu.au/dspace/bitstream/2100/449/1/Ourpromise2012Forword.pdf.

_____. 2008. *London 2012 Olympic and Paralympic Games Update Report.* July. London: DCMS.

UK, Department of the Environment (DOE). 1989. *Strategic Planning Guidance for London.* July. London: DOE.

UK, Prime Minister's Office. 2006. *Speech to Greater London Authority.* April 4. http://www.number10.gov.uk/Page9281.

Urry, John. 2002. *The Tourist Gaze.* 2nd ed. Thousand Oaks, Calif.: Sage.

Van der Veer, Peter. 2006. "Pim Fortuyn, Theo van Gogh, and the Politics of Tolerance in the Netherlands." *Public Culture*, vol. 18, no. 1: 111-124.

Van de Ven, Jacques. 2004. "It's All in the Mix." In *Cultural Heritage and the Future of the Historic Inner City of Amsterdam*, edited by Léon Deben, Willem Salet, and Marie-Thérèse van Thoor, 176-184. Amsterdam: Aksant.

Van Ham, Maarten, Ronald van Kempen, and Jan van Weesep. 2006. "The Changing Role of the Dutch Social Rented Sector." *Journal of Housing and the Built Environment*, vol. 21, no. 3: 315-335.

Van Kempen, Ronald, Karien Dekker, Stephen Hall, and Iván Tosics, eds. 2005. *Restructuring Large Housing Estates in Europe*. Bristol, U.K.: Policy Press.

Vlist, Arno van der, and Piet Rietveld. 2002. *The Amsterdam Metropolitan Housing Market: Research Memorandum 2002-36.* Amsterdam: Faculty of Economics and Business Administration, University of Amsterdam.

Wacquant, Loïc J. D. 2008. *Urban Outcasts.* Cambridge: Polity.

Walzer, Michael. 1984. *Spheres of Justice: A Defense of Pluralism and Equality.* New York: Basic Books.

Watson, Vanessa. 2006. "Deep Difference: Diversity, Planning and Ethics." *Planning Theory*, vol. 5, no. 1: 31-50.

Weber, Max. 1958. "Politics as a Vocation." In *From Max Weber*, edited by Hans Gerth and C. Wright Mills, 77-128. New York: Oxford University Press.

West, Cornel. 1991. *The Ethical Dimensions of Marxist Thought.* New York: Monthly

Review Press.

William, Helen. 2008. “Credit Crunch ‘Hitting Olympic Village Funding.’” *Independent* (London), September 25.

Wilson, William J. 1987. *The Truly Disadvantaged*. Chicago: University of Chicago Press.

_____, ed. 1989. *The Ghetto Underclass*. Newbury Park, Calif.: Sage.

Wolff, Robert Paul, Barrington Moore Jr., and Herbert Marcuse. 1969. *A Critique of Pure Tolerance*. Boston: Beacon Press.

World Architecture News.com. 2008. Editorial. August 21. http://www.worldarchitecturenews.com/index.php?fuseaction=wanappln.projectview&upload_id=10227.

Wright, E. O. 2006. “Socialism as Social Empowerment.” Paper presented at the symposium on “Power” organized by the *Berkeley Journal of Sociology*, March. Working draft. http://www.lse.ac.uk/collections/LSEPublicLecturesAndEvents/pdf/20060223-Wright.pdf.

Yates, Douglas. 1977. *The Ungovernable City*. Cambridge: MIT Press.

Yiftachel, Oren. 1999. “Planning Theory at the Crossroads.” *Journal of Planning Education and Research*, vol. 18, no. 3: 67-69.

Young, Iris Marion. 1990. *Justice and the Politics of Difference*. Princeton: Princeton University Press.

_____. 2000. *Inclusion and Democracy*. Oxford: Oxford University Press.

_____. 2001. “Activist Challenges to Deliberative Democracy.” *Political Theory*, vol. 29, no. 5: 670-690.

Zucker, Ross. 2001. *Democratic Distributive Justice*. Cambridge: Cambridge University Press.

찾아보기

ㅁ

ㅇ

ㅌ

ㅍ

ㅎ